十四运会和残特奥会气象条件评估与预测技术应用

主　编：李　明
副主编：李　茜

气象出版社
China Meteorological Press

内容简介

第十四届全国运动会和第十一届残运会暨第八届特奥会分别于 2021 年 9 月 15—27 日和 10 月 22—29日在陕西举办,陕西省气象局早谋划、早部署、早准备,全力以赴做好十四运会和残特奥会气象保障服务工作,而气象条件风险分析和气候预测服务成为气象保障的先头兵。根据十四运和残特奥会组委会需求,气象保障部全流程紧盯运动会关键节点,主动作为,谋划服务内容。本书针对十四运会和残特奥会的气象条件风险和气候预测服务报告、产品进行了梳理、分类和凝练,主要包含以下内容:十四运会和残特奥会气象气候保障需求、十四运会和残特奥会期间天气气候特点、十四运会和残特奥会关键节点气象条件风险分析、十四运会和残特奥会综合气象条件风险分析、十四运会气候预测工作流程、预测技术、陕西省智能网格预测系统、十四运会气候预测技术总结和附录。

本书可为气象部门及政府决策部门提供决策,也可为气象、生态等领域的业务科研工作提供参考。

图书在版编目（C I P）数据

十四运会和残特奥会气象条件评估与预测技术应用 /李明主编. -- 北京 : 气象出版社, 2023.5
ISBN 978-7-5029-7976-8

Ⅰ．①十… Ⅱ．①李… Ⅲ．①全国运动会－气象条件－评估－陕西②残疾人体育－全国运动会－气象条件－评估－陕西 Ⅳ．①G812.20

中国国家版本馆CIP数据核字(2023)第091372号

Shisiyunhui he Canteaohui Qixiang Tiaojian Pinggu yu Yuce Jishu Yingyong

十四运会和残特奥会气象条件评估与预测技术应用

出版发行：气象出版社

地　　址：北京市海淀区中关村南大街 46 号	**邮政编码**：100081
电　　话：010-68407112(总编室)　010-68408042(发行部)	
网　　址：http://www.qxcbs.com	**E-mail**：qxcbs@cma.gov.cn
责任编辑：刘瑞婷　张锐锐	**终　　审**：张　斌
责任校对：张硕杰	**责任技编**：赵相宁
封面设计：艺点设计	
印　　刷：北京中石油彩色印刷有限责任公司	
开　　本：787 mm×1092 mm　1/16	**印　　张**：12.5
字　　数：333 千字	**彩　　插**：4
版　　次：2023 年 5 月第 1 版	**印　　次**：2023 年 5 月第 1 次印刷
定　　价：58.00 元	

编委会

主　编：李　明

副主编：李　茜

编　委：蔡新玲　赵　灿　高维英　吴素良

　　　　王　娜　程肖侠　郝　丽　张文静

　　　　张　侠　范　承

统　稿：高维英

前　言

　　第十四届全国运动会和第十一届残运会暨第八届特奥会(以下简称十四运会和残特奥会)分别于 2021 年 9 月 15—27 日和 10 月 22—29 日在陕西举办,十四运会在陕西省西安、榆林、延安、铜川、宝鸡、咸阳、渭南、汉中、安康、商洛、杨凌 11 个市(区)以及西咸新区和韩城市举行,残特奥会在西安、宝鸡、渭南、铜川、杨凌 5 个市(区)举行,这是全国运动会首次在中西部地区举行,为认真贯彻落实习近平总书记关于"办一届精彩圆满的体育盛会"指示精神,陕西省气象局早谋划、早部署、早准备,全力以赴做好十四运会及残特奥会气象保障服务工作,而气候服务成为气象保障的先头兵。

　　2016 年,陕西省十四运会和残特奥会气象保障准备工作就已开始,陕西省气象局成立了十四运会和残特奥会气象保障服务筹备工作领导小组及其办公室,但是真正开始对十四运会和残特奥会开展气象服务是 2019 年 4 月,为筹委会(后期改为组委会)提供十四运会开幕式拟定时间气候背景分析报告。由于本届运动会受新冠疫情影响,时间安排变化较大,而且赛事分布于全省各市、区,正赛时段又处于陕西华西秋雨期,同时测试赛、预赛从 2021 年 3 月开始,时间跨度大、环节多、调整多、活动多、赛事举办地多,加之陕西在气候上自北向南横跨 3 个气候带,即中温带、暖温带、北亚热带,且处于中国中部既受中高纬度西风带系统影响,又受中低纬度副热带系统影响,天气、气候异常复杂,除台风灾害外,各类气象灾害均有发生,因此气候保障难度非常大。陕西省气候中心在省气象局的部署安排下,在长达两年半的服务保障筹备中,克服各种困难,组成十四运会和残特奥会气候分析评估与预测团队,并不断完善技术、服务流程和产品等;研发完善了气候监测分析评估系统和智能网格气候预测系统,为本次运动会提供了业务支撑,开展了十四运会及残特奥会气候条件风险分析和气候预测服务,取得了巨大成功,得到了十四运会组委会领导的批示和赞扬:气象条件风险分析报告是十四运会和残特奥会的服务典范。

　　根据十四运会和残特奥会组委会与气象保障部需求,气候中心服务保障团队谋划服务内容,特别是气象保障部全流程紧盯运动会关键节点,主动作为,在 2019 年 4 月至 2021 年 11 月为组委会提供了近百份气候服务报告和预测产品。为了便于参考学习,本书作者对十四运会和残特奥会的气候服务报告和产品进行了梳理、分类和凝练,主要有十四运会和残特奥会气候保障需求、十四运会及残特奥会期间天气气候特点、十四运会和残特奥会关键节点气象条件风险分析、十四运会和残特奥会期间综合气象条件风险分析、十四运会气候预测工作流程、陕西省智能网格预测系统、十四运会气候预测技术总结和附录。本次运动会的气候服务保障，最重要的是十四运会开幕式日的气候风险分析和精准预测。由于开幕式活动在室外，气象条件影响大，对气象部门人工影响天气作业、十四运会和残特奥会组委会各项应对措施准备都非常重要，因此十四运会开幕式的气象条件风险分析报告中精确到了关键时段逐小时、雨量精确到毫米级概率以及逐小时降水性质等；在气候预测方面，提前半年开始对陕西华西秋雨做预测，提前两个半月预测开幕式日西安天气并且逼近式精细化，在延伸期时段对西安天气的预测精确到开幕式日前后5天逐日的天气状况、降水量、最高和最低气温、平均气温。全流程气候条件风险评估和滚动式精细化开幕式气候预测是陕西在重大活动气候保障服务领域具有开创性的工作。这些工作极大地提升了陕西省气象部门气候的风险评估能力和气候预测水平。

本次重大活动气象保障，是举全省之力乃至全国之力进行的，由于历时长、水平高、难度大，超过了以往陕西省气象部门的重大活动气象保障水平。本书就气候服务保障详细提供了运动会期间各重要节点、赛场举办地、赛事等的气象条件分析报告，而且介绍了以本次运动会为契机研发的陕西智能网格气候预测系统及其精细气候预测产品。通过这些气候服务产品，以期能够为本省和其他省（区）在重大活动气候保障服务思路、流程、技术和产品等方面提供借鉴，提高业务人员的重大活动气象保障能力和水平。

本书编写得到了陕西省气象局领导和应急与减灾处、科技与预报处的关心、指导；得到了国家气候中心、北京市气候中心、天津市气候中心、武汉区域气候中心等的指导；气象出版社对本书的出版给予了大力支持，在此一并表示衷心感谢！

由于编者水平有限，重大活动气象保障经验和技术不足，加上本书撰写时间仓促，内容难免有疏漏和不足之处，恳请同行专家和广大读者批评指正。

李　明

2022 年 7 月 9 日

目　　录

上　篇
气候特征与风险分析

第1章　十四运会和残特奥会气象气候保障需求

1.1　十四运会和残特奥会基本情况

全国第十四届运动会和第十一届残运会暨第八届特奥会(以下简称十四运会和残特奥会)是建党百年、我国开启全面建设社会主义现代化国家新征程之际举办的一届全国性的运动会,是疫情防控常态化下与东京奥运会同年举办的一届运动会,是西部地区首次承办的全国运动会。2020 年 4 月,习近平总书记来陕考察时明确提出"做好筹办工作,办一届精彩圆满的体育盛会"。

十四运会于 2021 年 9 月 15 日开幕,9 月 27 日闭幕,共设有 35 个竞技比赛项目和 19 个群众赛事活动,共计 595 个小项,有 1.2 万余名运动员和 1 万多名群众运动员参加。十四运会在陕西设 13 个赛区,比赛场馆分布在陕西 11 个市(区)以及西咸新区和韩城市。

残特奥会在全运会开幕后一个月举办,10 月 22 日开幕,10 月 29 日闭幕,首次与国际惯例接轨,同年同城举办全运会和残特奥会,共设有 43 个大项 47 个分项,有 4484 名残疾人运动员参加,比赛场馆主要分布在西安、宝鸡、渭南、杨凌、铜川等 5 个市(区)。

1.2　十四运会和残特奥会气候服务需求

中共中央、国务院高度重视十四运会和残特奥会的筹办工作。2020 年 4 月,习近平总书记在陕考察时,作出"第十四届全运会将在陕西举办,要做好筹办工作,办一届精彩圆满的体育盛会"的重要指示,为做好筹办工作指明了前进方向、提供了根本遵循。时任李克强总理、孙春兰副总理对十四运会筹备工作多次作出批示。孙春兰副总理 2021 年 5 月在京听取筹办工作汇报并协调解决重大问题,9 月初又来陕考察指导筹办工作,强调要如期高质量完成各项筹办任务,举办一届精彩圆满的全运盛会。

中共陕西省委、省政府将十四运会和残特奥会筹办工作作为党和国家交给陕西的一项重大政治任务,要求以"精彩圆满"为目标,集全民之智、聚万众之心,为全国人民奉献一届精彩、非凡、卓越的体育盛会。

1.2.1　开、闭幕式等重大活动的气候服务需求

2021 年 9 月 15 日晚,十四运会开幕式在西安市奥体中心体育场举行,中共中央总书记、国家主席、中央军委主席习近平出席开幕式并宣布运动会开幕,有 3.7 万人在现场参加了开幕式。由于活动在室外条件下进行,强降水、雷暴、大风、高温等高影响天气都会对开幕式表演活动以及设备安装、预演和彩排等准备工作直接产生不利影响,需要为开、闭幕式日提供全面的气候背景分析,最大限度规避天气因素的不利影响,确保开、闭幕式精彩圆满。

9 月 27 日、10 月 22 日、10 月 29 日,十四运会闭幕式,残特奥会开、闭幕式在西安奥体中心体育馆依次举行,现场人数超过 1 万。由于是室内场馆,对活动的影响相对较小,但仍需密切关注降水、大风、雷电等高影响天气对彩排活动、交通运行、观众抵离等造成的不利影响。

1.2.2 各项体育赛事对气候服务的需求

在体育领域,气象一直是绕不开的话题。十四运会和残特奥会比赛项目既有室内项目,也有室外项目,既有陆地项目,还有水上项目。各种比赛项目受天气影响的程度不同。例如,高尔夫球比赛对雷电天气有严格要求,金属制的球杆在挥杆时易引雷,容易对比赛队员生命健康产生威胁,严禁雷雨天气下进行比赛;马拉松是所有体育运动中体力消耗最大的项目之一,高温、低气压、高湿度或大风、大雨等气象条件差的天气对马拉松比赛影响很大,而气温偏低还容易使运动员出现休克等现象;马术比赛都在露天进行,而马对天气有较高的敏感性,气象条件直接关系着马术技能的发挥。天气状况和气温、湿度、气压等气象要素还会影响人的生理变化和情绪,从而对不同运动员的临场发挥产生影响。就连观众的情绪和舒适度,甚至门票销售等也受天气和气候要素的影响。因此,针对各项赛事提前开展气候背景分析和气候预测,是体育赛事能否成功举办的重要因素。

为确保十四运会和残特奥会开(闭)幕式、各项活动及体育赛事的顺利进行,提前制定应对暴雨、雷电、冰雹、短时大风和高温等不利天气应急预案,降低高影响天气风险,需要对多种气象条件进行综合分析,找出各气象要素对赛事举办可能带来的风险,对各种气象风险进行评估、分级并提出应对措施建议,找出针对主要户外赛事的天气影响指标,使组织运行机构能及时采取有备和有效的应对措施,从而最大程度降低或消除气象风险的影响,确保开幕式及比赛安全、顺利、有序地进行。

第 2 章　十四运会和残特奥会期间天气气候特点

2.1　陕西气候概况和灾害性天气

十四运会和残特奥会正式赛事分别在 2021 年 9 月和 10 月举行,但是测试赛、预赛等在 3 月就已开始,因此组织者、教练员、运动员等不仅关注 9 月、10 月陕西天气、气候特点,也非常关注陕西的整体天气、气候特点,提前采取一些预防措施。

2.1.1　陕西基本气候概况

陕西省气候以秦岭为界,南北差异显著:从北到南纵跨中温带、暖温带、北亚热带 3 个气候带,即陕北北部中温带,陕北南部、关中和秦岭南坡(海拔 1000 米以上)暖温带,陕南北亚热带。特点是:春暖多风、气温回升快而不稳,降水少,陕北多大风沙尘天气;夏季炎热多雨,降水集中在 7—9 月,多雷阵雨、暴雨,渭北多冰雹、阵性大风天气,间有"伏旱";秋凉较湿润、气温下降快,关中、陕南多阴雨天气;冬季寒冷干燥,气温低,雨雪稀少。

陕西年降水量的分布是南多北少,由南向北递减,受山地地形影响比较显著。全省年降水量 320～1258 毫米,陕南巴山地区年降水量 900～1258 毫米,是陕西降水最多的地区,陕北长城沿线年降水量只有 320～460 毫米,是陕西省降水量最少的地区。关中地区年降水量在 514～679 毫米,分布规律从东到西逐渐增多。全省各地降水集中于 7—9 月,约占年降水量总量的 55%～65%,夏季虽然降水集中,但降水变率也较大,形成易旱易涝的气候特点。陕西省雨季较短,干湿季节分明。雨季一般自 6 月下旬到 7 月上旬开始,9 月中下旬结束,持续期南长北短,安康近 100 天,西安 90 天,榆林仅 70 天。全年降水高峰,陕北在 8 月,关中、陕南有两个,分别出现在 7 月上旬和 9 月上旬前后。7 月下旬至 8 月上旬则为明显的少雨时段,形成了陕西有名的初夏旱和伏旱。

陕西各地降水量的季节变化明显,夏季降水最多,占全年的 39%～64%,夏季降水量又以陕北地区最为集中。秋季次之,占全年的 20%～34%。春季少于秋季,春季降水量占全年的 13%～24%。冬季降水稀少,只占全年的 1%～4%。暴雨始于 4 月,于 11 月结束,主要集中在 7—8 月。关中、陕南春季第一场 20.0 毫米的区域降水过程一般出现在 4 月上旬末到中旬。初夏汛雨出现在 6 月下旬后期到 7 月上旬前期,此期间,暴雨相对集中,关中、陕南出现洪涝较多。秋季,陕西省关中、陕南又出现相对多雨时段,称为秋淋,一般出现 9 月上旬末至中旬初。

2.1.2　对运动会有影响的陕西省气象灾害概况

陕西主要有暴雨洪涝、大风、冰雹、连阴雨、高温、寒潮、沙尘、大雾等气象灾害。

2.1.2.1　暴雨和洪涝灾害

陕西位于中国大陆腹地,年降水量的分布是南多北少,由南向北递减。各地降水量的季变化明显,夏季降水最多(占全年的 39%～64%,夏季降水量又以陕北地区最为集中),秋季次之(占全年的 20%～34%)、春季少于秋季(春季降水量占全年的 13%～24%),冬季降水偏少(只占全年的 1%～4%)。关中、陕南春季第一场大于 20.0 毫米的降水过程一般出现在 4 月上旬末到中旬。初夏汛雨出现在 6 月下旬后期到 7 月上旬前期,在此期间,暴雨相对集中,关中、陕南出现洪涝灾害较多。

陕西是中国暴雨多发地区之一,洪涝灾害也相当严重。其特点是历时短、强度大、局地性强,易造成局部的严重或毁灭性洪涝灾害。陕西的暴雨主要发生在 6—10 月,以 7 月为多。年内最早暴雨日出现在 2 月下旬(2004 年 2 月 20 日),最晚结束于 11 月中旬(1994 年 11 月 13 日)。暴雨主要集中在春汛期(4—5 月)、前汛期(6—7 月)、主汛期(7 月底—8 月)、秋汛期(9—10 月)这 4 个时段。空间分布比较复杂,总趋势为南多北少,呈"三高两低"分布,秦巴山区最多,其次为黄土高原的南部延安一带,再次为长城沿线的神木、府谷地区。陕西年平均暴雨日为 26.5 天,最多达 45 天,最少为 14 天;年平均暴雨站数 93.9 站,最多 195 站,最少 40 站,表明陕西暴雨年际和空间变化明显。

在多数年份,副热带高压从海上经华南于 6 月底至 7 月上旬开始影响陕南、关中,7 月中旬以后副热带高压继续加强西伸北抬影响陕北,在与西风带的低值系统的共同作用下,产生大范围的暴雨和造成严重的洪涝灾害。7 月下旬到 8 月,副热带高压进一步北抬,海上生成的台风或热带低压沿副热带高压南侧西进,陕南和关中东部受到台风外围暖湿气流以及东风波的影响,出现暴雨及洪涝灾害。

陕西因暴雨造成的山洪水灾及连阴雨引起的涝灾,每年都不同程度地发生。7—9 月是暴雨多发期,其间暴雨日站次数占全年的 67%,尤其是 7 月下旬至 8 月上旬多发大暴雨,也是陕西山洪水灾的高峰期。连阴雨涝灾多发区是关中、陕南的西部及秦岭中高山地区。

汉中、安康、宝鸡、商洛地区的秦岭山谷地区,渭北高原沟壑区及"二华"(华阴、华县)夹槽地带是山洪水灾多发区。暴雨常常致使山洪暴发,江河暴涨,淹没城镇,破坏交通、通信,损害各类设施,同时,也会造成严重的滑坡及泥石流灾害等。由于受地形影响,陕北、陕南暴雨往往具有突发性、局地性、毁灭性的特点。如 1977 年 7 月 4—6 日,延河流域一带出现大暴雨,致使河水暴涨,洪水冲入延安市区;1998 年 7 月 8 日 20 时至 9 日上午,商洛地区 7 个县遭暴雨袭击,尤其是丹凤县 1 小时降水达 250 毫米,经济损失达 3.64 亿元。

2.1.2.2 大风

由于陕西地形、地貌复杂,大风天气分布比较特殊,一般是高山、高原地区大风日数多于平原、盆地,陕北多于关中、陕南。陕北长城沿线的定边、横山、府谷一带是陕西范围最广的大风区,年平均大风日数 30～40 天,渭北东部黄河沿岸的潼关、华阴受吕梁山、中条山组成的喇叭口地形影响,多偏东大风,年平均大风日数 10～20 天,陕南丹凤年平均大风日数 20 天左右,旬阳、平利等地的年平均大风日数 8～10 天,秦岭山脉中的高山站,由于海拔高,年大风日数较多,如海拔 2064 米的华山站年平均大风日数 109 天,秦岭南麓的佛坪也是多大风区,年平均大风日数 23 天,秦岭北侧的太白年平均大风日数 10 天左右。陕西多年平均大风日数在 5 天以下的区域主要分布在延安以南沿洛河与黄河之间的夹槽地、渭河谷地和汉水谷地。

陕北、渭北、秦岭山中、商洛及安康东部等多大风区域大风日数多分布在冬、夏季过渡的春季的 3—5 月,其次是夏季的 6—8 月,以横山为例春季多年平均大风日数占多年平均大风日数的 43%,夏季多年平均大风日数则占多年平均大风日数的 31%,而渭河谷地、汉水谷地年平均大风日数较少且多发生在夏季。

春季大风一般持续时间长,影响范围广,风向比较一致。夏季大风持续时间短,多瞬时大风,风向不稳定,影响范围较小。

虽然大风在一天中任何时段都可以出现,但夏季大风多出现在午后到傍晚,上午较少。春季大风与冷空气过境时间同步。

2.1.2.3　冰雹

陕西地理、地貌复杂,尤其是陕北和关中北部由于植被稀少,黄土裸露,夏半年地面受较强的太阳辐射影响产生不稳定的大气层结,与适合的高空天气系统上下结合,就会产生局地冰雹。陕西历年降雹期为3—10月,但多雹时段陕北为6—7月,关中大部分地区为5—6月,秦岭山区为4—6月。平均3~5年出现一个多雹年。陕北、渭北、关中西部山区、秦岭东部是冰雹多发区。

陕西的降雹季节变化呈现单峰型,12月、1月为无雹时段,冰雹大多发生在4—9月,最多为5—8月,占降雹总日数的71%,其中6月最多,其次是5月和7月。冰雹日变化呈午后单峰形,由于午后近地面层升温,大气不稳定能量增大,在水汽充沛的条件下利于形成强对流天气,13—20时是降雹的主要时段,其中14—19时是降雹的高峰期。

冰雹天气常伴有雷雨、大风,破坏力极大,常常是拔树、倒屋,损害农作物,毁坏电力和交通设施等。如1969年5月23日下午,北起渭北宜君经铜川、耀县、富平、三原、临潼等地至蓝田一带出现冰雹天气,雹路(直线)全长150多千米,沿线波及宽度2.5~5.0千米,雹粒一般大如核桃,局部伴有暴雨、大风,3.73万公顷农田受灾,损失小麦1亿千克,死15人,伤多人;1992年7月20日,富平县薛镇、雷古坊等13个乡(镇)遭冰雹袭击并伴有大风,雹粒直径4厘米。

2.1.2.4　连阴雨(雪)

连阴雨(雪)是陕西重要天气之一,全年各月都可能发生。连阴雨(雪)期间,气温低、湿度大、日照少。特别是秋季连阴雨发生次数多、阴雨时间长、降水强度大,造成的危害更重。

陕西关中、陕南平均1.8次/年。一般年份出现1~2次,最多为4次/年,个别年份秋季不出现连阴雨。从持续时段上看,4~6天占47%,≥6天占53%,最长的过程为1961年9月26日至11月3日共38天。从连阴雨强度来看,常常伴有暴雨,且范围较大,如1961年10月上旬连阴雨一天有11站暴雨,2003年8月29日有44站暴雨或大暴雨。有时连阴雨中暴雨可以连续出现两天以上,陕南山区还有连续3天以上出现暴雨。从发生时段来看,陕西连阴雨开始时段80%集中在9月到10月上旬,尤其9月中旬占总数25%。

2.1.2.5　高温

夏季高温天气对各行各业及人们日常生产、生活都有影响。当气温达到一定程度时,就成为一种气象灾害,轻则影响正常的工作效率,使城市火灾多发,用电量急增,重则造成人畜中暑甚至死亡。近年来,在全球变暖的大背景下,陕西高温出现次数和强度有所增多。除陕南的留坝、关中的华山、太白和陕北的黄龙、洛川、宜君6个站外,其他各站均出现过高温天气。全省的高温日数分布有明显的地域性:南部和东部地区出现高温明显多于西部和北部;关中平原和安康盆地明显多于陕北高原和秦巴山地,其中最大中心1个位于安康的白河,另外两个分别位于关中平原的长安和华州区。长安不但出现高温的日数较多,而且本省的高温极值(43.4 ℃)也出现在长安,也就是说出现高温可能性大的地方也易出现强高温。

区域性高温平均每年出现14.7天。月分布是5月和9月较少,平均每年不到1天,6月平均3.9天(占27%),7月平均6.1天(占41.2%),8月平均4.2天(占28.5%)。区域性高温最早均出现在 5 月上旬,最晚在 9 月下旬,6 月中旬到 8 月上旬为各地高温过程集中期。陕北出现区域性高温日数明显少于关中和陕南,关中出现区域性高温日数稍多于陕南,集中出现时段不同,关中在 6 月中旬到 8 月上旬高温过程较多,而陕南在 7 月中下旬到 8 月下旬。这可能是由于 6 月中下旬受副热带大陆高压脊控制,关中平原下垫面辐射升温较陕南更强,而 7—8 月受西太平洋副热带高压控制,安康更易出现高温闷热天气所致。强高温最早出现在 5 月下旬(1969 年 5 月 28 日共 5 站),最晚出现在 9 月上旬(1999 年 9 月 10 日共 4 站)。

总之,陕西省高温日数分布有明显的地域性,南部和东部地区出现高温的频数明显多于西部和北部;关中平原和安康盆地明显多于陕北高原和秦巴山地。陕北出现区域性高温日数明显少于关中和陕南,关中出现区域性高温日数稍多于陕南。关中高温集中出现在 6 月中旬到 8 月上旬,而陕南稍晚,集中在 7 月中旬到 8 月下旬,其中 6 月中旬关中高温与康藏高压有密切关系,也会造成陕西中部初夏少雨。自 1961 年以来,陕西年高温日数经历了由多到少再多的趋势变化,异常多高温年主要出现在 20 世纪 60 年代中后期至 70 年代初期,异常少高温年集中在 80 年代,90 年代中后期至今转为多高温期。

2.1.2.6 寒潮

寒潮是东亚大型天气过程之一,当它发生时,表现为强烈的冷空气从高纬度地区向南直泻影响中国,常常造成剧烈的降温、大风等天气现象,引发大范围的低温和风灾。寒潮天气是陕西主要灾害性天气之一,陕西寒潮次数从南到北逐渐递增,陕北北部寒潮次数比较多,平均为 7 次/年,陕北南部和关中北部平均为 4~5 次/年,关中南部平均为 3~4 次/年,陕南平均约 2 次/年。陕西寒潮出现频率以 3—4 月最多,约占全年的 40%,其次为 11 月,占全年的 15%,以 9 月最少,只占全年的 1%;最早出现在 9 月(1967 年),最迟出现在 5 月(1972 年)。

2.1.2.7 沙尘暴

陕西省扬沙和沙尘暴的分布北多南少,陕北北部长城沿线沙滩区是陕西省的高发区,年平均扬沙和沙尘暴日数分别为 31 天和 6.4 天,定边高达 74.9 天和 24.4 天;陕北南部为次多发区,年平均扬沙和沙尘暴日数分别为 6.5 天和 1.4 天,子长县分别达 15 天和 3.3 天;关中年平均扬沙和沙尘暴日数分别只有 3.5 天和 0.5 天,但西安、白水、蒲城和渭南相对关中其他地区要偏高,西安年平均扬沙和沙尘暴日数分别为 15.3 天和 3.8 天;陕南大多数地区从来没有出现过沙尘暴,出现扬沙日数年均大于 1 天的只有 5 个县站。分陕北、关中和陕南 1961—2000 年 40 年逐月扬沙和沙尘暴的平均日数,发现扬沙和沙尘暴的发生有明显的季节变化。陕北、关中扬沙和沙尘暴天气主要集中在 3—6 月,其中陕北 3—6 月的扬沙和沙尘暴日数分别占全年总日数的 59.9% 和 75.9%,关中 3—6 月的扬沙和沙尘暴日数分别占全年总日数的 60.2% 和 88.2%。陕南主要集中在 2—5 月,其他月份几乎不发生。

2.1.2.8 大雾

大雾是陕西省一种灾害性天气,其形成主要是由于近地面空气的冷却作用,空气冷却到露点以下时,过饱和的水汽凝结(或凝华)成水滴(或冰晶)生成的产物。它使能见度变低,给公路交通、航空、港运带来极大不便,并造成巨大的经济损失。雾是在一定的环流背景下形成的,陕西省大雾的形成主要机制是辐射和平流作用,它是大气长波完成一次调整过程的产物。陕西省大雾各个月都可能形成,但主要集中在秋季和初冬的 9—12 月,春季(3—4 月)也是大雾次高期,陕西省雾日最少时段为 2—6 月。

总之,陕西省具有黄土高原、关中平原和汉江河谷的大地形分布,大雾日数较多,平均气候概率为 7%;陕西省大雾全年每个月都可能发生,但秋、冬季(9—12 月)是雾的高发期;陕西省雾日的分布在空间上具有三高三低的特点,高值中心之一位于黄土高原海拔高度最高的宜君、洛川,第二个位于汉江河谷汉中—石泉之间,第三个中心在西安。低值中心分别位于陕北北部长城沿线,另外两个分别位于关中平原的东、西口;大部分地区当相对湿度大于 70% 时就有可能有雾产生,但在黄土高原产生的雾,湿度条件就更低。

2.1.3　陕西 9—10 月气候特点

2.1.3.1　陕西各市(区)9 月气候特点

(1)西安市

西安市 9 月平均气温为 20.8 ℃,平均最高气温为 25.9 ℃,平均最低气温为17.1 ℃。极端最高气温 38.5 ℃(出现在 2002 年 9 月 1 日),极端最低气温 4.8 ℃(出现在 1952 年 9 月 26日)。多年平均 9 月降水量为 90.6 毫米,最多为 298.9 毫米(出现在 2011 年),一日最大降水量92.5 毫米(出现在 1986 年 9 月 8 日),9 月雨日数 13.3 天,平均相对湿度 74.7%,平均风速1.6 米/秒,主导风为东北风。月最大风速 18.6 米/秒(出现在 1970 年 9 月 7 日)。

西安市 9 月日均降雨概率为 44.3%,其中出现小雨及以上等级降水的概率为 37.4%,出现中雨及以上等级降水的概率为 6.3%。西安 9 月 15 日的降雨概率为 46.7%,出现小雨及以上等级降水的概率为 36.7%。近 30 年来,西安市 9 月共出现大雨 27 天,暴雨 3 天,35 ℃以上高温 20 天,雷暴 13 天,雾 40 天,霾 32 天。

(2)咸阳市

咸阳市 9 月平均气温为 19.9 ℃,平均最高气温为 25.1 ℃,平均最低气温为15.8 ℃。极端最高气温 36.8 ℃(出现在 1999 年 9 月 9 日),极端最低气温 3.9 ℃(出现在 1970 年 9 月 30日)。多年平均 9 月降水量为 89.1 毫米,最多为 307.6 毫米(出现在 2011 年),一日最大降水量73.2 毫米(出现在 2019 年 9 月 14 日),9 月雨日数 13.3 天,平均相对湿度 78.4%,平均风速1.8 米/秒,主导风为东北风。月最大风速 12.3 米/秒(出现在 1983 年 9 月 4 日)。

咸阳市 9 月日均降雨概率为 44.3%,出现小雨及以上等级降水的概率为 38.2%,出现中雨及以上等级降水的概率为 9.6%。近 30 年来,咸阳共出现大雨 20 天,暴雨 5 天,35 ℃以上高温 12 天,雷暴 13 天,雾 82 天,轻雾 492 天,霾 35 天,最大风速大于 8 米/秒的日数 35 天。

(3)杨凌示范区

杨凌 9 月平均气温为 19.4 ℃,平均最高气温为 24.4 ℃,平均最低气温为15.9 ℃。极端最高气温 35.2 ℃(出现在 2016 年 9 月 1 日),极端最低气温 7.5 ℃(出现在 2012 年 9 月 29日)。多年平均 9 月降水量为 131.1 毫米,最多为 409.0 毫米(出现在 2011 年),一日最大降水量 84.1 毫米(出现在 2011 年 9 月 18 日),9 月雨日数 13.6 天,平均相对湿度 82%,平均风速1.4 米/秒,主导风为偏西北风。月最大风速 7.7 米/秒(出现在 2012 年 9 月 1 日)。

杨凌 9 月日均降水概率为 45.3%,出现小雨及以上等级降水的概率为 43.3%,出现中雨及以上等级降水的概率为 13.7%。近 13 年来,杨陵 9 月共出现大雨 13 天,暴雨 7 天,35 ℃以上高温 2 天,雷暴 5 天,雾 11 天,霾 7 天。

(4)宝鸡市

宝鸡市 9 月平均气温为 19.5 ℃,平均最高气温为 24.2 ℃,平均最低气温为16.2 ℃。极端最高气温 40 ℃(出现在 1997 年 9 月 5 日),极端最低气温 4.5 ℃(出现在 1957 年 9 月 25日)。多年平均 9 月降水量为 117.1 毫米,最多为 382.9 毫米(出现在 2011 年),一日最大降水量

82.5 毫米(出现在 1954 年 9 月 3 日),9 月雨日数 14.9 天,平均相对湿度 75.9%,平均风速 1.1 米/秒,主导风为东风。月最大风速 11.7 米/秒(出现在 2007 年 9 月 4 日和 2008 年 9 月 24 日)。

宝鸡市 9 月日均降雨概率为 49.7%,出现小雨及以上等级降水的概率为 41.8%,出现中雨及以上等级降水的概率为 13.7%。近 30 年来,宝鸡市共出现大雨 30 天,暴雨 8 天,35 ℃以上高温 11 天,雷暴 28 天,雾 3 天,霾 12 天。

(5)汉中市

汉中市 9 月平均气温为 20.8 ℃,平均最高气温为 25.0 ℃,平均最低气温为17.8 ℃。极端最高气温 36.8 ℃(出现在 1997 年 9 月 8 日),极端最低气温 7.9 ℃(出现在 1958 年 9 月 28 日)。多年平均 9 月降水量为 139.9 毫米,最多为 360.1 毫米(出现在 1963 年),一日最大降水量 121.4 毫米(出现在 2013 年 9 月 19 日),9 月雨日数 16.2 天,平均相对湿度 83%,平均风速 1.1 米/秒,主导风为东风。月最大风速 10.3 米/秒(出现在 1996 年 9 月 26 日)。

汉中市 9 月日均降雨概率为 54.0%,出现小雨及以上等级降水的概率为 43.2%,出现中雨及以上等级降水的概率为 14.3%。近 30 年来,汉中共出现大雨 37 天,暴雨 10 天,35 ℃以上高温 7 天,雷暴 27 天,雾 24 天,轻雾 472 天,霾 11 天,闪电 2 天,最大风速大于 8 米/秒的日数 5 天。

(6)安康市

安康市 9 月平均气温为 22.0 ℃,平均最高气温为 26.9 ℃,平均最低气温为18.7 ℃。极端最高气温 40.7 ℃(出现在 1999 年 9 月 10 日),极端最低气温 10.3 ℃(出现在 1970 年 9 月 30 日)。多年平均 9 月降水量为 120.6 毫米,最多为 390.3 毫米(出现在 2011 年),一日最大降水量 92.3 毫米(出现在 1984 年 9 月 9 日),9 月雨日数 15.4 天,平均相对湿度 79%,平均风速 1.3 米/秒,主导风为东东北风。月最大风速 12.7 米/秒(出现在 1991 年 9 月 28 日)。

安康市 9 月日均降雨概率为 51.3%,出现小雨及以上等级降水的概率为 40.2%,出现中雨及以上等级降水的概率为 12.4%。近 30 年来,安康共出现大雨 32 天,暴雨 12 天,未出现高温,出现雾 30 天,大风 15 天。

(7)商洛市

商洛市 9 月平均气温为 18.6 ℃,平均最高气温为 24.2 ℃,平均最低气温为14.7 ℃。极端最高气温 39.3 ℃(出现在 1997 年 9 月 6 日),极端最低气温 3.9 ℃(出现在 1997 年 9 月 27 日)。多年平均 9 月降水量为 107.7 毫米,最多为 349.0 毫米(出现在 2011 年),一日最大降水量 70.6 毫米(出现在 2006 年 9 月 27 日),9 月雨日数 13.8 天,平均相对湿度 78%,平均风速 1.7 米/秒,主导风为东南风。月最大风速 14.7 米/秒(出现在 1977 年 9 月 6 日)。

商洛市 9 月日均降雨概率为 46.0%,出现小雨及以上等级降水的概率为 38.4%,出现中雨及以上等级降水的概率为 11.8%。近 30 年来,商洛共出现大雨 25 天,暴雨 8 天,35 ℃以上高温 7 天,冰雹 1 天,雾 21 天,霾 4 天,雷暴 32 天,闪电 4 天。

(8)渭南市

渭南市 9 月平均气温为 20.3 ℃,平均最高气温为 25.9 ℃,平均最低气温为16 ℃。极端最高气温 37.9 ℃(出现在 1997 年 9 月 6 日),极端最低气温 3.7 ℃(出现在 1970 年 9 月 30 日)。多年平均 9 月降水量为 95.9 毫米,最多为 302.7 毫米(出现在 2011 年),一日最大降水量 73.3 毫米(出现在 1986 年 9 月 8 日),9 月雨日数 12.4 天,平均相对湿度 79.3%,平均风速 1.0 米/秒,主导风为东东北风。月最大风速 11 米/秒(出现在 1993 年 9 月 7 日)。

渭南市 9 月日均降雨概率为 41.3%,出现小雨及以上等级降水的概率为 36.6%,出现中雨及以上等级降水的概率为10.2%。近30年来,渭南共出现大雨26天,暴雨5天,35℃以上高温20天,雷暴16天,闪电2天,扬沙1天,雾57天,霾3天。

(9)铜川市

铜川市9月平均气温为17.1℃,平均最高气温为22.6℃,平均最低气温为13.1℃。极端最高气温36.3℃(出现在1997年9月6日),极端最低气温0.4℃(出现在1970年9月30日)。多年平均9月降水量为92.8毫米,最多为234.2毫米(出现在2011年),一日最大降水量88.2毫米(出现在1983年9月7日)。9月雨日数13.3天,平均相对湿度78%,平均风速1.9米/秒,主导风为东北风,月最大风速18.3米/秒(出现在1981年9月18日)。

铜川市9月日均降雨概率为44.3%,出现小雨及以上等级降水的概率为38.1%,出现中雨及以上等级降水的概率为13.7%。近30年来,铜川共出现大雨31天,暴雨6天,35℃以上高温4天,雷暴70天,冰雹2天,雾130天,霾10天。

(10)延安市

延安市9月平均气温为16.9℃,平均最高气温为23.5℃,平均最低气温为12.1℃。极端最高气温37.5℃(出现在1997年9月5日),极端最低气温−3.0℃(出现在1970年9月30日)。多年平均9月降水量为72.5毫米,最多为172.4毫米(出现在2014年),一日最大降水量84.1毫米(出现在1963年9月10日),9月雨日数13.6天,平均相对湿度73%,平均风速1.5米/秒,主导风为西西南风。月最大风速11.8米/秒(出现在2015年9月30日)。

延安市9月日均降雨概率为45.3%,出现小雨及以上等级降水的概率为35%,出现中雨及以上等级降水的概率为9.2%。近30年来,延安共出现大雨13天,暴雨2天,35℃以上高温7天,雷暴66天,冰雹2天,雾120天,霾7天。

(11)榆林市

榆林市9月平均气温为16.3℃,平均最高气温为22.7℃,平均最低气温为11.1℃。极端最高气温36℃(出现在1998年9月9日),极端最低气温−2.5℃(出现在1993年9月28日)。多年平均9月降水量为58.9毫米,最多为140.5毫米(出现在2008年),一日最大降水量63.2毫米(出现在2008年9月24日),9月雨日数10.6天,平均相对湿度65.5%,平均风速2.1米/秒,主导风为南东南风。月最大风速13米/秒(出现在1991年9月12日)。

榆林市9月日均降雨概率为35.3%,出现小雨及以上等级降水的概率为30.3%,出现中雨及以上等级降水的概率为6.6%。近30年来,榆林共出现大雨11天,暴雨1天,35℃以上高温4天,雷暴73天,闪电10天,冰雹6天,雾41天,扬沙2天,大风3天,霾1天。

2.1.3.2　陕西各市(区)10月气候特点

(1)西安市

西安市10月平均气温为14.7℃,平均最高气温为19.9℃,平均最低气温为11.1℃。极端最高气温33.7℃(出现在1977年10月1日),极端最低气温−1.9℃(出现在1978年10月29日)。多年平均10月降水量为54.5毫米,最多为183毫米(出现在1983年),一日最大降水量57毫米(出现在2017年10月3日),10月雨日数11.4天,平均相对湿度74.2%,平均风速1.3米/秒,主导风为北东北风。月最大风速19.1米/秒(出现在1978年10月26日)。

西安市10月日均降雨概率为38.0%,出现小雨及以上等级降水的概率为29%,出现中雨及以上等级降水的概率为6.3%。西安10月22日的降雨概率为36.7%,出现小雨及以上等级降水的概率为30.0%。近30年来,西安10月共出现大雨11天,暴雨1天,雷暴5天,雾74天,霾112天。

（2）咸阳市

咸阳市 10 月平均气温为 13.5 ℃,平均最高气温为 19.2 ℃,平均最低气温为 9.2 ℃。极端最高气温 33.3 ℃(出现在 1977 年 10 月 1 日),极端最低气温－4.4 ℃(出现在 1991 年 10 月 28 日)。多年平均 10 月降水量为 51.5 毫米,最多为 155.1 毫米(出现在 2017 年),一日最大降水量 55.3 毫米(出现在 2017 年 10 月 3 日),10 月雨日数 11.9 天,平均相对湿度 77.3％,平均风速 1.6 米/秒,主导风为东北风。月最大风速 16 米/秒(出现在 1983 年 10 月 18 日)。

咸阳市 10 月日均降雨概率为 39.7％,出现小雨及以上等级降水的概率为 31.3％,出现中雨及以上等级降水的概率为 5.7％。近 30 年共出现大雨 10 天,出现暴雨 1 天,雾 132 天,雷暴 8 天,浮尘 2 天,最大风速大于 8 米/秒的日数 43 天。

（3）杨凌示范区

杨凌 10 月平均气温为 13.8 ℃,平均最高气温为 19.0 ℃,平均最低气温为 10.1 ℃。极端最高气温 30.4 ℃(出现在 2013 年 10 月 10 日),极端最低气温 1.8 ℃(出现在 2015 年 10 月 27 日)。多年平均 10 月降水量为 53.3 毫米,最多为 154.4 毫米(出现在 2017 年),一日最大降水量 41.0 毫米(出现在 2017 年 10 月 10 日)。10 月雨日数 10.6 天,平均相对湿度 79％,平均风速 1.4 米/秒,主导风为偏西风。

杨凌 10 月日均降雨概率为 35.3％,出现小雨及以上等级降水的概率为 32.3％,出现中雨及以上等级降水的概率为 5.1％。杨凌近 13 年共出现大雨 4 天,雷暴 4 天,雾 24 天。

（4）宝鸡市

宝鸡市 10 月平均气温为 13.8 ℃,平均最高气温为 18.9 ℃,平均最低气温为 10.3 ℃。极端最高气温 33 ℃(出现在 1977 年 10 月 1 日),极端最低气温－2 ℃(出现在 1986 年 10 月 29 日)。多年平均 10 月降水量为 53.4 毫米,最多为 179.6 毫米(出现在 1975 年),一日最大降水量 43.4 毫米(出现在 2000 年 10 月 10 日),10 月雨日数 12.9 天,平均相对湿度 74％,平均风速 0.9 米/秒,主导风为东风。月最大风速 10 米/秒(出现在 2010 年 10 月 21 日)。

宝鸡市 10 月日均降雨概率为 43.0％,出现小雨及以上等级降水的概率为 32.9％,出现中雨及以上等级降水的概率为 5.3％。近 30 年来,宝鸡市共出现大雨 8 天,雷暴 13 天,雾 14 天,霾 22 天。

（5）汉中市

汉中市 10 月平均气温为 15.4 ℃,平均最高气温为 19.4 ℃,平均最低气温为 12.7 ℃。极端最高气温 31.4 ℃(出现在 1959 年 10 月 9 日),极端最低气温－1.3 ℃(出现在 1986 年 10 月 29 日)。多年平均 10 月降水量为 75.9 毫米,最多为 180.6 毫米(出现在 1973 年),一日最大降水量 84.6 毫米(出现在 2000 年 10 月 10 日),10 月雨日数 15.3 天,平均相对湿度 85.3％,平均风速 1.0 米/秒,主导风为东风。月最大风速 10 米/秒(出现在 1976 年 10 月 22 日)。

汉中市 10 月日均降雨概率为 51.0％,出现小雨及以上等级降水的概率为 39％,出现中雨及以上等级降水的概率为 7.4％。近 30 年共出现大雨 16 天,暴雨 2 天,雾 102 天,轻雾 565 天,雷暴 9 天,霾 21 天,最大风速大于 8 米/秒的日数 1 天。

（6）安康市

安康市 10 月平均气温为 16.3 ℃,平均最高气温为 20.9 ℃,平均最低气温为 13.4 ℃。极端最高气温 34.3 ℃(出现在 1959 年 10 月 9 日),极端最低气温 1.0 ℃(出现在 1986 年 10 月 29 日)。多年平均 10 月降水量为 78.8 毫米,最多为 196.6 毫米(出现在 2019 年),一日最大降水量 72.9 毫米(出现在 1974 年 10 月 2 日和 1980 年 10 月 9 日)。10 月雨日数 15.4 天,平均相对湿度82%,平均风速1.2米/秒,主导风为东东北风。

安康市10月日均降雨概率为51.3%,出现小雨及以上等级降水的概率为37.2%,出现中雨及以上等级降水的概率为7.6%。近30年来,共出现大雨19天,暴雨2天,闪电和大风各1天,雾76天,雷暴12天,霾15天。

(7)商洛市

商洛市10月平均气温为13.2℃,平均最高气温为19.3℃,平均最低气温为8.9℃。极端最高气温31.6℃(出现在1987年10月2日和2013年10月11日),极端最低气温-4.6℃(出现在1986年10月29日)。多年平均10月降水量为57.8毫米,最多为140.6毫米(出现在2005年),一日最大降水量66.8毫米(出现在1983年10月4日)。10月雨日数12.5天,平均相对湿度73%,平均风速1.9米/秒,主导风为西西北风。

商洛市10月日均降雨概率为41.7%,出现小雨及以上等级降水的概率为32.9%,出现中雨及以上等级降水的概率为5.5%。近30年来,共出现大雨11天,暴雨1天,浮尘2天,霾11天,雷暴8天,大风96天。

(8)渭南市

渭南市10月平均气温为14.3℃,平均最高气温为20℃,平均最低气温为10℃。极端最高气温34.2℃(出现在2013年10月12日),极端最低气温-3.3℃(出现在1991年10月28日、1986年10月29日)。多年平均10月降水量为56.9毫米,最多为145.2毫米(出现在2003年),一日最大降水量58.3毫米(出现在1985年10月13日)。10月雨日数11.0天,平均相对湿度77.3%,平均风速0.9米/秒,主导风为东东北风。月最大风速10.3米/秒(出现在2008年10月22日)。

渭南市10月日均降雨概率为36.7%,出现小雨及以上等级降水的概率为28.4%,出现中雨及以上等级降水的概率为6.3%。近30年共出现大雨11天,雷暴9天,扬沙、浮尘各1天,雾115天,霾26天。

(9)铜川市

铜川市10月平均气温为11.1℃,平均最高气温为17.1℃,平均最低气温为7.0℃。极端最高气温30.1℃(出现在2016年10月3日),极端最低气温-6.1℃(出现在1986年10月29日)。多年平均10月降水量为47.8毫米,最多为145.7毫米(出现在2017年),一日最大降水量71.1毫米(出现在2017年10月3日)。10月雨日数11.3天,平均相对湿度74%,平均风速2.1米/秒,主导风为东北风。月最大风速17.0米/秒(出现在1982年10月17日)。

铜川市10月日均降雨概率为37.7%,出现小雨及以上等级降水的概率为30.7%,出现中雨及以上等级降水的概率为4.2%。近30年共出现暴雨1天,大雨7天,雷暴11天,冰雹、浮尘各1天,雾93天,霾34天。

(10)延安市

延安市10月平均气温为10.5℃,平均最高气温为17.8℃,平均最低气温为5.2℃。极端最高气温31.1℃(出现在2016年10月3日),极端最低气温-8.5℃(出现在1957年10月17日)。多年平均10月降水量为42.4毫米,最多为130.8毫米(出现在2017年),一日最大降水量43.7毫米(出现在1951年10月17日)。10月雨日数10.4天,平均相对湿度68%,平均风速1.5米/秒,主导风为西西南风。

延安市10月日均降雨概率为34.7%,出现小雨及以上等级降水的概率为27.3%,出现中雨及以上等级降水的概率为4.4%。近30年共出现大雨5天,雷暴25天,冰雹、大风、扬沙各

1 天,雾 110 天,浮尘 2 天,霾 11 天。

(11)榆林市

榆林市 10 月平均气温为 9.5 ℃,平均最高气温为 16.3 ℃,平均最低气温为 4 ℃。极端最高气温 27.7 ℃(出现在 2002 年 10 月 15 日),极端最低气温−9.3 ℃(出现在 1991 年 10 月 27 日)。多年平均 10 月降水量为 27.3 毫米,最多为 103.9 毫米(出现在 2007 年),一日最大降水量 35.1 毫米(出现在 2007 年 10 月 6 日)。10 月雨日数 6.9 天,平均相对湿度 59.6%,平均风速 2.0 米/秒,主导风为北西北风。月最大风速 14.8 米/秒(出现在 2009 年 10 月 18 日)。

榆林市 10 月日均降雨概率为 23.1%,出现小雨及以上等级降水的概率为 20.4%,出现中雨及以上等级降水的概率为 6.8%。近 30 年共出现大雨 2 天,雷暴 22 天,闪电 1 天,冰雹 3 天,雾 39 天,扬沙 2 天,浮尘 1 天,大风 10 天,雾 39 天,霾 7 天。

2.2 运动会期间重点关注高影响天气的特征

十四运会和残特奥会正赛分别在 9 月和 10 月举办,陕西在该时段发生频率最高的主要高影响天气是华西秋雨和霾。

2.2.1 华西秋雨

华西秋雨(陕西也称秋淋)年代际特征明显。秋淋是陕西关中、陕南地区(共涉及 77 个国家级气象观测站,67 个位于北区,10 个位于南区)秋季主要的气象灾害之一,陕西省秋淋多年平均开始日期为 9 月 10 日,多年平均结束日期为 10 月 9 日,其中开始于 8 月下旬、9 月、10 月的分别占 35%、52%、13%,最早开始日期为 1981 年 8 月 21 日,最晚为 1977 年 10 月 26 日。秋淋开始日期年际变化大,年代际特征明显,20 世纪 60 年代至 80 年代中期之前以偏早为主,80 年代后期至 90 年代以偏晚为主,而 2000 年以来以偏早为主。秋淋强度年代际变化特征明显。20 世纪 60 年代至 80 年代前期偏强,80 年代后期至 90 年代末明显偏弱,2000 年以来,陕西省进入秋雨多发期,特别是 2003 年、2011 年、2017 年、2019 年、2021 年出现强秋淋天气。

2021 年陕西秋雨于 8 月 30 日开始,10 月 21 日结束,期间出现了 3 个多雨期。秋雨期 52 天,较常年秋雨期(30 天)显著偏长。秋雨监测区平均累计降水量为 489.9 毫米,是常年秋雨总量(138.9 毫米)的 3.5 倍多,为 1961 年以来历史同期最多。秋淋综合强度为 1961 年以来第四位,属显著偏强。

秋淋开始早,结束晚,秋雨期显著偏长。2021 年陕西秋淋开始日为 8 月 30 日,结束日为 10 月 21,秋淋开始较常年早 11 天,结束较常年晚 12 天,秋雨期长度 52 天,较常年(30 天)显著偏长,列 1961 年以来第 8 位。

秋雨量历史之最,综合强度显著偏强。8 月 30 日—9 月 6 日、9 月 15 日—10 月 12 日、10 月 14—20 日出现了 3 个多雨期。8 月 30 日以来,陕西秋淋监测区累计平均降水量达 489.9 毫米,是常年秋雨总量(138.9 毫米)的 3.5 倍多,为 1961 年以来历史最多(图 2.1)。秋淋综合强度指数 4.2,排 1961 年以来第四位,为显著偏强等级。

秋雨期暴雨频发,极端性强。秋雨期间出现 5 次区域性暴雨过程,分别为 8 月 29 日—9 月 1 日(较强等级)、9 月 3—4 日(强等级)、9 月 17—19 日(特强等级)、9 月 24—26 日(强等级)、10 月 3—6 日(特强等级),其中 10 月 3—6 日为 2021 年秋雨期间最强的区域性暴雨过程,其强度为 10 月历史第 1 位。秋雨期间志丹、城固 2 站日降水量突破历史极值,吴旗、延安等 39

站日降水量突破月极值。

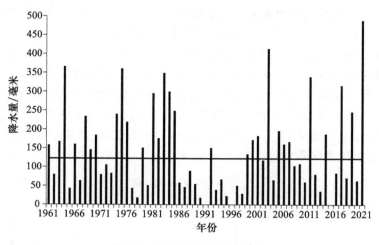

图 2.1　陕西历年秋雨量变化

2.2.2　霾

陕西省各区域霾的分布总体上呈关中为区域性霾,陕南、陕北局地性霾的特点。关中地区是霾天气的高发区,关中中、东部霾天气日数最多,中心在秦岭北麓,年平均 80 天以上,其中长安站最多达 93.8 天,其次是陕南的汉中盆地,平均 35～40 天。统计结果表明,全省年平均霾日数 23.4 天,2000 年以来,关中地区秋、冬季霾天数显著增多,2020 年后有所减少,其中西安秋、冬季霾天数占到全年霾总天数的 70% 以上。从月变化来看,关中地区霾主要集中在 11 月到次年的 2 月,最高频次出现在 1 月,其次是 12 月、2 月和 11 月,其各月的重度霾分别占比 33.6%、25.3%、22.2% 和 12.5%。而残特奥会举办月 10 月出现频次较少,重度霾仅占 2.5%,9 月出现霾频次更小,其中重度霾仅占 0.6%。

历史典型霾事件。2016 年 12 月 31 日—2017 年 1 月 5 日陕西全省出现大范围霾天气,共 262 站·次观测有霾,其中 3 日全省共 86 县(区)有霾,霾覆盖面积达到 2.9 万平方千米。此次霾天气主要影响区域为关中渭河河谷地带,西安、咸阳和渭南持续 6 天均为严重污染,4 日和 5 日关中大、中城市均为重度及以上污染。

2013 年 2 月 9—12 日陕西省出现范围广、强度大的霾天气,其中关中中部大部分区域出现能见度小于 100 米。12 月 16—25 日全省共出现霾天气 513 站·次,霾天气主要分布在关中、陕南,其中西安市连续 10 天出现严重霾天气,据全国城市空气质量实时发布平台数据,12 月 18—23 日,西安市 13 个监测点连续 6 天 AQI(空气质量指数)全部达到严重污染,成为全国 74 个公布 $PM_{2.5}$ 数据城市中空气质量最差的城市。

2.3　2021 年及十四运会和残特奥会期间天气、气候特点

2.3.1　2021 年陕西天气、气候特征

2021 年陕西极端天气、气候事件多发、广发,重大气象灾害频现。历史新高屡屡频现:全省平均气温(14 ℃)、全省平均降水量(963.4 毫米)、西安降水量(1005.2 毫米)、陕西秋淋降水量(450.2 毫米)、暴雨日数(81 天)、暴雨站·次数(5904)均创历史新高。阶段性异常冷暖变化

显著,1月上旬(−3.7 ℃),6县、区最低气温突破历史极值,2月全省平均气温创同期历史新高(5.0 ℃),73县、区最高气温突破冬季历史极值。春季共出现211站·次沙尘,为近8年最多。入冬以来,冷空气频繁,11月6—7日出现历史第二强寒潮。

一是降水异常偏多,创历史新高。2021年(1月1日—12月29日),全省平均降水量965.5毫米,较常年平均偏多336.8毫米(偏多53.6%),排1961年以来第1位(图2.2),与常年同期相比除榆林北部偏少1~3成外,其余偏多1成~1.2倍,西安降水量为1006.5毫米,较常年偏多470.1毫米(87.6%),创历史新高,全省36县、区降水量位居历史首位。8月30日陕西秋雨开始,较常年偏早11天,平均降水量达450.2毫米,是常年平均降雨量的3.2倍,为1961年以来历史最多((彩)图2.3)。

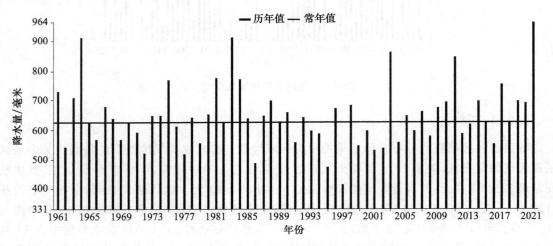

图2.2 1961—2021年陕西历年降水量演变

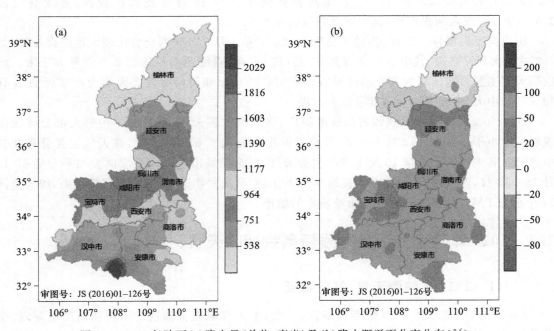

图2.3 2021年陕西(a)降水量(单位:毫米)及(b)降水距平百分率分布(%)

　　二是气温异常偏高,与 2013 年并列历史最高。2021 年全省平均气温 14 ℃,较常年高 0.9 ℃,较 2020 年高 0.7 ℃,为 1961 年以来与 2013 年并列为历史最高(图 2.4)。

　　三是阶段性异常冷暖变化显著,极端冷事件和极端暖事件频繁发生。在气温偏高的背景下,1 月上旬、4 月、8 月下旬、10 月中旬、11 月上旬较常年低 1~2.3 ℃,1 月上旬(-3.7 ℃)、4 月(12.6 ℃)、11 月上旬(6.9 ℃)为 2011 年以来同期最低,10 月中旬(10.4 ℃)更是 2003 年以来同期最低,较常年低 2.3 ℃;与此变化相对应的是极端冷事件和暖事件的发生,1 月上旬出现阶段性低温寒潮天气,6—8 日 6 县、区最低气温突破历史极值,2 月全省平均气温创同期历史新高,19—23 日 73 县、区最高气温突破冬季历史极值。7 月 29 日—8 月 3 日 6 县、区突破或追平历史高温纪录。11 月 8—9 日 40 县、区最低气温突破 11 月上旬历史极值。

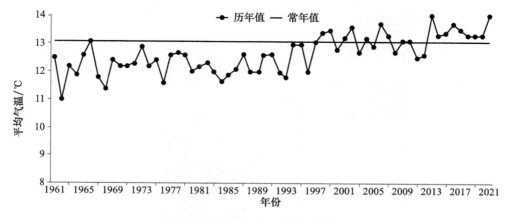

图 2.4　陕西历年平均气温演变

　　四是春季沙尘天气多、强度大、范围广,为近 10 年同期罕见。2021 年春季共出现 211 站·次沙尘,为近 8 年最多,其中 3 月为 126 站·次、4 月为 35 站·次、5 月为 50 站·次;强沙尘暴 2 站·次,为近 15 年最多。3 月后半月接连出现两次(16—18 日、29—31 日)较强沙尘天气过程,强度大、范围广,为近 10 年同期罕见。

　　五是暴雨日数、站次数刷新历史纪录,常年少暴雨区 2021 年暴雨频发,多站暴雨日数位居历史首位。汛期全省共出现 22 次暴雨过程(较 2020 年多 13 次),其中区域性暴雨过程 15 次,较近 30 年平均(6.3 次)多 8.7 次,较 2020 年(6 次)多 9 次,排 1961 年以来历史第 1 位。暴雨日数为 81 天,出现暴雨 5904 站·次,均刷新历史记录,其中大暴雨 425 站·次、特大暴雨 17 站·次。关中盆地、陕北暴雨少发区常年暴雨日数 1~1.5 天,2021 年暴雨日数为 2~5 天,多 0.4~3.5 天,渭南、蓝田、甘泉、富平、延安、延长、兴平等暴雨日数 4~5 天,较常年多 2.5~ 3.5 天,位居历史第一位(图 2.5)。

　　六是前期分散性暴雨多、局地性强,2021 年 8 月下旬后多区域性暴雨、秋淋早、暴雨区域重叠度高,暴雨连续性强、持续时间长。汛期共出现 6 次分散性暴雨,主要散布于陕北南部、关中和陕南,个别乡镇出现了局地性强降水,是周边降水量的 3~10 倍。8 月下旬以来连续出现 6 次区域性暴雨过程,其中 8 月下旬暴雨区主要位于延安南部、关中中东部和陕南大部分地区,9 月以来暴雨区主要位于延安、关中、陕南,区域重叠度高。暴雨连续性强、持续时间长,尤其是 8 月 18 日—9 月 5 日接连出现 4 次暴雨过程,18 天中暴雨日达 12 天;9 月 15 日—

10月6日接连出现3次暴雨过程,21天中暴雨日达14天。暴雨过程持续时间长,最短间隔仅2天。

七是降水极端性强,小时雨强大。志丹、城固、勉县、镇安4站日降水量突破历史极值,吴旗、延安等47站·次日降水量突破月极值。7月以来出现短时强降水(小时雨量≥20毫米)2629站·次,为近5年最多。小时雨量≥30毫米867站·次、≥40毫米299站·次、≥50毫米118站·次,均居近5年前列。最大小时雨量出现在山阳法官镇为86.7毫米。

八是高温极端性强,陕北阶段性气象干旱严重。全省共出现7次高温过程,宜川、米脂、子长等6站突破或追平历史高温纪录,绥德、白水、宁陕等13站日最高气温突破月极值。6月下旬至8月中旬,榆林、延安多地出现重度以上气象干旱。

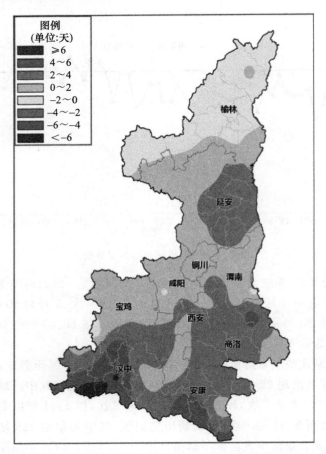

图2.5 陕西2021年1月1日—12月15日暴雨日数距平(单位:天)①

九是冷空气过程出现频繁,11月6—7日现历史第二强寒潮。2021年陕西省出现中等及以上强度冷空气过程16次,较常年(15次)多1次,寒潮过程(1月6—8日、1月16—18日、11月6—7日、11月20—22日)4次。其中11月6—7日出现1961年以来第二强寒潮,全省96县(区)出现寒潮。

---

① 等级划分标准,等级数值划分区域包含小值,不包含大值,全书同。

2.3.2 2021年陕西秋季天气、气候特征

十四运会和残特奥会正赛在2021年9月、10月举行,正值秋季,各方对该时段天气、气候关注度极高。2021年秋季气温偏高,降水偏多。全省秋季平均气温较常年同期(12.0 ℃)高0.5 ℃;降水较常年同期(171.7毫米)多1.5倍。2021年陕西秋雨8月30日开始,10月21日结束,秋雨开始较常年早11天,结束晚12天,秋雨期长度52天,较常年显著偏长;监测区秋雨总量(489.9毫米)较常年(138.9毫米)异常偏多,为1961年以来历史同期最多,秋雨综合强度为显著偏强;秋雨期间出现5次区域性暴雨过程,2站日降水量突破历史极值。11月6—7日、20—22日陕西省出现两次大范围寒潮天气过程,综合强度分别排1961年以来第2位和2010年以来第3位。

2.3.2.1 秋季气温偏高,降水偏多,日照偏少

秋季全省平均气温12.5 ℃,较常年同期高0.5 ℃。其中陕北7.9～11.9 ℃,关中7.5～14.8 ℃,陕南11.7～16.6 ℃。与常年同期比较,大部分地区偏高0～2 ℃(图2.6)。

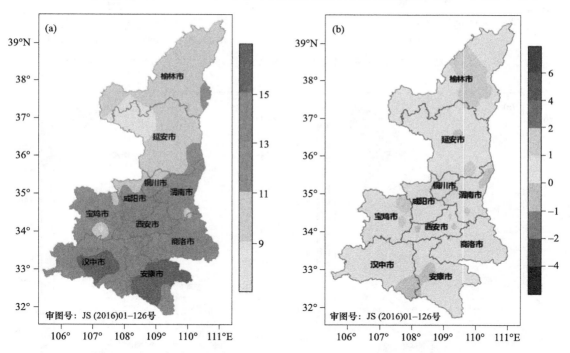

图2.6 2021年陕西(a)秋季平均气温和(b)气温距平空间分布(单位:℃)

秋季全省平均降水量435.7毫米,较常年同期(171.7毫米)多1.5倍,是1961年以来同期历史最高值。其中陕北87.6～577.1毫米,关中368.7～655.3毫米,陕南238.4～928.4毫米。与常年同期相比,除榆林北部偏多1～8成外,其余大部分地区均偏多1倍以上,其中陕北南部大部分区域和关中北部局部地区偏多2～3倍(图2.7)。

秋季全省平均日照时数439.4小时,较常年同期(444.2小时)少4.8小时。其中陕北417.4～760.6小时,关中268.7～700.1小时,陕南152.7～607.5小时。与常年同期相比:除渭南、西安、安康局部偏多30～250小时外,省内其他地区偏少10～130小时(图2.8)。

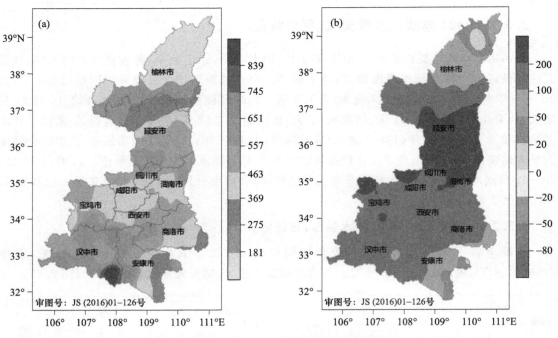

图 2.7　2021 年陕西（a）秋季降水量（单位：毫米）和（b）降水距平百分率空间分布（%）

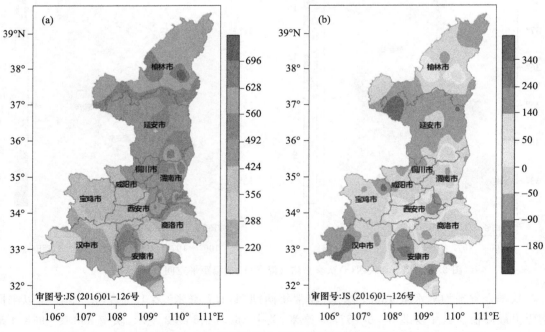

图 2.8　2021 年陕西（a）秋季日照时数及（b）日照时数距平空间分布（单位：小时）

2.3.2.2　主要天气、气候事件

　　陕西秋雨持续时间长、雨量大、综合强度强。秋雨开始早，结束晚，秋雨期显著偏长。2021
年陕西秋雨开始日为 8 月 30 日，结束日为 10 月 21 日，秋雨开始较常年早 11 天，结束较常年
晚 12 天，秋雨期长达 52 天，较常年显著偏长，列 1961 年以来第 8 位（图 2.9）。

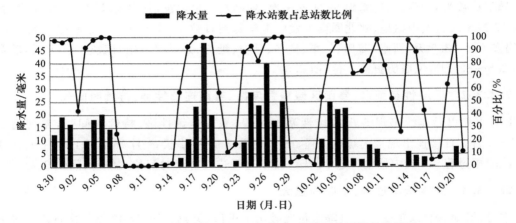

图 2.9　2021 年 8 月 30 日—10 月 21 日陕西秋雨逐日监测图

秋雨量历史之最,综合强度显著偏强。8 月 30 日—9 月 6 日、9 月 15 日—10 月 21 日出现了两个多雨期。8 月 30 日以来,陕西秋雨监测区累计平均降水量达 489.9 毫米,是常年秋雨总量(138.9 毫米)的 3.5 倍,为 1961 年以来历史最多。秋雨综合强度指数 4.2,排 1961 年以来第 4 位,为显著偏强等级(图 2.1)。

秋雨期暴雨频发,极端性强。秋雨期间出现 5 次区域性暴雨过程,分别为 8 月 29 日—9 月 1 日(较强等级)、9 月 3—4 日(强等级)、9 月 17—19 日(特强等级)、9 月 24—26 日(强等级)、10 月 3—6 日(特强等级),其中 10 月 3—6 日为 2021 年秋雨期间最强的区域性暴雨过程,其综合强度为 1961 年以来 10 月同期历史第 1 位,秋雨期间志丹(113.8 毫米)、城固(112.8 毫米)2 站日降水量突破历史极值,吴旗、延安等 39 站·次日降水量突破当月极值。

出现两次大范围寒潮天气过程。11 月陕西省出现两次大范围寒潮天气过程,其中 6—7 日寒潮天气过程影响范围广、降温幅度大,是 1961 年以来第二强寒潮,仅次于 1987 年 11 月 27—30 日(98 县、区出现寒潮),20—22 日寒潮天气过程造成全省大部分区域出现强降温,局地出现大风天气,综合强度排 2010 年以来第 3 位。

陕北、关中初霜冻偏晚,陕南偏早。陕北大部分地区初霜冻出现于 10 月 11—22 日,较常年晚 5～13 天;关中初霜冻出现于 11 月 6—8 日,较常年晚 2～16 天;陕南初霜冻出现于 11 月 7—8 日,较常年早 3～15 天。

2.3.3　2021 年陕西暴雨频发,极端性强,气象灾害严重

2021 年陕西降水极端性强,雨强大,暴雨过程多,持续时间长。汛期全省共出现 22 次暴雨过程,区域性暴雨过程 15 次,排 1961 年以来历史第 1 位。暴雨日数为 81 天,出现暴雨 5904 站·次,大暴雨 425 站·次、特大暴雨 17 站·次,均刷新历史记录。志丹、城固、勉县、镇安 4 站日降水量突破历史极值,吴旗、延安等 47 站·次日降水量突破月极值,最短暴雨过程间隔仅 2 天。

2.3.3.1　常年少暴雨区 2021 年暴雨频发,暴雨日数、站次数刷新历史纪录

汛期全省共出现 22 次暴雨过程(较 2020 年多 13 次),其中区域性暴雨过程 15 次,较近 30 年平均(6.3 次)多 8.7 次,较 2020 年(6 次)多 9 次,排 1961 年以来历史第 1 位。暴雨最早出现在 4 月 21—24 日,最晚出现在 10 月 3—6 日,暴雨综合强度均为当月历史最强。

暴雨日数为81天,出现暴雨5904站·次,均刷新历史记录,其中大暴雨425站·次、特大暴雨17站·次。关中盆地、陕北暴雨少发区常年暴雨日数1~1.5天,2021暴雨日数为2~5天,偏多0.4~3.5天,渭南、蓝田、甘泉、富平、延安、延长、兴平等暴雨日数达4~5天,较常年偏多2.5~3.5天,位居历史第1位(图2.5)。

2.3.3.2 区域性暴雨多、暴雨区域重叠度高,暴雨连续性强、持续时间长

8月下旬以后连续出现6次区域性暴雨过程,暴雨连续性强、持续时间长,尤其是8月18日—9月5日接连出现4次暴雨过程,18天中暴雨日达12天;9月15日—10月6日接连出现3次暴雨过程,21天中暴雨日达14天。暴雨过程连续持续时间长,最短间隔仅2天。

2.3.3.3 降水极端性强,小时雨强大

志丹、城固、勉县、镇安4站日降水量突破历史极值,吴旗、延安等47站·次日降水量突破月极值。7月以来出现短时强降水(小时雨量≥20毫米)2629站·次,为近5年最多。小时雨量≥30毫米867站·次、≥40毫米299站·次、≥50毫米118站·次,均居近5年前列。最大小时雨量出现在山阳法官镇,为86.7毫米。

2.3.3.4 暴雨致灾性强,灾害影响严重

2021年陕西省暴雨范围广、发生频繁、突发性强,灾害影响严重。据不完全统计,2021年陕西省发生多次暴雨洪涝灾害,造成人员伤亡或失踪,带来巨大经济损失(表2.1)。

其中,8月21—23日,商洛市出现了一次区域性暴雨,造成镇安县、山阳县、商州区、洛南县、柞水县、丹凤县6县(区)80个镇(办)606个村148396人受灾,造成房屋倒塌、电力中断、道路中断,饮水管道损毁、通信基站受损多处,对人民生命财产安全产生严重影响,经济损失巨大。

9月22—28日宁强县强降雨引发洪涝灾害,宁强站累计降水量为156.6毫米。最大累计降水量出现在青木川(248.2毫米),降雨引发洪涝灾害,全县18个镇(办)不同程度受灾,据初步统计,截至9月28日16时,全县受灾52600人,造成总直接经济损3488.96万元。

表2.1 2021年陕西省暴雨过程一览表

序号	开始日	结束日	影响区域	综合强度等级	过程描述
1	4月21日	4月24日	关中西部、陕南东部	强	全省1649站出现降水,超过100毫米17站,最大西安周至翠峰站127.6毫米;超过50毫米493站,最大商洛丹凤龙驹寨街道江湾村站99.4毫米。暴雨综合强度为4月历史最强。
2	5月2日	5月4日	宝鸡、铜川、西安、汉中等局地	弱	强降雨落区分散。全省1446站出现降水,超过50毫米13站,最大宝鸡太白大箭沟站64.5毫米。
3	5月14日	5月16日	陕北南部、关中中部、陕南局部	弱	强降雨落区分散。全省1753站出现降水,超过50毫米131站,最大西安蓝田王顺山景区站95.6毫米。
4	6月8日	6月9日	延安中部、陕南南部	弱	强降雨落区分散。全省1096站出现降水,超过50毫米5站,最大延安宝塔麻洞川站79.6毫米。

序号	开始日	结束日	影响区域	综合强度等级	过程描述
5	6月12日	6月18日	陕南西部与南部，关中西北部	一般	全省1790站出现降水，超过100毫米232站，最大汉中南郑碑坝站336.8毫米；超过50毫米587站，最大宝鸡凤县南星镇站99.6毫米
6	6月24日	6月26日	陕南南部	一般	全省1655站出现降水，超过100毫米33站，最大汉中镇巴盐场站163.0毫米；超过50毫米125站，最大安康汉滨县河99.4毫米
7	7月1日	7月2日	渭南、西安、铜川、汉中等局地	弱	强降雨落区分散。全省1647站出现降水，超过100毫米28站，最大渭南临渭区高新区站166.5毫米；超过50毫米197站，最大西安蓝田三里镇乔村站99.7毫米
8	7月9日	7月11日	陕南中部与陕南东北部	较强	全省1610站出现降水，超过100毫米43站，最大汉中镇巴三元站315.7毫米；超过50毫米277站，最大汉中西乡三花石站99.2毫米
9	7月14日	7月16日	关中西部、陕南大部	一般	全省1260站出现降水，超过100毫米43站，最大汉中宁强草川子站218.3毫米；超过50毫米152站，最大勉县站99.0毫米
10	7月18日	7月20日	关中东部	一般	全省1546站出现降水，超过100毫米16站，最大西安临潼铁炉站161.1毫米；超过50毫米164站，最大安康岚皋花里站99.3毫米
11	7月22日	7月23日	陕南东部、关中局部	一般	全省1402站出现降水，超过100毫米19站，最大渭南华州金堆站228.5毫米；超过50毫米75站，最大商洛商州凤山村站96.7毫米
12	7月25日	7月28日	关中南部、汉中南部	弱	强降雨落区分散。全省1627站出现降水，超过50毫米32站，最大西安鄠邑石井镇站97.4毫米
13	8月3日	8月5日	西安、汉中、安康、商洛等局地	弱	强降雨落区分散。全省1358个监测站出现降雨，共84站超过50毫米，5站超过100毫米，最大洋县两河口站127.7毫米
14	8月7日	8月8日	汉中大部、安康西部、宝鸡南部	一般	全省1624个监测站出现降雨，其中240站超过50毫米，34站超过100毫米，最大紫阳红椿站162.4毫米
15	8月11日	8月13日	西安西部、汉中中部、商洛西部、安康大部	一般	全省1667个监测站出现降雨，超过100毫米16站，最大西安鄠邑余下镇站165.5毫米，超过50毫米342站

序号	开始日	结束日	影响区域	综合强度等级	过程描述
16	8月18日	8月19日	榆林中南部、延安西北部、西安南部、汉中西部、安康中部、商洛西部	弱	强降雨落区分散。全省1723个监测站出现降雨,过程雨量超过200毫米1站,为蓝田九间房铜鹅村204毫米,超过100毫米6站,超过50毫米112站
17	8月21日	8月22日	延安南部、关中中东部和陕南大部	特强	全省1702站出现降水,超过100毫米162站,最大汉中勉县238毫米;超过50毫米540站,最大商洛镇安铁厂镇站99.7毫米。8月22日勉县(237.9毫米)和镇安(136.3毫米)日降水量突破历史极值,泾河(92.1毫米)、黄陵(91.9毫米)、石泉(137.3毫米)等3站日降水量突破月极值。暴雨过程综合强度位列2010年以来第4位
18	8月28日	9月1日	陕南大部、关中中东部、延安东南部局地	较强	全省1839站出现降水,超过100毫米403站,最大汉中镇巴永乐站288.2毫米;超过50毫米526站,最大汉中佛坪石墩河站99.9毫米。商县8月31日20时—9月1日20时降水量为72毫米,突破月极值(70.6毫米,2006年9月27日)
19	9月3日	9月5日	陕北南部、宝鸡局部、关中中东部、陕南大部	强	全省1855站出现降水,超过100毫米109站,最大汉中镇巴巴山站299.8毫米;超过50毫米592站,最大汉中宁强关口坝站99.9毫米。3—5日接连3天出现暴雨,志丹9月2日20时—3日20时降水量达113.8毫米,突破历史极值,7个国家站日降水量突破9月极值
20	9月15日	9月19日	陕北南部、关中、陕南	特强	全省1860站出现降水,超过100毫米818站,最大安康宁陕236.1毫米;超过50毫米695站。白水、宜君、合阳、韩城4站日降水量突破9月极值
21	9月24日	9月28日	延安南部、关中、陕南	强	全省1847站出现降水,超过100毫米1269站,最大安康宁陕秦岭服务区站294.2毫米;超过50毫米223站,最大汉中洋县长河站99.8毫米。紫阳、南郑、黄龙、黄陵、富平、商州、蓝田、留坝、柞水、宜君等10站日降水量突破9月历史08—08时极值,城固日降水量突破该站历史20—20时极值
22	10月3日	10月6日	延安南部、关中北部、陕南西部	特强	全省1820站出现降水,超过100毫米582站,最大汉中南郑庙坝站333.7毫米;超过50毫米505站,最大延安吴起白豹站99.9毫米。清涧、延川、延长、长武等31站日降水量突破月极值,暴雨综合强度为10月历史最强

2.3.4 2021年十四运会期间(9月15—27日)各赛区天气特征

2.3.4.1 西安赛区

十四运会赛事期间(2021年9月15—27日)西安(表2.3)平均气温20.2 ℃,平均最高气温23.9 ℃,平均最低气温18.1 ℃,极端最高气温32.2 ℃(21日),极端最低气温15.3 ℃(21日)。期间出现9个雨日,累计降水量201.9毫米,一日最大降水量53毫米(26日),1个暴雨日(26日),1小时最大降水量9.0毫米。平均风速2.1米/秒,极大风速19.2米/秒(20日)。平均相对湿度86.4%,最小相对湿度32%。西安出现轻雾10天,大风1天。

9月15日20时,十四运会开幕式在西安奥体中心隆重开始。开幕期间(9月15日12时—16日12时),西安平均气温为23.2 ℃,累计降水量为12.6毫米,开幕式结束后15日23时出现降水,1小时最大降水量3.8毫米(16日00时);奥体中心平均气温为23.8 ℃,累计降水量为10.1毫米,开幕式结束后15日22时出现降水,1小时最大降水量2.2毫米(16日00时)(表2.2、(彩)图2.10)。

9月27日20时,十四运会闭幕式在西安奥体中心落下帷幕。闭幕式期间(9月27日12时—28日12时),西安平均气温为18.1 ℃,累计降水量为33.8毫米,1小时最大降水量4.5毫米(27日21时);奥体中心平均气温为18.2 ℃,累计降水量为31毫米,1小时最大降水量5.8毫米(27日22时,(彩)图2.11)。

表2.2 2021年十四运会开、闭幕式日(9月15日、27日)前后小时气温、降水一览表

时间 (月/日 时)	奥体中心		西安		时间 (月/日 时)	奥体中心		西安	
	降水量/ 毫米	平均气温/ ℃	降水量/ 毫米	平均气温/ ℃		降水量/ 毫米	平均气温/ ℃	降水量/ 毫米	平均气温/ ℃
9/15 12:00	0	27.8	0	28	9/27 12:00	0.2	19	0.4	18.7
9/15 13:00	0	28.6	0	28.9	9/27 13:00	1.2	18.6	2.2	18.5
9/15 14:00	0	29.8	0	29	9/27 14:00	0.7	18.7	0.7	18.6
9/15 15:00	0	29	0	28.8	9/27 15:00	0.7	18.7	0.4	18.6
9/15 16:00	0	29	0.2	28.6	9/27 16:00	1.4	18.5	1.5	18.4
9/15 17:00	0	28.9	0	27.8	9/27 17:00	0.3	18.5	0.2	18.3
9/15 18:00	0	28.1	0	27	9/27 18:00	1.6	18.3	2	18.1
9/15 19:00	0	26.6	0	25.9	9/27 19:00	0.9	18.1	1.3	17.9

时间 （月/日 时）	奥体中心		西安		时间 （月/日 时）	奥体中心		西安	
	降水量/ 毫米	平均气温/ ℃	降水量/ 毫米	平均气温/ ℃		降水量/ 毫米	平均气温/ ℃	降水量/ 毫米	平均气温/ ℃
9/15 20:00	0	25.2	0	24.3	9/27 20:00	0.1	18.1	0.1	17.9
9/15 21:00	0	23.8	0	23.6	9/27 21:00	2	18	4.5	17.8
9/15 22:00	0.1	23.3	0	22.7	9/27 22:00	5.8	17.9	4.2	17.8
9/15 23:00	1.3	21.6	0.5	21	9/27 23:00	2.4	17.9	1.9	17.7
9/16 00:00	2.2	21.1	3.8	20.6	9/28 00:00	2	17.9	2.4	17.7
9/16 01:00	1.2	20.8	1.4	20.3	9/28 01:00	1.8	17.9	3	17.8
9/16 02:00	1.8	20.7	2	20.2	9/28 02:00	0.9	17.9	0.7	17.8
9/16 03:00	1.7	20.8	0.3	20.3	9/28 03:00	0.3	18	0.6	17.7
9/16 04:00	0	21.2	0	20.4	9/28 04:00	1.2	17.9	0.8	17.7
9/16 05:00	0.1	21.3	0	20.4	9/28 05:00	1.2	18	1.3	17.8
9/16 06:00	0	21.3	0.1	20.5	9/28 06:00	2.7	17.9	1.9	17.8
9/16 07:00	0	21.6	0	20.5	9/28 07:00	1.6	17.9	1.8	17.7
9/16 08:00	0	21.7	0	20.6	9/28 08:00	0.9	17.9	1	17.7
9/16 09:00	0	21.6	1.8	19.8	9/28 09:00	0.8	18	0.7	17.9
9/16 10:00	1.4	20.3	1.7	19.8	9/28 10:00	0.2	18.2	0	18.2
9/16 11:00	0.3	20.4	0.2	20.1	9/28 11:00	0.1	18.9	0	18.7
9/16 12:00	0	21.2	0.6	20.5	9/28 12:00	0	19.5	0.2	18.8

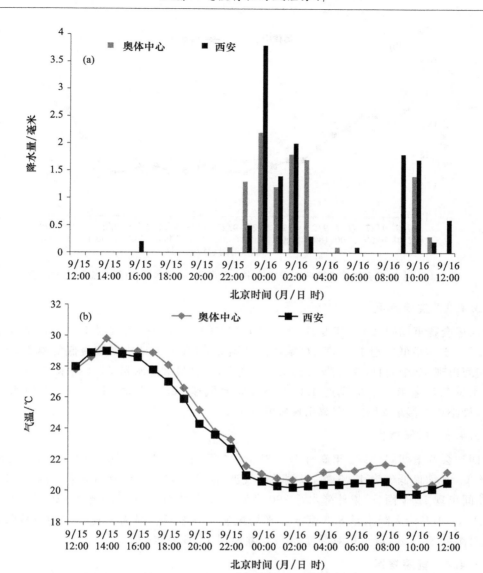

图 2.10　十四运会开幕式期间西安奥体中心和西安(a)降水量和(b)气温逐小时演变

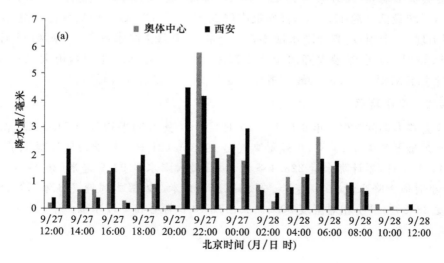

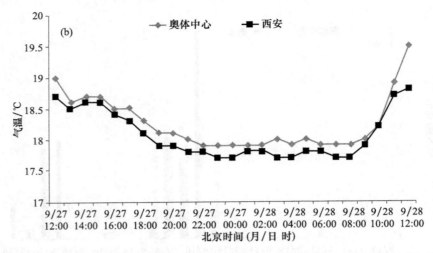

图 2.11 十四运会闭幕式期间西安奥体中心和西安(a)降水量和(b)气温逐小时演变

2.3.4.2 宝鸡赛区

十四运会赛事期间(2021 年 9 月 15—27 日)宝鸡(表 2.3)平均气温 19.7 ℃,平均最高气温 23.4 ℃,平均最低气温 17.3 ℃,极端最高气温 33.6 ℃(21 日),极端最低气温 13.4 ℃(21日)。期间出现 10 个雨日,累计降水量 223.4 毫米,一日最大降水量 70.4 毫米(18 日),1 小时最大降水量 8.5 毫米。平均风速 1.0 米/秒,极大风速 12.1 米/秒(19 日)。平均相对湿度83.1%,最小相对湿度 21%。宝鸡出现轻雾 9 天。

2.3.4.3 咸阳赛区

十四运会赛事期间(2021 年 9 月 15—27 日)咸阳(表 2.3)平均气温 19.9 ℃,平均最高气温 23.4 ℃,平均最低气温 17.5 ℃,极端最高气温 31.3 ℃(21 日),极端最低气温 13.1 ℃(21日)。期间出现 12 个雨日,累计降水量 290 毫米,一日最大降水量 55.9 毫米(26 日),1 个暴雨日(26 日),1 小时最大降水量 8.3 毫米。平均风速 1.9 米/秒,极大风速 12.2 米/秒(21 日)。平均相对湿度 86.7%,最小相对湿度 35%。共出现 10 日轻雾。

2.3.4.4 杨凌赛区

十四运会赛事期间(2021 年 9 月 15—27 日)杨陵(表 2.3)平均气温 19.7 ℃,平均最高气温 23.8 ℃,平均最低气温 17.1 ℃,极端最高气温 32.3 ℃(21 日),极端最低气温 12.9 ℃(21日)。期间出现 11 个雨日,累计降水量 225.3 毫米,一日最大降水量 70.7 毫米(18 日),2 个暴雨日(18 日、26 日),1 小时最大降水量 9.4 毫米。平均风速 1.3 米/秒,极大风速 9.5 米/秒(19 日)。平均相对湿度 91.5%,最小相对湿度 30%。共出现 9 日轻雾。

2.3.4.5 汉中赛区

十四运会赛事期间(2021 年 9 月 15—27 日)汉中(表 2.3)平均气温 21.3 ℃,平均最高气温 25 ℃,平均最低气温 19.1 ℃,极端最高气温 29.8 ℃(21 日),极端最低气温 15 ℃(20 日)。期间出现 11 个雨日,累计降水量 223.4 毫米,一日最大降水量 93.9 毫米(26 日),1 个暴雨日(26 日),1 小时最大降水量 10.9 毫米。平均风速 0.9 米/秒,极大风速 7.8 米/秒(15 日)。平均相对湿度 88.5%,最小相对湿度 39%。共出现 10 日轻雾和 1 日冰雹。

2.3.4.6　安康赛区

十四运会赛事期间(2021年9月15—27日)安康(表2.3)平均气温23.3℃,平均最高气温28.0℃,平均最低气温20.6℃,极端最高气温33.2℃(22日),极端最低气温17.8℃(21日)。期间出现8个雨日,累计降水量135.6毫米,一日最大降水量55.1毫米(19日),1个暴雨日(19日),1小时最大降水量11.4毫米。平均风速1.3米/秒,极大风速7.1米/秒(26日)。平均相对湿度81.8%,最小相对湿度42%。出现轻雾4天,无其他高影响天气。

2.3.4.7　商洛赛区

十四运会赛事期间(2021年9月15—27日)商洛(表2.3)平均气温19.3℃,平均最高气温23.7℃,平均最低气温16.6℃,极端最高气温31.1℃(21日),极端最低气温12.2℃(21日)。期间出现9个雨日,累计降水量282.0毫米,一日最大降水量71.4毫米(25日),2个暴雨日(18日、25日),1小时最大降水量25.4毫米。平均风速1.5米/秒,极大风速14.1米/秒(19日)。平均相对湿度86.4%,最小相对湿度26%。出现雾1天、轻雾9天,无其他高影响天气。

2.3.4.8　渭南赛区

十四运会赛事期间(2021年9月15—27日)渭南(表2.3)平均气温19.0℃,平均最高气温22.6℃,平均最低气温16.8℃,极端最高气温32.0℃(21日),极端最低气温14.4℃(21日)。期间出现10个雨日,累计降水量249.2毫米,一日最大降水量50.5毫米(18日),1个暴雨日(26日),1小时最大降水量13.3毫米。平均风速1.6米/秒,极大风速14.6米/秒(21日07时)。平均相对湿度86.5%,最小相对湿度72.5%。有8个雾日,2个轻雾日。

2.3.4.9　铜川赛区

十四运会赛事期间(2021年9月15—27日)铜川(表2.3)平均气温17.2℃,平均最高气温19℃,平均最低气温12.6℃,极端最高气温27.5℃(22日),极端最低气温10.5℃(21日)。期间出现11个雨日,累计降水量213.9毫米,一日最大降水量58.3毫米(18日),1个暴雨日(18日),1小时最大降水量7.2毫米。平均风速2.1米/秒,极大风速17.5米/秒(20日)。平均相对湿度92.1%,最小相对湿度42%。2021年9月15—27日,铜川共出现1次大风,6次轻雾,5次雾天气。

2.3.4.10　延安赛区

十四运会赛事期间(2021年9月15—27日)延安(表2.3)平均气温15.8℃,平均最高气温19.3℃,平均最低气温12℃,极端最高气温28.4℃(21日),极端最低气温9.1℃(22日)。期间出现11个雨日,累计降水量149.4毫米,一日最大降水量46.6毫米(15日),无暴雨日,1小时最大降水量17.6毫米。平均风速2.1米/秒,极大风速13.5米/秒(20日)。平均相对湿度86.9%,最小相对湿度20%。2021年9月15—27日期间延安共出现3次轻雾、9次雾、1次冰雹天气。

2.3.4.11　榆林赛区

十四运会正赛期间(2021年9月15—27日)榆林(表2.3)平均气温16.5℃,平均最高气温21.3℃,平均最低气温12.9℃,极端最高气温28.1℃(21日),极端最低气温10℃(21日)。期间出现6个雨日,累计降水量18.8毫米,一日最大降水量9.9毫米(20日),无暴雨日,1小时最大降水量7.4毫米。平均风速1.8米/秒,极大风速10.7米/秒(20日10时)。平均相对湿度78.2%,最小相对湿度51.5%。有1个雾日,7个轻雾日。

表 2.3　十四运会正赛期间(2021 年 9 月 15—27 日)温度、湿度和风统计表

城市	平均气温/℃	平均最高气温/℃	平均最低气温/℃	平均相对湿度/%	平均风速/(米/秒)	小雨日数/天	中雨日数/天	大雨日数/天	暴雨日数/天	降水量/毫米
西安	20.2	23.9	18.1	86.4	2.1	1	5	2	1	201.9
宝鸡	19.7	23.4	17.3	83.1	1	5	2	2	1	223.4
咸阳	19.9	23.4	17.5	86.7	1.9	6	3	2	1	290.0
杨陵	19.7	23.8	17.4	91.5	1.3	6	2	1	2	225.3
汉中	21.3	25	19.1	88.5	0.9	4	5	1	1	223.4
安康	23.3	28.0	20.6	81.8	1.3	2	3	1	1	135.6
商洛	19.3	23.7	16.6	86.4	1.5	1	3	3	2	282.0
渭南	19.0	22.6	16.8	86.5	1.6	3	2	4	1	249.2
铜川	17.2	19	12.6	92.1	2.1	4	4	2	1	213.9
延安	15.8	19.3	12	86.9	2.1	2	3	2	0	149.4
榆林	16.5	21.3	12.9	78.2	1.8	6	0	0	0	18.8

2.3.5　2021 年残特奥会期间(10 月 22—29 日)各赛区天气特征

2.3.5.1　西安赛区

10 月 22 日 20 时,残特奥会开幕式在西安奥体中心隆重举行。开幕式期间(10 月 22 日 12 时—23 日 12 时),西安平均气温为 11.7 ℃,最高气温 15.6 ℃,最低气温 8.6 ℃,无降水;奥体中心平均气温为 12.2 ℃,最高气温 15.7 ℃,最低气温 8.8 ℃,无降水(表 2.4、(彩)图 2.12)。

10 月 29 日 20 时,残特奥会闭幕式在西安奥体中心隆重举行。闭幕式期间(10 月 29 日 12 时—30 日 12 时),西安平均气温为 13.6 ℃,最高气温 20.4 ℃,最低气温 8.2 ℃,无降水;奥体中心平均气温为 14.4 ℃,最高气温 20.7 ℃,最低气温 9.4 ℃,无降水。

西安残特奥会赛事期间(2021 年 10 月 22—29 日)(表 2.5)平均气温 12.5 ℃,平均最高气温 17.3 ℃,平均最低气温 9.3 ℃,极端最高气温 20.9 ℃(29 日),极端最低气温 5.4 ℃(22 日)。期间出现 2 个雨日,累计降水量 1.8 毫米,一日最大降水量 1.8 毫米(26 日),1 小时最大降水量 0.6 毫米。平均风速 1.6 米/秒,极大风速 8.3 米/秒(23 日)。平均相对湿度 81.4%,最小相对湿度 45%。西安出现轻雾 8 天,霾 1 天。

表 2.4　残特奥会开、闭幕式前后小时温度、降水一览表

时间(月/日 时)	奥体中心		西安		时间(月/日 时)	奥体中心		西安	
	降水量/毫米	平均气温/℃	降水量/毫米	平均气温/℃		降水量/毫米	平均气温/℃	降水量/毫米	平均气温/℃
10/22 12:00	0	13.9	0	13.7	10/29 12:00	0	17.2	0	16.3
10/22 13:00	0	14.6	0	15.2	10/29 13:00	0	18.9	0	18.3
10/22 14:00	0	15	0	15.6	10/29 14:00	0	19.9	0	19.3

续表

时间 （月/日 时）	奥体中心		西安		时间 （月/日 时）	奥体中心		西安	
	降水量/ 毫米	平均气温/ ℃	降水量/ 毫米	平均气温/ ℃		降水量/ 毫米	平均气温/ ℃	降水量/ 毫米	平均气温/ ℃
10/22 15:00	0	15.4	0	15.6	10/29 15:00	0	20.5	0	20.4
10/22 16:00	0	15.7	0	15.6	10/29 16:00	0	20.7	0	20.4
10/22 17:00	0	15.4	0	15.1	10/29 17:00	0	19.8	0	20.0
10/22 18:00	0	14.7	0	13.9	10/29 18:00	0	18.0	0	16.5
10/22 19:00	0	13.8	0	11.9	10/29 19:00	0	16.3	0	15.0
10/22 20:00	0	12.6	0	11.8	10/29 20:00	0	15.5	0	14.3
10/22 21:00	0	12.5	0	11.9	10/29 21:00	0	14.2	0	12.9
10/22 22:00	0	11.3	0	10.8	10/29 22:00	0	13.9	0	12.5
10/22 23:00	0	11.5	0	10.1	10/29 23:00	0	13.2	0	11.8
10/23 00:00	0	10.3	0	8.8	10/30 00:00	0	12.7	0	11.1
10/23 01:00	0	9.8	0	8.7	10/30 01:00	0	11.9	0	10.8
10/23 02:00	0	10.7	0	9.4	10/30 02:00	0	11.5	0	10.2
10/23 03:00	0	11.0	0	9.6	10/30 03:00	0	11.0	0	9.8
10/23 04:00	0	10.5	0	9.5	10/30 04:00	0	10.7	0	9.5
10/23 05:00	0	9.4	0	8.9	10/30 05:00	0	10.3	0	9.5
10/23 06:00	0	9.2	0	9.0	10/30 06:00	0	9.8	0	8.6
10/23 07:00	0	8.8	0	8.6	10/30 07:00	0	9.4	0	8.2

续表

时间 （月/日 时）	奥体中心		西安		时间 （月/日 时）	奥体中心		西安	
	降水量/ 毫米	平均气温/ ℃	降水量/ 毫米	平均气温/ ℃		降水量/ 毫米	平均气温/ ℃	降水量/ 毫米	平均气温/ ℃
10/23 08:00	0	9.5	0	9.1	10/30 08:00	0	9.7	0	8.9
10/23 09:00	0	11.1	0	10.8	10/30 09:00	0	10.9	0	11.0
10/23 10:00	0	11.9	0	12.1	10/30 10:00	0	12.4	0	12.7
10/23 11:00	0	12.3	0	12.5	10/30 11:00	0	14.5	0	14.9
10/23 12:00	0	13.1	0	13.3	10/30 12:00	0	16.3	0	16.5

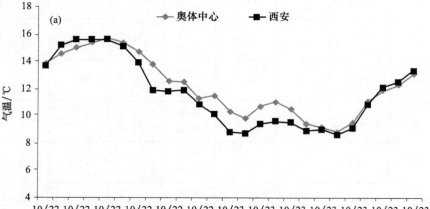

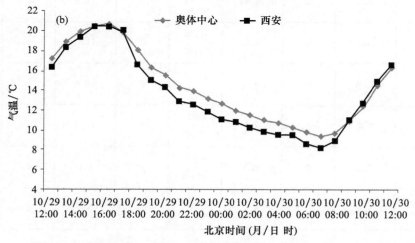

图 2.12　残特奥会开(a)、闭(b)幕式西安奥体中心与西安气温逐小时演变

2.3.5.2　宝鸡赛区

宝鸡残特奥会赛事期间(2021年10月22—29日)(表2.5)平均气温11.6 ℃,平均最高气温15.8 ℃,平均最低气温9.0 ℃,极端最高气温20.8 ℃(29日),极端最低气温5.7 ℃(23日)。期间出现3个雨日,累计降水量9.8毫米,一日最大降水量9.4毫米(26日),1小时最大降水量1.3毫米。平均风速0.7米/秒,极大风速4.7米/秒(24、29日)。平均相对湿度80.8%,最小相对湿度41%。宝鸡出现轻雾4天。

2.3.5.3　咸阳赛区

咸阳残特奥会赛事期间(2021年10月22—29日)(表2.5)平均气温11.4 ℃,平均最高气温16.7 ℃,平均最低气温8 ℃,极端最高气温19.9 ℃(29日),极端最低气温4.1 ℃(22日)。期间有2天日平均气温低于10 ℃。期间出现1个雨日,降水量3.3毫米,一日最大降水量3.3毫米(26日),1小时最大降水量1.5毫米。平均风速1.2米/秒,极大风速7.3米/秒(23日)。平均相对湿度85.1%,最小相对湿度47%。共出现8日轻雾,2日霾。

2.3.5.4　杨凌赛区

杨陵残特奥会赛事期间(2021年10月22—29日)(表2.5)平均气温11.1 ℃,平均最高气温15.9 ℃,平均最低气温7.8 ℃,极端最高气温20.4 ℃(29日),极端最低气温4.5 ℃(23日)。期间有3天日平均气温低于10 ℃。期间出现3个雨日,累计降水量4.1毫米,一日最大降水量3.9毫米(26日),1小时最大降水量0.9毫米。平均风速1.2米/秒,极大风速7.0米/秒(26日)。平均相对湿度90.9%,最小相对湿度49%。

2.3.5.5　渭南赛区

渭南残特奥会赛事期间(2021年10月22—29日)(表2.5)平均气温11.6 ℃,平均最高气温15.9 ℃,平均最低气温8.6 ℃,极端最高气温19.3 ℃(29日),极端最低气温4.5 ℃(22日)。期间有7天日平均气温低于10 ℃。期间出现1个雨日,降水量3毫米,一日最大降水量3毫米(26日),1小时最大降水量1.1毫米。平均风速1.3米/秒,极大风速5.6米/秒(22日)。平均相对湿度81.9%,最小相对湿度61.9%。有8个轻雾日,1个霾日。

表2.5　残特奥会赛事期间(2021年10月22—29日)温度、湿度和风统计表

城市	平均气温/℃	平均最高气温/℃	平均最低气温/℃	平均相对湿度/%	平均风速/米/秒	小雨日数	中雨日数	大雨日数	降水量/毫米
西安	12.5	17.3	9.3	81.4	1.6	1	0	0	1.8
宝鸡	11.6	15.8	9.0	80.8	0.7	3	0	0	9.8
咸阳	11.4	16.7	8	85.1	1.2	1	0	0	3.3
杨陵	11.1	15.9	7.8	90.9	1.2	3	0	0	4.1
渭南	11.6	15.9	8.6	81.9	1.3	1	0	0	3

第3章 十四运会和残特奥会关键节点气象条件风险分析

3.1 火炬传递路线各站点气象条件

火炬传递在十四运会开幕式倒计时 30 天启动。2021 年 8 月 16 日至 9 月 12 日,在全省 14 个站点进行传递,其中西安市 2 站,其他市区各 1 站。传递活动分为起跑仪式、火炬传递、收火仪式、圣火团队转场 4 个环节。利用陕西省各市(区)气象站 1991—2020 年逐日气温、降水量、风向风速及天气现象等资料,对 14 个火炬传递站点进行逐站、逐日气候背景分析,具体如下:

(1)第 1 站:西安市区(2021 年 8 月 16 日)(表 3.1、表 3.2)

西安市区 8 月 16 日多年平均气温 26.1 ℃,平均最高气温 31.2 ℃,平均最低气温 21.9 ℃,极端最高气温 38.8 ℃(出现在 2013 年),极端最低气温 15.2 ℃(出现在 2003 年);平均相对湿度 69.2%,平均风速 1.9 米/秒。

西安 8 月 16 日出现降雨的概率为 33.3%,出现雾概率 3.3%,出现轻雾概率 33.3%,雷暴、闪电概率分别为 17.4% 和 4.3%,出现高温概率 13.3%。近 30 年无冰雹、大风(8 级)出现。

(2)第 2 站:渭南市区(2021 年 8 月 18 日)(表 3.1、表 3.2)

渭南市区 8 月 18 日平均气温 25 ℃,平均最高气温 30.5 ℃,平均最低气温 20.7 ℃,极端最高气温 36.3 ℃(出现在 2016 年),极端最低气温 17.1 ℃(出现在 2003);平均相对湿度 77%,平均风速 1.2 米/秒。

渭南市区 8 月 18 日出现降雨的概率为 46.7%,出现高温概率为 6.7%,出现雷暴概率为 13.0%,出现雾概率 3.3%,出现轻雾概率 36.7%。近 30 年无闪电、冰雹、扬沙、浮尘、大风、霾出现。

(3)第 3 站:韩城市区(2021 年 8 月 20 日)(表 3.1、表 3.2)

韩城市区 8 月 20 日平均气温 24.1 ℃,平均最高气温 28.7 ℃,平均最低气温 20.8 ℃,极端最高气温 36.4 ℃(出现在 1997 年),极端最低气温 17.3 ℃(出现在 2004);平均相对湿度 74.2%,平均风速 1.6 米/秒。

韩城市区 8 月 20 日出现降雨的概率为 50%,出现高温概率 3.3%,出现雷暴概率 8.7%,出现轻雾概率 46.7%,出现霾概率 3.3%。近 30 年无闪电、雾、冰雹、扬沙、浮尘、大风出现。

(4)第 4 站:延安市区(2021 年 8 月 22 日)(表 3.1、表 3.2)

延安市区 8 月 22 日多年平均气温为 21.0 ℃,平均最高气温为 27.4 ℃,平均最低气温为 16.4 ℃。极端最高气温 34.4 ℃(出现在 1997 年),极端最低气温 9.5 ℃(出现在 2012 年)。一日最大降水量 39.7 毫米,平均相对湿度 73%,平均风速 1.4 米/秒。

延安市区 8 月 22 日出现降雨的概率为 43.3%,出现雾概率 16.7%,出现轻雾概率 30%,出现雷暴概率 13%。近 30 年无高温、冰雹、大风、闪电、霾、浮尘、扬沙出现。

(5)第 5 站:榆林市区(2021 年 8 月 24 日)(表 3.1、表 3.2)

榆林市区 8 月 24 日平均气温 20.5 ℃,平均最高气温 26.6 ℃,平均最低气温 15.1 ℃,极端最高气温 34.7 ℃(出现在 1991 年),极端最低气温 10.2 ℃(出现在 2014);平均相对湿度 68.3%,平均风速 1.9 米/秒。

榆林市区 8 月 24 日出现降雨的概率为 50%,出现雷暴概率为 26.1%,出现轻雾概率 16.7%。近 30 年无高温、闪电、冰雹、雾、扬沙、浮尘、大风、霾天气出现。

(6)第 6 站:铜川市区(2021 年 8 月 27 日)(表 3.1、表 3.2)

铜川市区 8 月 27 日多年平均气温为 20.7 ℃,平均最高气温为 26.5 ℃,平均最低气温为 16 ℃。极端最高气温 32 ℃(出现在 1997 年),极端最低气温 11.7 ℃(出现在 1999 年)。一日最大降水量 9 毫米,平均相对湿度 79.5%,平均风速 1.9 米/秒。

铜川市区 8 月 27 日出现降雨的概率为 40%,出现雾概率 10%,出现轻雾概率 36.7%,出现闪电概率 4.3%。近 30 年无霾、雷暴、冰雹、扬沙、浮尘、大风、高温天气出现。

(7)第 7 站:咸阳市区(2021 年 8 月 29 日)(表 3.1、表 3.2)

咸阳市区 8 月 29 日平均气温 23.4 ℃,平均最高气温 28.8 ℃,平均最低气温 18.9 ℃,极端最高气温 36.6 ℃(出现在 1967 年),极端最低气温 15.1 ℃(出现在 2008);平均相对湿度 76.9%,平均风速 2.1 米/秒。

咸阳市区 8 月 29 日出现降雨的概率为 30%,出现雾概率 10%,出现轻雾概率 56.7%,出现霾概率 6.7%。近 30 年无冰雹、雷暴、高温、大风、闪电、扬沙、浮尘、沙尘暴天气出现。

(8)第 8 站:西咸新区(2021 年 8 月 31 日)(表 3.1、表 3.2)

西咸新区 8 月 31 日多年平均气温 23.0 ℃,平均最高气温 28.4 ℃,平均最低气温 19.0 ℃,极端最高气温 36.2 ℃(出现在 1995 年),极端最低气温 12 ℃(出现在 2008);平均相对湿度 76.8%,平均风速 1.8 米/秒。

西咸新区 8 月 31 日出现降雨的概率为 50%,出现雷暴概率 4.3%,出现轻雾概率 60%,出现高温概率 6.7%,出现霾概率 6.7%。近 30 年无冰雹、闪电、雾、大风、扬沙、浮尘、沙尘暴等天气出现。

(9)第 9 站:杨凌示范区(2021 年 9 月 2 日)(表 3.1、表 3.2)

杨凌示范区 2008—2020 年资料统计,9 月 2 日多年平均气温 21.7 ℃,平均最高气温 27.5 ℃,平均最低气温 17.7 ℃,极端最高气温 35.1 ℃(出现在 2016 年),极端最低气温 13.8 ℃(出现在 2012);平均相对湿度 77%,平均风速 1.6 米/秒。

杨凌市区 8 月 20 日出现降雨的概率为 50.0%,出现轻雾概率 66.7%。近 30 年无高温、冰雹、扬沙、浮尘、雷暴、闪电和大风天气出现。

(10)第 10 站:宝鸡市区(2021 年 9 月 4 日)(表 3.1、表 3.2)

宝鸡市区 9 月 4 日多年平均气温 21.5 ℃,平均最高气温 26.5 ℃,平均最低气温 18.0 ℃,极端最高气温 34.8 ℃(出现在 1997 年),极端最低气温 14.6 ℃(出现在 2012 年);平均相对湿度 74.7%,平均风速 1.4 米/秒。

宝鸡 9 月 4 日出现降雨的概率为 50.0%,出现轻雾概率 63.3%,雷暴出现概率为 8.7%。近 30 年无雾、冰雹、闪电、大风、高温出现。

(11)第 11 站:汉中市区(2021 年 9 月 6 日)(表 3.1、表 3.2)

汉中市区 9 月 6 日多年平均气温为 22.8 ℃,平均最高气温为 27.7 ℃,平均最低气温为 19.3 ℃。极端最高气温 36.7 ℃(出现在 1997 年),极端最低气温 13.5 ℃(出现在 1972 年)。平均相对湿度 82%,平均风速 1.3 米/秒。

汉中市区 9 月 6 日出现降雨的概率为 62.9%,出现雷暴概率 10.0%,出现雾概率 4.3%,出现轻雾概率 31.4%,出现高温概率 1.4%。近 30 年无高温、闪电、冰雹、扬沙、浮尘、大风天气出现。

（12）第 12 站：安康市区（2021 年 9 月 8 日）（表 3.1、表 3.2）

安康市区 9 月 8 日多年平均气温为 23.5 ℃，平均最高气温为 28.9 ℃，平均最低气温为 19.7 ℃。极端最高气温 38.5 ℃（出现在 1997 年），极端最低气温 14.2 ℃（出现在 2000 年）。一日最大降水量 31.3 毫米（出现在 2012 年），平均相对湿度 75.5%，平均风速 1.4 米/秒。

安康市区 9 月 8 日出现降雨的概率为 55.9%，出现雾概率 1.5%，出现轻雾概率 26.5%，雷暴、闪电概率均为 6.6%，出现高温次，概率 7.4%。近 30 年无冰雹、扬沙、浮尘、霾和大风天气出现。

（13）第 13 站：商洛市区（2021 年 9 月 10 日）（表 3.1、表 3.2）

商洛市区 9 月 10 日多年平均气温为 19.0 ℃，平均最高气温为 24.1 ℃，平均最低气温为 15.5 ℃。极端最高气温 36.0 ℃（出现在 1999 年），极端最低气温 7.0 ℃（出现在 2006 年）。一日最大降水量 61.0 毫米（出现在 2014 年），平均相对湿度 79.6%，平均风速 1.8 米/秒。

商洛市区 9 月 10 日出现降雨的概率为 58.8%，出现雾概率 1.5%，出现轻雾概率 39.7%，出现雷暴概率 4.9%，出现闪电概率 1.6%，出现高温概率 1.5%。近 30 年无冰雹、扬沙、浮尘、霾和大风天气出现。

（14）第 14 站：国际港务区（2021 年 9 月 12 日）（表 3.1、表 3.2）

西安国际港务区 9 月 12 日多年平均气温 21.2 ℃，平均最高气温 26.8 ℃，平均最低气温 17.3 ℃，极端最高气温 32.4 ℃（出现在 2013 年），极端最低气温 9.4 ℃（出现在 1994 年）；平均相对湿度 72.4%，平均风速 1.9 米/秒。

西安港务区 9 月 12 日出现降雨的概率为 36.7%，出现雾概率 10.0%，出现轻雾概率 43.3%，雷暴出现概率为 4.3%。近 30 年无冰雹、闪电、大风、高温出现。

3.1 火炬传递路线各站点基本气象要素统计表

站点 （日期）	平均 气温/ ℃	平均最 高气温/ ℃	平均最 低气温/ ℃	极端最高 气温/℃ （出现年份）	极端最低 气温/℃ （出现年份）	最大 降水量/毫米 （出现年份）	平均相 对湿度/ %	平均 风速/ （米/秒）	极大风速/ （米/秒） （出现年份）
西安 （8 月 16 日）	26.1	31.2	21.9	38.8 （2013）	15.2 （2003）	54.6 （2009）	69.2	1.9	11.5 （2016）
渭南 （8 月 18 日）	25.0	30.5	20.7	36.3 （2016）	17.1 （2003）	36.7 （2000）	77.0	1.2	14.0 （2009）
韩城 （8 月 20 日）	24.1	28.7	20.8	36.4 （2016）	17.3 （2004）	29.6 （2011）	74.2	1.6	7.6 （2008）
延安市区 （8 月 22 日）	20.1	27.4	16.4	34.4 （1997）	9.5 （2012）	39.7 （2018）	73	1.4	9.1 （2017）
榆林 （8 月 24 日）	20.5	26.6	15.1	34.7 （1991）	10.2（2014）	67.9 （2004）	68.3	1.9	12.7 （2015）
铜川市区 （8 月 27 日）	20.7	26.5	16	32 （1997）	11.7 （1999）	9.0 （1991）	79.5	1.9	8.0 （2016）
咸阳 （8 月 29 日）	23.4	28.8	18.9	36.6 （1967）	15.1 （2008）	55.2 （2003）	76.9	2.1	10.9 （2008）
西咸新区 （8 月 31 日）	23.0	28.4	19.0	36.2 （1995）	12.0 （2008）	44.9 （2007）	76.8	1.8	11.5 （2018）

续表

站点 （日期）	平均 气温/ ℃	平均最 高气温/ ℃	平均最 低气温/ ℃	极端最高 气温/℃ （出现年份）	极端最低 气温/℃ （出现年份）	最大 降水量/毫米 （出现年份）	平均相 对湿度/ %	平均 风速/ （米/秒）	极大风速/ （米/秒） （出现年份）
杨凌示范区 （9月2日）	21.7	27.5	17.7	35.1 (2016)	13.8 (2012)	3.8 (2008)	77.0	1.6	9.5 (2014)
宝鸡 （9月4日）	21.5	26.5	18.0	34.8 (1997)	14.6 (2012)	36.6 (2011)	74.7	1.4	11.7 (2007)
汉中 （9月6日）	22.8	27.7	19.3	36.7 (1997)	13.5 (1972)	88.3 (1973)	82.0	1.3	9.0 (2001)
安康市区 （9月8日）	23.5	28.9	19.7	38.5 (1997)	14.2 (2000)	31.3 (2012)	75.5	1.4	9.7 (2012)
商洛市区 （9月10日）	19.0	24.1	15.5	36.0 (1999)	7.0 (2006)	61.0 (2014)	79.6	1.8	11.5` (2008)
国际港务区 （9月12日）	21.2	26.8	17.3	32.4 (2013)	9.4 (1994)	15.8 (1997)	72.4	1.9	10.6 (2019)

表 3.2 火炬传递路线各站点高影响天气出现概率

站点 （日期）	雨日/ %	冰雹/ %	雾/ %	轻雾/ %	扬沙/ %	浮尘/ %	霾/ %	雷暴/ %	闪电/ %	大风/ %	高温/ %
西安 （8月16日）	33.3	0.0	3.3	33.3	0.0	0.0	0.0	17.4	4.3	0.0	13.3
渭南 （8月18日）	46.7	0.0	3.3	36.7	0.0	0.0	0.0	13.0	0.0	0.0	6.7
韩城 （8月20日）	50.0	0.0	0.0	46.7	0.0	0.0	3.3	8.7	0.0	0.0	3.3
延安市区 （8月22日）	43.3	0.0	16.7	30.0	0.0	0.0	0.0	13.0	0.0	0.0	0.0
榆林 （8月24日）	50.0	0.0	0.0	16.7	0.0	0.0	0.0	26.1	0.0	0.0	0.0
铜川市区 （8月27日）	40.0	0.0	10.0	36.7	0.0	0.0	0.0	0.0	4.3	0.0	0.0
咸阳 （8月29日）	30.0	0.0	10.0	56.7	0.0	0.0	6.7	0.0	0.0	0.0	0.0
西咸新区 （8月31日）	50.0	0.0	0.0	60.0	0.0	0.0	6.7	4.3	0.0	0.0	0.0
杨凌示范区 （9月2日）	38.5	0.0	7.7	69.2	0.0	0.0	0.0	0.0	0.0	0.0	7.7
宝鸡 （9月4日）	50.0	0.0	0.0	63.3	0.0	0.0	0.0	8.7	0.0	0.0	0.0

续表

站点 （日期）	雨日/ %	冰雹/ %	雾/ %	轻雾/ %	扬沙/ %	浮尘/ %	霾/ %	雷暴/ %	闪电/ %	大风/ %	高温/ %
汉中 （9月6日）	62.9	0.0	4.3	31.4	0.0	0.0	0.0	10.0	0.0	0.0	1.4
安康市区 （9月8日）	55.9	0.0	1.5	26.5	0.0	0.0	0.0	6.6	6.6	0.0	7.4
商洛市区 （9月10日）	58.8	0.0	1.5	39.7	0.0	0.0	0.0	4.9	1.6	0.0	1.5
国际港务区 （9月12日）	36.7	0.0	10.0	43.3	0.0	0.0	0.0	4.3	0.0	0.0	0.0

3.2　延安圣火采集气象条件

延安圣火采集仪式于2021年7月17日上午在延安星火广场举行。基于延安气象观测站逐日和逐时资料，对圣火采集期间（7月15—19日）和采集当天（7月17日）延安气候状况、主要气候特征及高影响天气进行分析统计，结果表明：（1）圣火采集期间延安降雨概率较高，中雨以上降雨出现概率为10.3%，曾出现过4次暴雨天气，最大日降雨量达89.5毫米；雷暴、大风、闪电、冰雹、雾、轻雾和霾等高影响天气均有出现，其中雷暴出现概率相对较高（29.5%），轻雾出现概率较高为39.7%。（2）圣火采集当天延安各时次均有出现降水的可能，傍晚至夜间降水出现的概率相对较大，最大为19时，概率为10.8%，平均雨强为4.7毫米/时；雷暴、大风、闪电、雾、轻雾、扬沙、霾等高影响天气均有出现，未出现过冰雹和浮尘，雷暴出现概率相对较高（25.4%），轻雾出现概率较高，为42.9%。

3.2.1　圣火采集期间降雨出现概率较高

圣火采集期间降雨出现概率为57.7%（17日当天降雨出现概率为42.9%），其中中雨以上降雨出现概率为10.3%，曾出现过4次暴雨天气。圣火采集期间有雨日多年平均日降水量为6.0毫米（17日当天为8.3毫米，小雨级别）；最大日降水量为89.5毫米（暴雨），出现在2016年7月19日；17日当天最大日降水量为49.9毫米（大雨），出现在2009年7月17日。

从圣火采集期间逐时降水出现概率及有雨日平均雨强（图3.1a）可知，圣火采集期间各时次均有出现降水的可能。圣火采集当天傍晚至夜间出现降水的概率相对较大（图3.1b），最大为19时，概率为10.8%，平均雨强为4.7毫米/时。小时最大雨强为26.0毫米/小时，出现在1967年7月17日19时。

圣火采集当天07—12时各时次降水概率为4.6%～9.2%，最大小时降水量为13.2毫米。1956—2020年，7月17日07—12时延安市共出现8次降水过程，稳定性降水占50%，混合型和对流性降水各占25%。圣火采集当天各时次平均风速为1.8～2.3米/秒（表3.3）。

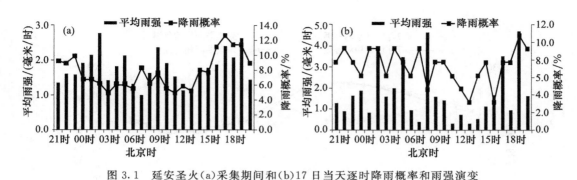

图 3.1　延安圣火(a)采集期间和(b)17 日当天逐时降雨概率和雨强演变

表 3.3　延安 7 月 17 日 07—12 时不同降水强度概率(%)和风速

降水量分级/毫米	07 时	08 时	09 时	10 时	11 时	12 时
(0,0.1]	6.2	0.0	1.5	0.0	1.5	0.0
[0.2,0.5]	1.5	3.1	1.5	3.1	3.1	3.1
(0.5,1]	0.0	0.0	1.5	0.0	1.5	0.0
(1,3]	1.5	0.0	1.5	3.1	0.0	1.5
(3,5]	0.0	0.0	0.0	1.5	0.0	0.0
>5	0.0	1.5	1.5	0.0	0.0	0.0
小时降水概率/%	9.2	4.6	7.7	7.7	6.2	4.6
小时最大雨量/毫米 （出现年份）	1.5 (2008)	13.2 (1995)	5.1 (1995)	4 (1991)	0.7 (1958)	1.5 (1958)
平均风速/(米/秒)	2.0	2.0	1.8	2.2	2.3	2.3
平均风速最大值/(米/秒)	2.6	3.6	3.1	3.9	3.6	3.6

3.2.2　圣火采集期间雷暴出现概率相对较高

圣火采集期间雷暴出现的概率为 29.5%(17 日当天出现雷暴概率为 25.4%)。近 63 年中有 47 年出现过雷暴,概率为 74.6%,有 12 年 5 天中有 3 天及以上出现雷暴,概率为 19.0%,其中在 16—18 日这 3 天中出现雷暴的概率为 58.7%。

3.2.3　圣火采集期间高温日出现概率相对较低

圣火采集期间延安站多年平均气温为 23.6 ℃(17 日当天为 23.5 ℃),平均日较差为 11.4 ℃(17 日当天为 11.7 ℃),日平均相对湿度为 63.8%(17 日当天为 62%)((彩)图 3.2)。

圣火采集期间延安多年平均最高气温达到 30.1 ℃(17 日当天为 30.5 ℃)。期间延安站共有 11 年出现过高温天气(日最高气温≥35 ℃)。高温日出现概率为 4.6%,其中 2001 年高温日数达到 4 天。圣火采集期间极端最高气温为 37.5 ℃(2002 年 7 月 15 日),17 日当天极端最高气温为 36 ℃(2001 年)。

圣火采集期间延安日极端最低气温为 10.5 ℃(2015 年 7 月 18 日);17 日当天极端最低气温为 11.9 ℃(2018 年)。

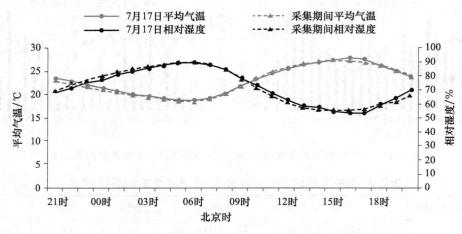

图 3.2　延安圣火采集期间和 17 日当天逐时气温和相对湿度演变

3.2.4　圣火采集期间同期(1951—2020 年)大风、闪电、冰雹、雾、轻雾、扬沙、霾和浮尘等均有出现,轻雾出现概率相对较高

1951—2020 年,圣火采集期间延安站出现过大风(5 次)、闪电(17 次,日概率 5.4%)、冰雹(1 次)、雾(26 次,日概率 7.4%)、轻雾(139 次,日概率 39.7%)、扬沙(2 次)、霾(4 次)、浮尘(5 次)。6 级(≥10.8 米/秒)及以上风 21 次,日概率 15.6%,极大风速 19.5 米/秒,出现在 1973 年 7 月 17 日。

1951—2020 年,7 月 17 日出现过大风(1 次,1973 年)、闪电(4 次)、雾(2 次,2017、2019 年)、轻雾(30 次,日概率 42.9%)、扬沙(1 次,1976 年)、霾(1 次,1957 年),未出现过冰雹和浮尘。6 级及以上大风出现 4 次,概率 14.8%,极大风速 19.5 米/秒,出现在 1973 年。

3.3　十四运会火炬传递点火起跑仪式及开幕式倒计时 30 天冲刺演练期间气象条件

十四运会火炬传递点火起跑仪式及开幕式倒计时 30 天冲刺演练于 2021 年 8 月 16 日在西安举行。对火炬传递点火起跑仪式及开幕式倒计时 30 天冲刺演练期间西安主要气候特征和高影响天气进行分析,结果表明:(1)西安 8 月 16 日出现降雨的概率较高,出现小雨及以上等级降雨概率为 37.1%,出现中雨及以上等级降雨的概率为 14.3%。最大降水量为 54.6 毫米;雷暴、高温、闪电、雾、轻雾、扬沙、大风和霾等高影响天气均曾经出现过,其中雷暴出现概率相对较高(20.6%),轻雾出现概率最高,为 48.6%;(2)重要活动时段上午(08—12 时)和晚上(18—22 时)各时次均有发生降水的可能,小时降水概率为 4.4%~11.8%,最大小时降水量 8.0 毫米。重要活动时段出现过 35 ℃以上高温和 6 级以上的风。(3)通过对近 10 年 8 月中旬西安降雨系统分析,08—11 时出现降雨的概率最大,出现短时强降雨(小时雨量≥10 毫米)概率小。

3.3.1　1951 年以来西安 8 月 16 日主要气候特征及高影响天气分析

3.3.1.1　8 月 16 日平均气温高

8 月 16 日西安((彩)图 3.3)出现过 7 次高温天气,最高为 38.8 ℃。西安 8 月 16 日多年平均气温为 26.1 ℃,平均最高气温为 31.2 ℃,平均最低气温为 21.9 ℃。极端高温 38.8 ℃(出现在 2013 年),极端低温 15.2 ℃(出现在 2003 年)。出现过 7 次高温天气(分别出现在 1953 年、1968 年、1976 年、2013 年、2016 年、2017 年和 2019 年)。

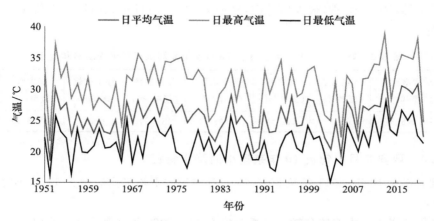

图 3.3　1951—2020 年西安 8 月 16 日气温演变

3.3.1.2　8 月 16 日出现降雨概率较高

西安 8 月 16 日(图 3.4、表 3.4)出现小雨及以上等级降雨概率为 35.7％,出现中雨及以上等级降雨的概率为 14.3％,出现大雨及以上等级降雨概率相对较小(1.4％),出现暴雨 1 次(2009 年),日降水量为 54.6 毫米。

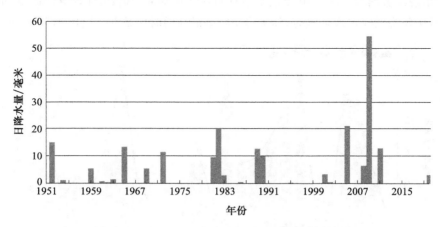

图 3.4　1951—2020 年西安 8 月 16 日降水量演变

表 3.4 1951—2020 年西安 8 月 16 日各类强度降雨概率

小雨及以上次数 （概率/%）	中雨及以上次数 （概率/%）	大雨及以上次数 （概率/%）	暴雨及以上次数 （概率/%）	最大日降雨量/ 毫米
25(35.7)	10(14.3)	1(1.4)	1(1.4)	54.6

3.3.1.3 8 月 16 日出现雷暴概率相对较高

1951—2020 年西安（表 3.5）出现过雷暴、闪电、雾、轻雾、扬沙、霾和大风天气，未出现过冰雹、浮尘天气。其中轻雾、雷暴和霾出现概率相对较高，分别是 48.6%、20.6% 和 15.7%。出现 6 级及以上（≥10.8 米/秒）极大风 7 次，概率为 16.3%；日极大风速最大值 16.9 米/秒，出现在 1969 年。

表 3.5 1951—2020 年西安 8 月 16 日各类高影响天气出现次数和概率

雷暴次数 （概率/%）	闪电次数 （概率/%）	冰雹次数 （概率/%）	雾次数 （概率/%）	轻雾次数 （概率/%）	扬沙次数 （概率/%）	浮尘次数 （概率/%）	霾次数 （概率/%）	大风次数 （概率/%）
13(20.6)	4(6.3)	0(0)	1(1.4)	34(48.6)	2(2.9)	0(0)	11(15.7)	1(1.4)

3.3.1.4 西安 8 月中旬近 10 年来逐小时降水特征

西安过去连续 10 年（2011 年至 2020 年）8 月中旬的平均降水时数为 14.5 小时，占整个 8 月中旬的 6%。

逐小时累计降水量大值较分散。分析西安 2011—2020 年 8 月中旬逐小时 10 年的累计降水（图 3.5），03 时、06 时、07 时、11 时、18 时的 10 年 1 小时降水量均超过 10 毫米，其中最大值出现在 18 时，为 13.2 毫米。降水占比表现为相同趋势，03 时、06 时、07 时、11 时、18 时的降水占比均超过 6%，其中 18 时最大，为 7.61%。

降水频率最大为上午时段。以西安当日有 0.1 毫米以上的降水记录为一个降水日，2011—2020 年 8 月中旬西安共有 31 个降水日，降水次数最大在 11 时，共出现 10 次，03 时、08 时、10 时出现次数均为 9 次。10 年来逐小时的降水频率最大值在 11 时，03 时、08 时、10 时次之，表明 8 月中旬当西安出现降水时，降水出现频率最高的时次是 08 时、10 时及 11 时（图 3.6）。

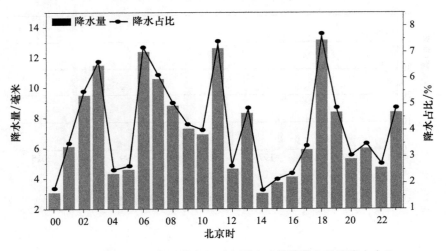

图 3.5 2011—2020 年 8 月中旬西安逐小时累计降水量及降水占比

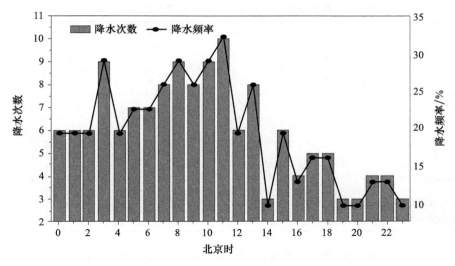

图 3.6　2011—2020 年 8 月中旬西安逐小时降水次数及降水频率

3.3.2　主要活动时段气候特征

8 月 16 日上午(08—12 时),平均气温在 24.4～28.5 ℃,最高 34.5 ℃。平均风速在 2.3～2.8 米/秒,最大 5.6 米/秒(表 3.6)。各时次均有发生降水的可能,小时降水概率为 4.4%～10.3%,最大小时降水量 7.6 毫米,出现在 1982 年 8 月 16 日 11 时(表 3.7)。

8 月 16 日晚上(18—22 时),平均气温在 26.5～29.5 ℃,最高 36.1 ℃。平均风速在 2.0～2.8 米/秒,最大 8.7 米/秒(表 3.6)。各时次均有发生降水的可能,小时降水概率为 5.9%～11.8%,最大小时降水量 8.0 毫米,出现在 2009 年 8 月 16 日 18 时(表 3.8)。

1951—2020 年 8 月 16 日 08—22 时西安市共出现 16 次降水过程,以对流性(10%)和混合性(90%)降水为主。

表 3.6　西安 8 月 16 日上午和晚上各时次气温和风速

时次	平均气温/℃	平均气温最大值/℃	平均风速/(米/秒)	平均风速最大值/(米/秒)(出现年份)
08 时	24.4	29.6	2.5	5.4(2016)
09 时	25.3	30.2	2.3	4.7(2018)
10 时	26.4	31.9	2.8	5.6(2014)
11 时	27.6	33.3	2.6	5.1(2016)
12 时	28.5	34.5	2.6	5.6(2014)
18 时	29.5	36.1	2.8	7.4(2016)
19 时	28.6	34.0	2.8	8.7(2014)
20 时	27.7	32.5	2.1	7.0(2016)
21 时	27.1	31.6	2.0	3.7(2016)
22 时	26.5	30.6	2.0	4.7(2011)

表3.7 西安8月16日08—12时不同降水强度概率(%)

降水量分级/毫米	08时	09时	10时	11时	12时
(0,0.1]	0.0	1.5	1.5	0.0	0.0
(0.1,0.5]	4.4	1.5	5.9	1.5	8.8
(0.5,1.0]	1.5	0.0	1.5	1.5	0.0
(1.0,3.0]	1.5	2.9	0.0	0.0	0.0
>3.0	0.0	1.5	0.0	1.5	1.5
小时降水概率/%	7.4	7.4	8.8	4.4	10.3
小时最大雨量/毫米 (出现年份)	1.1 (1965)	4.6 (1972)	0.6 (1965)	7.6 (1982)	5.6 (1972)

表3.8 西安8月16日18—22时不同降水强度概率(%)

降水量分级/毫米	18时	19时	20时	21时	22时
(0,0.1]	4.4	1.5	1.5	0.0	2.9
(0.1,0.5]	1.5	1.5	4.4	0.0	1.5
(0.5,1.0]	1.5	1.5	4.4	2.9	2.9
(1.0,3.0]	1.5	1.5	1.5	2.9	1.5
>3.0	1.5	1.5	0.0	0.0	0.0
小时降水概率/%	10.3	7.4	11.8	5.9	8.8
小时最大雨量/毫米 (出现年份)	8.0 (2009)	4.6 (2009)	1.7 (1969)	2.3 (1983)	1.3 (1981)

3.3.3　主要活动区域气候特征

3.3.3.1　西安市永宁门8月中旬气候特征

统计分析永宁门2019—2020年8月中旬的气象资料,中旬08—12时平均气温为24.7～27.9℃,日最高气温38.7℃。平均最大风速1.4～1.8米/秒(表3.9)。各时次均有发生降水的可能,小时降水概率为10%～20%,最大小时降水量3.7毫米(表3.10),出现在2020年8月19日08时。

表3.9 西安永宁门8月中旬上午各时次气温和风速

时次		平均气温/℃	平均最高气温值/℃	平均最大风速值/(米/秒)
上午	08时	24.7	25.2	1.4
	09时	25.5	25.9	1.4
	10时	26.1	26.6	1.6
	11时	27.0	27.6	1.7
	12时	27.9	28.4	1.8

表 3.10 西安永宁门 8 月中旬上午各时次不同降水强度概率(%)

降水量分级/毫米	08 时	09 时	10 时	11 时	12 时
(0,0.1]	5.0	5.0	5.0	5.0	10.0
(0.1,0.5]	5.0	5.0	5.0	5.0	0.0
(0.5,1.0]	0.0	5.0	0.0	0.0	0.0
(1.0,3.0]	5.0	5.0	0.0	0.0	0.0
>3.0	5.0	0.0	0.0	0.0	0.0
小时降水概率/%	20.0	20.0	10.0	10.0	10.0
小时最大雨量/毫米	3.7	1.1	0.3	0.2	0.1

3.3.3.2 西安奥体中心 8 月中旬气候特征

统计西安奥体中心 2018—2020 年 8 月中旬气象资料,18—23 时平均气温 27.2～31.4 ℃,平均气温最大值 32.6～38.7 ℃(表 3.11)。8 月中旬西安奥体中心最高气温为 39.7 ℃,出现 35 ℃以上高温天气概率为 53.4%。平均最大风速 1.4～1.8 米/秒。

8 月中旬西安奥体中心的日降水概率 26.6%,其中小雨及以上等级降雨概率为 16.7%,中雨及以上等级降雨概率为 6.7%,大雨及以上等级降雨概率 3.3%(表 3.12);中旬 19—23 时逐小时均有降水的可能,降水概率在 3%～10%(表 3.13),最大小时降水量 7.2 毫米,出现在 2020 年 8 月 19 日。

表 3.11 西安奥体中心 8 月中旬 18—23 时各时次气温(单位:℃)

时次		平均气温	平均气温最大值
晚上	18 时	31.4	38.7
	19 时	30.5	37.5
	20 时	29.5	35.6
	21 时	28.6	33.9
	22 时	27.9	33
	23 时	27.2	32.6

表 3.12 西安奥体中心 8 月中旬逐日不同降水强度概率(%)

降水量分级/毫米	11 日	12 日	13 日	14 日	15 日	16 日	17 日	18 日	19 日	20 日	平均
(0,10]	0.0	0.0	33.3	0.0	33.3	33.3	33.3	33.3	0.0	0.0	16.6
(10,25]	0.0	33.3	0.0	33.3	0.0	0.0	0.0	0.0	0.0	0.0	6.6
(25,50]	0.0	0.0	0.0	0.0	0.0	0.0	0.0	0.0	33.3	0.0	3.3
(50,+∞]	0.0	0.0	0.0	0.0	0.0	0.0	0.0	0.0	0.0	0.0	0.0
日降水概率/%	0.0	33.3	33.3	33.3	33.3	33.3	33.3	33.3	33.3	0.0	26.6

表 3.13　西安奥体中心 8 月中旬 18—23 时各时次不同降水强度概率(%)

降水量分级/毫米	18 时	19 时	20 时	21 时	22 时	23 时
(0,0.1]	0.0	0.0	0.0	0.0	0.0	3.3
(0.1,0.5]	0.0	0.0	0.0	3.3	3.3	3.3
(0.5,1.0]	0.0	0.0	0.0	3.3	0.0	0.0
(1.0,3.0]	0.0	3.3	0.0	3.3	6.7	3.3
>3.0	0.0	0.0	3.3	3.3	0.0	0.0
小时降水概率/%	0.0	3.3	3.3	9.9	10	9.9
小时最大雨量/毫米	0.0	3.0	7.2	4.0	3.0	1.6

3.4　十四运会开、闭幕日气象条件

3.4.1　开幕式气象条件

十四运开、闭幕式在西安奥体中心于 2021 年 9 月 15 日(室外)、27 日(室内)20 时开始,关键时段是 15 日 20—22 时,但是也需要关注这一时段前后的气象条件。

通过分析西安 9 月 15 日及其前后两日的气候背景和西安奥体中心、陕西宾馆 9 月中旬的气候特征,结果表明:(1)西安 9 月 15 日近 70 年降雨概率为 35.7%,近 10 年为 48.6%。降雨日变化中 08—15 时降雨概率在 8.7%～15.9%,雨强为 0.4～2.6 毫米/时;18—22 时降雨概率为 10.1%～13.0%,雨强在 1.2～16.8 毫米/小时。9 月 15 日多年平均气温为 20.8 ℃,平均最高、最低气温分别为 25.7 ℃和 17.0 ℃;18—22 时平均气温在 21.4～24.4 ℃;日最大风速平均值为 4.4 米/秒(3 级),极端最大风速达 9.3 米/秒(5 级)。(2)9 月 15 日出现雷暴、闪电、雾、轻雾和浮尘等高影响天气的概率分别为 3.2%、1.6%、14.3%、45.7%和 2.9%,出现 7级以上大风、冰雹的概率小。西安 9 月 15 日前后两日的高影响天气主要气候特征与 9 月 15日基本一致,但 9 月 16 日的降雨概率更高,为 49.2%。(3)西安奥体中心近 6 年 9 月 15 日降雨概率为 50%,最大小时雨量出现在 09 时,达到 6.3 毫米;开幕式前后一周平均日降雨概率43%,06—23 时逐小时降雨的概率为 12.2%～23.3%,最大小时雨量 6.7 毫米(14 时)。日平均气温 20.5～24.5 ℃,极端最高气温 34.6 ℃。(4)近 10 年陕西宾馆 9 月 15 日降雨概率为50%。9 月中旬,平均最高气温 20.3 ℃,平均最低气温 19.5 ℃,极端最高气温 31.3 ℃。

3.4.1.1　1951 年以来西安 9 月 14—16 日主要气候特征及高影响天气

气温总体适宜。1951 年以来西安 9 月 14—16 日多年平均气温 20.8 ℃,平均最高气温25.7 ℃,平均最低气温 17.0 ℃,极端高温 35.5 ℃(2013 年 9 月 16 日),极端低温 9.1 ℃(1974年 9 月 14 日),出现过 1 次高温天气。9 月 14—15 日 06—22 时平均气温在 17.9～25.4 ℃。

降雨概率大。西安 9 月 14 日、15 日和 16 日(表 3.14)出现小雨及以上等级降雨概率分别为 35.7%、35.7%和 44.3%,出现中雨及以上等级降雨的概率分别为 10.1%、8.6%和14.3%,出现大雨及以上等级降雨概率分别为 7.1%、4.3%和 1.4%,出现暴雨 3 次(2019 年 9月 14 日、1991 年 9 月 15 日和 1955 年 9 月 16 日)。

表 3.14　1951—2020 年西安 9 月 14—16 日各等级降雨次数及概率

日期	小雨及以上次数 （概率/%）	中雨及以上次数 （概率/%）	大雨及以上次数 （概率/%）	暴雨及以上次数 （概率/%）	最大日降雨量/ 毫米
14 日	25(35.7)	7(10.0)	5(7.1)	1(1.4)	69.8
15 日	25(35.7)	6(8.6)	3(4.3)	1(1.4)	63.8
16 日	31(44.3)	10(14.3)	1(1.4)	1(1.4)	57.0
平均或最大概率	27(38.6)	7.7(11.0)	3(4.3)	1(1.4)	69.8

中午降雨概率高、雨强大。9 月 14—16 日各时次均有发生降雨的可能（图 3.7、表 3.15），小时降雨概率在 8.7%～20.3%。有雨日各时次平均雨强为 0.4～16.8 毫米/时，最大小时降雨量为 16.8 毫米（1991 年 9 月 15 日 21 时），08—15 时、21—22 时平均降雨强度较大，在 1.0 毫米/时以上，21 时最大。9 月 14 日出现过的最大小时雨强为 5.8 毫米/时（2019 年 9 月 14 日 12 时）。9 月 16 日出现过的最大小时降雨量为 7.0 毫米（1955 年 9 月 16 日 03 时）。

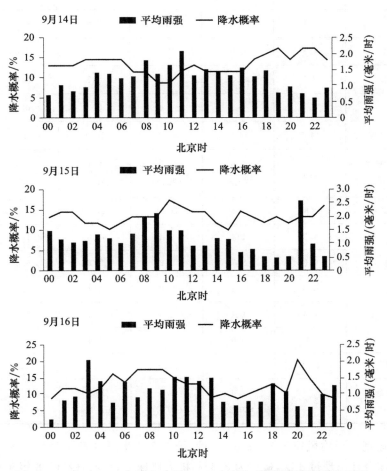

图 3.7　1951—2020 年西安 9 月 14—16 日逐时降雨概率及平均雨强

表 3.15 1951—2020 年西安 9 月 14—16 日 06—23 时不同降雨强度概率（%）

降雨量分级/毫米	06 时	07 时	08 时	09 时	10 时	11 时
(0,0.1]	4.3	1.4	1.4	1.4	2.9	2.9
(0.1,0.5]	4.3	5.8	4.3	2.9	4.3	0.0
(0.5,1.0]	0.0	0.0	0.0	0.0	1.4	4.3
(1.0,3.0]	1.4	4.3	2.9	4.3	5.8	7.2
>3.0	1.4	1.4	4.3	4.3	2.9	1.4
小时降雨概率/%	11.6	13.0	13.0	13.0	17.4	15.9
最大小时雨量/毫米 （出现年份）	5.0 (1991)	5.0 (1991)	5.0 (1991)	5.0 (1991)	5.0 (1991)	4.2 (1991)
降雨量分级/毫米	12 时	13 时	14 时	15 时	16 时	17 时
(0,0.1]	0.0	2.9	0.0	0.0	4.3	2.9
(0.1,0.5]	5.8	7.2	0.0	2.9	4.3	4.3
(0.5,1.0]	4.3	0.0	7.2	2.9	0.0	1.4
(1.0,3.0]	2.9	4.3	4.3	4.3	5.8	4.3
>3.0	1.4	0.0	0.0	0.0	0.0	0.0
小时降雨概率/%	14.5	14.5	11.6	10.1	14.5	13.0
最大小时雨量/毫米 （出现年份）	3.4	2.9 (2014)	1.9 (2014)	2.1 (2014)	1.4 (1955)	2.0 (1955)
降雨量分级/毫米	18 时	19 时	20 时	21 时	22 时	23 时
(0,0.1]	4.3	1.4	1.4	0.0	1.4	5.8
(0.1,0.5]	5.8	8.7	5.8	7.2	5.8	2.9
(0.5,1.0]	0.0	1.4	2.9	1.4	1.4	5.8
(1.0,3.0]	1.4	1.4	1.4	2.9	2.9	1.4
>3.0	0.0	0.0	0.0	1.4	1.4	0.0
小时降雨概率/%	11.6	13.0	10.1	13.0	13.0	15.9
最大小时雨量/毫米 （出现年份）	2.4	1.8 (2012)	1.2 (2012)	16.8 (1991)	3.5 (1955)	1.2 (1955)

风速总体适宜。平均风速 1.3～2.3 米/秒，最大 5.3 米/秒（表 3.16）。6 级及以上（≥10.8 米/秒）极大风速合计出现过 4 次，概率为 3.3%，极大风速 15.6 米/秒（1998 年 9 月 15 日）。

表 3.16　1951—2020 年西安 9 月 14—16 日 06—23 时各时次气温和风速

时段	时次	平均气温/℃	平均气温最大值/℃	平均风速/(米/秒)	平均风速最大值/(米/秒)(出现年份)
上午	06	18.0	22.1	1.5	3.7 (2014)
	07	17.9	22.0	1.6	2.9(2017)
	08	18.7	23.3	1.9	4.6(2015)
	09	19.9	24.6	2.1	5.3(2015)
	10	21.2	26.5	2.3	5.1(2015)
	11	22.3	28.6	2.0	5.2(2015)
	12	23.2	30.3	2.1	4.6(2015)
下午	13	24.1	31.1	2.1	4.8(2014)
	14	24.7	33.1	2.2	5.0(2018)
	15	25.0	33.7	2.3	4.4(2015)
	16	25.4	34.0	2.0	4.7(2015)
	17	25.1	33.9	2.1	4.7(2015)
	18	24.4	33.1	2.1	4.8(2015)
晚上	19	23.1	31.8	1.8	3.6(2015)
	20	22.4	30.0	1.8	4.1(2013)
	21	21.8	28.9	1.8	4.0(2013)
	22	21.4	27.9	1.3	3.9(2014)
	23	20.7	26.9	1.6	4.0(2013)

　　高影响天气(表 3.17)为雾、扬沙、闪电和雷暴。近 70 年西安 9 月 15 日出现过雷暴、闪电、雾、轻雾和浮尘天气,未出现过冰雹、扬沙和大风天气。轻雾和雾出现概率相对较高,分别为 45.7% 和 14.3%。

表 3.17　1951—2020 年西安 9 月 14—16 日逐日各类高影响天气出现次数和概率

日期	雷暴次数(概率/%)	闪电次数(概率/%)	冰雹次数(概率/%)	雾次数(概率/%)	轻雾次数(概率/%)	扬沙次数(概率/%)	浮尘次数(概率/%)	大风次数(概率/%)
14 日	1(1.6)	3(4.8)	0(0.0)	10(14.3)	35(50.0)	0(0.0)	1(1.4)	0(0.0)
15 日	2(3.2)	1(1.6)	0(0.0)	10(14.3)	32(45.7)	0(0.0)	2(2.9)	0(0.0)
16 日	31(44.3)	10(14.3)	1(1.4)	1(1.4)	38(57.0)	31(44.3)	10(14.3)	1(1.4)
平均	11.3(3.7)	4.7(6.9)	0.3(0.5)	7(10.0)	35(50.0)	10(14.8)	4.3(6.2)	0.3(0.5)

3.4.1.2　2011—2020 年西安 9 月 15 日前后一周(8—22 日)气候特征

　　2011—2020 年 9 月 15 日前后一周(8—22 日),西安高影响天气主要有降雨、高温和雷暴。其中暴雨 2 天、大雨 8 天、中雨 15 天、小雨 48 天,高温 2 天,雷暴 1 天。降雨概率达 48.6%,其中小雨 32.0%、中雨 10.0%、大雨 5.3%、暴雨 1.3%,日最大雨量 69.8 毫米(2019 年)。

　　气温:2011—2020 年 9 月 8—22 日,西安日平均最高气温出现在 15 时,为 24.1 ℃,最低气温出现在 07 时(17.9 ℃)。日最高气温平均值为 25.2 ℃,极端最高气温出现在 2013 年 9 月 15 日,达 35.4 ℃;35 ℃ 以上的高温天气 2 天,占比 1.3%。平均日最低气温为 17.4 ℃,极端最低气温出现在 2011 年 9 月 19 日,为 9.2 ℃。

降雨:2011—2020 年 9 月 8—22 日,西安降雨年际变化大,平均降雨量为 77.1 毫米,降雨最多为 175.5 毫米(2014 年),其次为 171.5 毫米(2011 年),第三多为 157.7 毫米(2019 年);最少为 10.2 毫米(2016 年)。小时累计降雨量大值集中在 08—15 时

风速:2011—2020 年 9 月 8—22 日,西安日最大风速平均值为 4.4 米/秒(3 级),极端最大风速达 9.3 米/秒(5 级,2011 年 9 月 18 日);白天(08—18 时)风速较大,夜间(19 时—次日 01 时)风速明显减小;最大平均风速出现在 14 时,为 2.6 米/秒,最小平均风速出现在 04 时,为 1.8 米/秒。

3.4.1.3 2015—2020 年西安奥体中心 9 月 15 日前后一周及前后一天气象要素特征

采用西安奥体中心新筑区域自动气象站 2015—2020 年气象观测资料。

气温:近 6 年,西安奥体中心 9 月 15 日前后一周(9 月 8—22 日)的平均气温为20.5～24.5 ℃,平均最低气温为 16.4～20.2 ℃,平均最高气温为 23.6～30.5 ℃,极端最高气温 34.6 ℃(2019 年 9 月 8 日),极端最低气温 13.9 ℃(2019 年 9 月 15 日)。

降雨:近 6 年,西安奥体中心 9 月 15 日前后一周(9 月 8—22 日)日降雨量 0.1～60.5 毫米,日最大降雨量出现在 2019 年 9 月 14 日。近 6 年,9 月 15 日降雨概率为 50%,小时最大雨量 6.3 毫米,出现在 09 时(图 3.18)。开幕式前后一周逐日的降雨概率为 17%～83%,10 日降雨概率最大,12、14 和 21 日降雨概率最小,平均日降雨概率为 43%。近 6 年,西安奥体中心 9 月 15 日前后一周(9 月 8—22 日)06—23 时逐小时发生降雨的概率为 12.2%～23.3%(表 3.18),小时雨量 3 毫米以下发生概率较大,最大小时雨量 6.7 毫米(14 时)。

9 月 14—16 日降雨概率:近 6 年,西安奥体中心 9 月 14—16 日 06—23 时逐小时发生降雨的概率为 11.1%～27.8%(表 3.19),小时雨量在 1～3 毫米降雨发生的概率最大,最大小时雨量 6.3 毫米(09 时)。

表 3.18　9 月 8—22 日西安奥体中心 06—23 时各时次不同降雨强度概率

时段	降雨量分级/毫米					小时降雨概率/%	小时最大雨量/毫米
	(0,0.1]	(0.1,0.5]	(0.5,1.0]	(1.0,3.0]	>3.0		
06 时	7.8	4.4	1.1	5.6	1.1	20.0	4.3
07 时	2.2	4.4	2.2	5.6	1.1	15.6	3.4
08 时	3.3	7.8	4.4	3.3	4.4	23.3	4.6
09 时	2.2	3.3	3.3	3.3	5.6	17.8	6.3
10 时	1.1	3.3	0.0	7.8	2.2	14.4	4.2
11 时	2.2	5.6	3.3	7.8	1.1	20.0	3.3
12 时	1.1	6.7	1.1	6.7	2.2	17.8	3.9
13 时	2.2	7.8	1.1	4.4	1.1	16.7	3.3
14 时	3.3	3.3	1.1	4.4	2.2	14.4	6.7
15 时	1.1	2.2	4.4	5.6	1.1	14.4	6.1
16 时	2.2	4.4	5.6	3.3	1.1	16.7	3.9
17 时	3.3	5.6	4.4	5.6	0.0	18.9	1.8
18 时	4.4	5.6	3.3	5.6	0.0	18.9	3.0
19 时	4.4	6.7	2.2	3.3	2.2	17.8	3.7
20 时	4.4	4.4	2.2	3.3	2.2	16.7	3.8
21 时	2.2	6.7	2.2	3.3	0.0	14.4	2.8
22 时	6.7	4.4	1.1	2.2	0.0	14.4	1.9
23 时	3.3	6.7	0.0	2.2	0.0	12.2	1.2

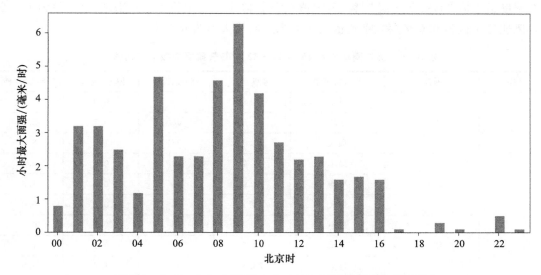

图 3.8　2015—2020 年奥体中心 9 月 15 日小时最大雨强分布

表 3.19　9 月 14—16 日西安奥体中心 06—23 时各时次不同降雨强度概率

时段	降雨量分级/毫米					小时降雨概率/%	小时最大雨量/毫米
	(0,0.1]	(0.1,0.5]	(0.5,1.0]	(1.0,3.0]	>3.0		
06 时	11.1	0.0	5.6	5.6	5.6	27.8	4.3
07 时	0.0	5.6	5.6	5.6	5.6	22.2	3.4
08 时	0.0	0.0	5.6	5.6	16.7	27.8	4.6
09 时	0.0	5.6	0.0	5.6	16.7	27.8	6.3
10 时	0.0	0.0	0.0	22.2	5.6	27.8	4.2
11 时	0.0	5.6	0.0	22.2	0.0	27.8	2.9
12 时	0.0	11.1	0.0	5.6	5.6	22.2	3.9
13 时	5.6	0.0	0.0	5.6	5.6	16.7	3.3
14 时	5.6	0.0	0.0	11.1	0.0	16.7	1.6
15 时	0.0	0.0	11.1	5.6	0.0	16.7	1.7
16 时	5.6	5.6	0.0	5.6	5.6	22.2	3.9
17 时	5.6	0.0	0.0	11.1	0.0	22.2	1.5
18 时	5.6	5.6	0.0	5.6	0.0	16.7	3.0
19 时	5.6	5.6	0.0	0.0	5.6	16.7	3.7
20 时	16.7	0.0	0.0	0.0	5.6	22.2	3.8
21 时	0.0	0.0	0.0	5.6	0.0	11.1	2.8
22 时	11.1	5.6	0.0	5.6	0.0	22.2	1.9
23 时	5.6	5.6	0.0	5.6	5.6	16.7	1.2

3.4.1.4　西安 9 月 15 日逐时气候要素特征

（1）主要气象要素基本特征

9 月 15 日:17—22 时（表 3.20）气温最低值为 14.5 ℃、平均值为 22.6 ℃、最大值为34.7 ℃。

相对湿度最小值30%、平均值70%、最大值99%。降水量最小值为0.0毫米、最大值为1.8毫米。风速最小值为0.0米/秒、平均值为1.6米/秒、最大值为6.0米/秒。

表3.20 历史同期9月15日17—22时各气象要素极值与均值

日期	时间	要素特征值	温度/℃	湿度/%	降水/毫米	风速/(米/秒)
9月15日	17时	最小	15.8	30	0.0	0.0
		平均	24.8	60	0.1	2.0
		最大	34.7	97	1.3	6.0
	18时	最小	15.7	30	0.0	0.0
		平均	24.0	64	0.0	1.8
		最大	33.1	96	0.4	5.0
	19时	最小	15.2	40	0.0	0.0
		平均	22.7	70	0.1	1.4
		最大	29.6	97	1.8	5.0
	20时	最小	14.8	42	0.0	0.0
		平均	21.9	73	0.2	1.5
		最大	30.0	97	1.2	6.0
	21时	最小	14.6	46	0.0	0.0
		平均	21.3	76	0.1	1.5
		最大	28.9	97	0.6	5.0
	22时	最小	14.5	49	0.0	0.0
		平均	20.7	78	0.1	1.2
		最大	27.7	99	1.3	4.0
	17—22时	最小	14.5	30	0.0	0.0
		平均	22.6	70	0.1	1.6
		最大	34.7	99	1.8	6.0

(2)各类气象条件发生概率

气温:9月15日十四运会开幕式日历史同期17—22时各小时气温为10.0~34.9℃,主要在20.0~24.9℃,出现概率在21.2%~60.6%,各时次低于10℃的概率不足3%(表3.21)。

表3.21 不同时次不同温度范围出现概率(%)

日期	时间	5~9.9℃	10~14.9℃	15~19.9℃	20~24.9℃	25~29.9℃	30~34.9℃
9月15日	17时	—		18.2	21.2	45.5	15.2
	18时	—		18.2	30.3	45.5	6.1
	19时	—		21.2	54.5	24.2	—
	20时	—	3.0	24.2	60.6	9.1	3.0
	21时	—	3.0	27.3	60.6	9.1	—
	22时	—	3.0	27.3	60.6	9.1	—

注:—表示未出现过。

相对湿度:9 月 15 日十四运会开幕式日历史同期 17—22 时各小时相对湿度为 20%～99%,主要在 60%～79%,出现概率在 21%～48%,各时次湿度低于 40%的概率不超 15%(表 3.22)。

表 3.22　不同时次不同相对湿度范围出现概率(%)

日期	时间	相对湿度范围				
		0%～19%	20%～39%	40%～59%	60%～79%	80%～99%
9 月 15 日	17 时	—	15	42	21	21
	18 时	—	9	27	42	21
	19 时	—	—	27	48	24
	20 时	—	—	21	42	36
	21 时	—	—	15	39	45
	22 时	—	—	9	33	58

注:—表示未出现过。

降水:9 月 15 日十四运会开幕式日 17—22 时无降水概率较大,各小时无降雨的概率均大于在 87.5%,有降水时,其强度小于 1.5 毫米/时;9 月 27 日闭幕式日无降水概率相对较小,各小时无降雨的概率在 75%～87.5%,有降水时其最大降水强度小于 2.0 毫米/时(表 3.23)。

表 3.23　不同时次不同降水量范围出现概率(%)

日期	时间	降水范围				
		0 毫米	0.1～0.5 毫米	0.6～1.0 毫米	1.1～1.5 毫米	1.6～2.0 毫米
9 月 15 日	17 时	93.8	—	6.3	—	—
	18 时	100.0	—	—	—	—
	19 时	93.8	—	—	6.3	—
	20 时	87.5	6.3	6.3	—	—
	21 时	93.8	6.3	—	—	—
	22 时	87.5	6.3	6.3	—	—

注:—表示未出现过。

雷电:十四运会开幕式当天(9 月 15 日)20 时雷电出现概率最大,为 4.6%,其余时间不多于 3.1%(表 3.24)。

表 3.24　不同时间雷电出现概率(%)

日期	17 时	18 时	19 时	20 时	21 时	22 时
9 月 15 日	—	—	1.5	4.6	3.1	1.5

注:—表示未出现过。

风速:总体上小于 1 米/秒风的概率最大,在 9.1%～57.6%,其次 1～1.9 米/秒风的概率较大,为 15.2%～51.5%,各时次大于 5 米/秒风的概率均不超过 6%(表 3.25)。

表 3.25　不同时次不同风速范围出现概率(%)

日期	时间	风速范围						
		0~0.9/(米/秒)	1~1.9/(米/秒)	2~2.9/(米/秒)	3~3.9/(米/秒)	4~4.9/(米/秒)	5~5.9/(米/秒)	6~6.9/(米/秒)
9月15日	17时	9.1	51.5	18.2	6.1	9.1	3.0	3.0
	18时	18.2	36.4	24.2	12.1	6.1	3.0	—
	19时	33.3	36.4	12.1	15.2	—	3.0	—
	20时	33.3	30.3	18.2	15.2	—	—	3.0
	21时	27.3	39.4	15.2	15.2	—	3.0	—
	22时	42.4	27.3	18.2	6.1	6.1	—	—

注:—表示未出现过。

3.4.2　闭幕式气象条件

分析西安 1951—2020 年 9 月 27 日主要气候特征结果表明:(1)9 月 27 日出现降雨概率较高,出现小雨及以上等级降雨概率为 48.5%,出现中雨及以上等级降雨的概率为 11.4%,出现大雨及以上等级降雨概率相对较低(5.7%),日最大降水量为 37.4 毫米(1967 年)。中午降雨概率高、雨强大,00—01 时、07—13 时、15—19 时降雨概率较大,均在 15% 以上。(2)9 月 27 日温湿条件适宜,多年平均气温为 18.5 ℃,平均最高气温为 23.0 ℃,平均最低气温为 15.4 ℃。出现轻雾和雾的概率较高,分别为 58.5% 和 12.8%。出现雷暴、扬沙和大风等高影响天气的概率低。

3.4.2.1　温湿条件适宜

西安 1951—2020 年 9 月 27 日((彩)图 3.9)多年平均气温为 18.5 ℃,平均最高气温为 23.0 ℃,平均最低气温为 15.4 ℃,极端高温 30.8 ℃(出现在 1998 年),极端低温 7.5 ℃(出现在 1997 年)。

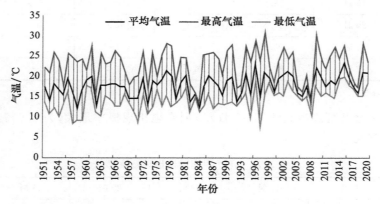

图 3.9　1951—2020 年西安 9 月 27 日气温演变

1951—2020 年 9 月 27 日多年平均相对湿度为 76%,平均最小相对湿度为 54%。日平均风速为 1.5 米/秒,日平均风速最大为 7.8 米/秒(1958 年)。

3.4.2.2　出现降雨概率较高

西安 1951—2020 年 9 月 27 日(图 3.10、表 3.26)出现小雨及以上等级降雨概率为 48.5%,出现中雨及以上等级降雨的概率为 11.4%,出现大雨及以上等级降雨概率相对较低

（5.7%），日最大降水量为 37.4 毫米，出现在 1967 年。

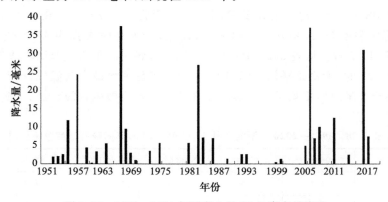

图 3.10　1951—2020 年西安 9 月 27 日降水量演变

表 3.26　1951—2020 年西安 9 月 27 日各类强度降雨次数及概率

小雨及以上次数（概率/%）	中雨及以上次数（概率/%）	大雨及以上次数（概率/%）	最大日降雨量/mm
34(48.5)	8(11.4)	4(5.7)	37.4

3.4.2.3　出现轻雾概率较高

1951—2020 年西安 9 月 27 日（表 3.27）出现过雷暴、雾、轻雾、扬沙和大风天气，未出现过闪电、冰雹、浮尘天气。其中轻雾和雾出现概率分别为 58.5% 和 12.8%。6 级（极大风速 ≥ 10.8 米/秒）以上极大风 6 次，出现概率为 15%。8 级（瞬时风速 ≥ 17.2 米/秒）以上大风 2 次，出现概率为 2.8%。极大风速最大值 18.0 米/秒，出现在 1967 年。

表 3.27　1951—2020 年西安 9 月 27 日各类高影响天气出现次数和概率

雷暴次数（概率/%）	闪电次数（概率/%）	冰雹次数（概率/%）	雾次数（概率/%）	轻雾次数（概率/%）	扬沙次数（概率/%）	浮尘次数（概率/%）	大风次数（概率/%）
2(3.2)	0(0)	0(0)	9(12.8)	41(58.5)	2(2.8)	0(0)	2(2.8)

3.4.2.4　中午降雨概率高、雨强大

1951—2020 年 9 月 27 日（（彩）图 3.11、表 3.28）各时次均有发生降雨的可能，小时降雨概

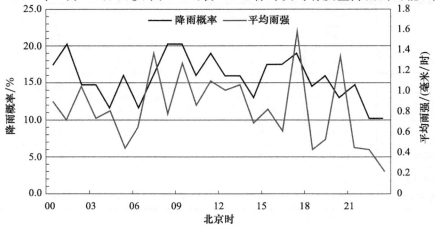

图 3.11　1951—2020 年西安 9 月 27 日逐时降雨概率及平均雨强

率在 10.1%～20.3%。00—01 时、07—13 时、15—19 时降雨概率较大,均在 15% 以上,最大 20.3%,出现在 08 时和 09 时。有雨日各时次平均雨强在 0.2～1.6 毫米/时,07—13 时、17 时、20 时平均降雨强度较大,均在 1.0 毫米/时以上,最大小时雨强为 10.8 毫米/时,出现在 1967 年 9 月 27 日 17 时。从表 3.29 中看出,9 月 27 日各时次平均气温比较适宜,特别是闭幕式关键时段 19—22 时,无论是平均气温(18～20 ℃)或是平均最高气温(23～25 ℃)都比较舒适,平均风速小于 2 米/秒,平均最大风速小于 3.5 米/秒,为微风,观众、嘉宾、演职人员体感非常舒适。

表 3.28　1951—2020 年西安 9 月 27 日 06—23 时不同降雨强度概率(%)

降雨量分级/毫米	06 时	07 时	08 时	09 时	10 时	11 时
(0,0.1]	2.9	2.9	1.4	4.3	2.9	4.3
(0.1,0.5]	2.9	4.3	8.7	4.3	2.9	5.8
(0.5,1.0]	1.4	1.4	2.9	4.3	2.9	2.9
(1.0,3.0]	4.3	4.3	7.2	4.3	5.8	2.9
>3.0	0.0	2.9	0.0	2.9	1.4	2.9
小时降雨概率/%	11.6	15.9	20.3	20.3	15.9	18.8
最大小时雨量/毫米 (出现年份)	2.6 (2017)	4.5 (2008)	2.2 (2006)	6.1 (1967)	4.2 (2017)	6.8 (1967)
降雨量分级/毫米	12 时	13 时	14 时	15 时	16 时	17 时
(0,0.1]	1.4	1.4	1.4	2.9	4.3	0.0
(0.1,0.5]	2.9	2.9	4.3	7.2	2.9	8.7
(0.5,1.0]	4.3	2.9	1.4	1.4	5.8	4.3
(1.0,3.0]	4.3	7.2	5.8	4.3	4.3	4.3
>3.0	2.9	1.4	0.0	1.4	0.0	1.4
小时降雨概率/%	15.9	15.9	13.0	17.4	17.4	18.8
最大小时雨量/毫米 (出现年份)	3.9 (2017)	3.9 (1968)	2.4 (2018)	3.4 (1967)	1.5 (1983)	10.8 (1967)
降雨量分级/毫米	18 时	19 时	20 时	21 时	22 时	23 时
(0,0.1]	5.8	4.3	4.3	4.3	4.3	4.3
(0.1,0.5]	4.3	5.8	1.4	4.3	1.4	2.9
(0.5,1.0]	1.4	2.9	1.4	1.4	1.4	1.4
(1.0,3.0]	1.4	2.9	4.3	2.9	2.9	0.0
>3.0	0.0	0.0	1.4	0.0	0.0	1.4
小时降雨概率/%	14.5	15.9	13.0	14.5	10.1	10.1
最大小时雨量/毫米 (出现年份)	1.5 (2006)	1.5 (2005)	7.0 (1986)	2.1 (2007)	1.8 (2007)	4.7 (2014)

表 3.29　西安 9 月 27 日 06—23 时各时次气温和风速

时段	时次	平均气温/℃	平均气温最大值/℃	平均风速/(米/秒)	平均风速最大值/(米/秒)(出现年份)
上午	06	16.5	20.4	1.5	3.7(2020)
	07	16.5	20.1	1.4	3.5(2020)
	08	17.1	20.9	1.8	6.1(2020)
	09	17.9	22.6	2.0	5.1(2020)
	10	18.8	23.5	1.9	5.2(2020)
	11	19.4	24.5	2.1	3.7(2005)
	12	20.1	26.2	1.8	3.5(2020)
下午	13	20.8	27.4	2.0	3.8(2015)
	14	21.2	28.5	2.0	3.9(2019)
	15	21.3	29.5	2.1	3.8(2015)
	16	21.3	29.9	2.0	4.8(2020)
	17	21.0	29.5	1.9	3.7(2019)
	18	20.5	27.8	1.7	3.3(2020)
晚上	19	19.4	24.7	1.6	3.4(2020)
	20	18.7	24.1	1.3	2.8(2017)
	21	18.9	24.2	1.8	3.2(2017)
	22	18.4	23.9	1.7	3.5(2007)
	23	18.0	23.5	1.8	4.7(2008)

3.5　残特奥会开、闭幕日气象条件

本届残特奥会开、闭幕式定于 2021 年 10 月 22 日(室内)、29 日(室内)20 时在西安奥体中心举行。

3.5.1　开幕式气象条件

3.5.1.1　主要气象要素基本特征

历史同期 10 月 22 日 17—22 时(表 3.30)气温的最小值为 8.0 ℃、均值为 14.7 ℃、最大值为 25.9 ℃。相对湿度的范围为最小值 28%、均值 72%、最大值 98%。降水量最大值为 1.0 毫米。定时风速均值为 0.9 米/秒、最大值为 4.2 米/秒。

表 3.30　历史同期 10 月 22 日 17—22 时各气象要素极值与均值

时间	要素特征值	温度/℃	相对湿度/%	降水量/毫米	风速/(米/秒)
17 时	最小	10.5	28	0.0	0.0
	平均	17.4	59	0.1	1.2
	最大	25.9	98	0.8	4.2
18 时	最小	9.8	46	0.0	0.0
	平均	15.7	69	0.1	0.8
	最大	22.0	98	1.0	2.6

时间	要素特征值	温度/℃	相对湿度/%	降水量/毫米	风速/(米/秒)
	最小	9.1	47	0.0	0.0
19时	平均	14.4	74	0.1	0.8
	最大	19.6	98	0.9	2.9
	最小	8.7	39	0.0	0.0
20时	平均	14.0	75	0.1	0.8
	最大	19.2	98	0.9	3.0
	最小	8.9	35	0.0	0.0
21时	平均	13.5	78	0.0	0.7
	最大	17.6	98	0.1	3.0
	最小	8.0	46	0.0	0.0
22时	平均	13.1	80	0.0	1.0
	最大	20.0	98	0.1	3.0
	最小	8.0	28	0.0	0.0
17—22时	平均	14.7	72	0.0	0.9
	最大	25.9	98	1.0	4.2

3.5.1.2 各类气象条件发生概率

气温:10月22日残特奥会开幕日历史同期17—22时各时次气温为8.0~25.9 ℃,主要在10.0~14.9 ℃,出现概率为24.2%~66.7%,各时次低于10 ℃的概率不超过12.1%(表3.31)。

表3.31 历史同期10月22日17—22时各时次不同温度范围出现概率(%)

时间	温度范围					
	5.0~9.9 ℃	10.0~14.9 ℃	15.0~19.9 ℃	20.0~24.9 ℃	25.0~29.9 ℃	30.0~34.9 ℃
17时	—	24.2	48.5	24.2	3.0	
18时	3.0	42.4	48.5	6.1	—	
19时	3.0	48.5	48.5			
20时	6.1	60.6	33.3			
21时	9.1	66.7	24.2			
22时	12.1	66.7	18.2	3.0		

注:—表示未出现过。

相对湿度:10月22日残特奥会开幕日历史同期17—22时(表3.32)各小时湿度为28%~98%,主要在80%~99%,出现概率为15%~61%,各时次湿度低于40%的概率不超过18%。

表3.32 历史同期10月22日17—22时各时次不同相对湿度范围出现概率(%)

时间	相对湿度范围				
	0%~19%	20%~39%	40%~59%	60%~79%	80%~99%
17时	—	18	39	27	15
18时	—	—	30	39	30

时间	相对湿度范围				
	0%～19%	20%～39%	40%～59%	60%～79%	80%～99%
19时	—	—	18	48	33
20时	—	3	15	39	42
21时	—	3	6	39	52
22时	—	—	12	27	61

注:一表示未出现过。

降水:10 月 22 日残特奥会开幕式日 17—22 时(表 3.33)降水概率较小,17—20 时出现 0.1～0.5 毫米降水概率为 6.3%,21—22 时未出现过降水。

表 3.33　10 月 22 日 17—22 时各时次不同降水量范围出现概率(%)

时间	降水范围		
	0 毫米	0.1～0.5 毫米	≥0.6 毫米
17 时	93.8	6.3	—
18 时	93.8	6.3	—
19 时	93.8	6.3	—
20 时	93.8	6.3	—
21 时	100.0	—	—
22 时	100.0	—	—

注:一表示未出现过。

风速:残特奥会开幕日 17—22 时未出现过大风。总体上小于 1 米/秒风的概率最大,为 42.4%～57.6%,其次为 1～1.9 米/秒风的概率比较大,在 24.2%～39.4%,17 时出现大于 4 米/秒风的概率为 3%,18—22 时未出现过大于 4 米/秒的风(表 3.34)。

表 3.34　10 月 22 日 17—22 时各时次不同风速范围出现概率(%)

时间	风速范围				
	0～0.9 米/秒	1～1.9 米/秒	2～2.9 米/秒	3～3.9 米/秒	≥4 米/秒
17 时	42.4	30.3	21.2	3.0	3.0
18 时	51.5	33.3	15.2	—	—
19 时	51.5	39.4	9.1	—	—
20 时	54.5	36.4	6.1	3.0	—
21 时	57.6	33.3	6.1	3.0	—
22 时	54.5	24.2	12.1	9.1	—

注:一表示未出现过。

3.5.2　闭幕式气象条件

利用西安 1988—2020 年 10 月 29 日 17—22 时逐时气象资料,分析残特奥会闭幕式重点活动时段主要气候特征及高影响天气,结果表明:(1)29 日 17—22 时多年平均气温为13.4 ℃,主要介于 10.0～14.9 ℃;平均相对湿度为 66%,主要介于 60%～79%;(2)未出现过大风,以

1级风最多;降水概率低、强度小,仅22时出现过降水,概率为5.9%,且降水强度小于0.5毫米/时,未观测到雷电和大风。建议提前做好保暖等相关准备工作。

3.5.2.1 10月29日17—22时主要气象要素特征

1988—2020年10月29日17—22时(表3.35)气温最低为5.4 ℃,平均为13.4 ℃,最高为23.5 ℃。相对湿度最小为13%,平均为66%,最大为94%。1小时降水量最大为0.1毫米。定时风速平均为1.0米/秒,最大为5.0米/秒。

表3.35 西安1988—2020年10月29日17—22时气象要素平均值与极值

时间	要素特征值	温度/℃	相对湿度/%	降水/毫米	风速/(米/秒)
17时	最小	6.1	13	0.0	0.0
	平均	16.4	52	0.0	1.3
	最大	23.5	90	0.0	5.0
18时	最小	6.0	19	0.0	0.0
	平均	14.6	61	0.0	0.9
	最大	21.2	94	0.0	4.0
19时	最小	6.1	23	0.0	0.0
	平均	13.2	68	0.0	0.9
	最大	19.7	94	0.0	3.0
20时	最小	6.0	23	0.0	0.0
	平均	12.7	70	0.0	0.9
	最大	18.4	92	0.0	3.0
21时	最小	6.6	26	0.0	0.0
	平均	12.2	71	0.0	1.0
	最大	17.5	93	0.0	2.7
22时	最小	5.4	36	0.0	0.0
	平均	11.6	75	0.0	0.9
	最大	17.1	94	0.1	3.3
17—22时	最小	5.4	13	0.0	0.0
	平均	13.4	66	0.0	1.0
	最大	23.5	94	0.1	5.0

3.5.2.2 10月29日17—22时不同气象条件及其概率分析

气温:主要介于10.0~14.9 ℃。由表3.36可以看出,气温介于5.4~23.5 ℃,17时主要在15.0~19.9 ℃,出现概率48.5%,18—22时主要在10.0~14.9 ℃,出现概率45.5%~60.6%。各时次气温低于10 ℃的概率不超过33.3%。

表3.36 10月29日17—22时不同气温条件概率(%)

时间	气温/℃				
	5~9.9	10~14.9	15~19.9	20~24.9	≥25
17时	6.1	27.3	48.5	18.2	—
18时	6.1	45.5	39.4	9.1	—

时间	气温/℃				
	5～9.9	10～14.9	15～19.9	20～24.9	≥25
19 时	18.2	54.5	27.3	—	—
20 时	21.2	57.6	21.2	—	—
21 时	21.2	60.6	18.2	—	—
22 时	33.3	57.6	9.1	—	—

注:—表示未出现过。

相对湿度:主要介于 60%～79%。由表 3.37 可见,相对湿度介于 13%～94%,17 时主要在 40%～59%,出现概率 45.5%,18—22 时主要在 60%～79%,出现概率 45.5%～60.6%。各时次相对湿度低于 40% 的概率不超过 21.2%。

表 3.37　10 月 29 日 17—22 时不同相对湿度条件概率(%)

时间	相对湿度/%				
	0～19	20～39	40～59	60～79	80～99
17 时	3.0	21.2	45.5	27.3	3.0
18 时	3.0	6.1	30.3	54.5	6.1
19 时	3.0	3.0	15.2	60.6	18.2
20 时	—	3.0	12.1	60.6	24.2
21 时	—	3.0	12.1	57.6	27.3
22 时	—	3.0	9.1	45.5	42.4

注:—表示未出现过。

降水:由表 3.38 可见,降水概率低、强度小,仅 22 时出现过降水,且无雷电、大风,22 时出现降水的概率为 5.9%,小时降水量不超过 0.5 毫米,为小雨量级,17—21 时未出现过降水。22 时出现降水时,未观测到雷电、大风。

表 3.38　10 月 29 日 17—22 时不同降水条件概率(%)

时间	降水/毫米		
	0	0.1～0.5	≥0.6
17 时	100.0	—	—
18 时	100.0	—	—
19 时	100.0	—	—
20 时	100.0	—	—
21 时	100.0	—	—
22 时	94.1	5.9	—

注:—表示未出现过。

风:由表 3.39 可见,1 级风最多,未出现过大风。风速小于 1 米/秒的一级风的概率最大,在 36.4%～54.5%,其次为 1～1.9 米/秒,概率为 21.2%～42.4%。17—18 时出现大于 4 m/s 风,17 时风速大于 5 米/秒,18 时风速介于 4～4.9 米/秒的概率均为 3%,19—22 时未出现大于 4 米/秒风。

表 3.39　10 月 29 日 17—22 时不同风速条件概率(%)

时间	风速/(米/秒)					
	0~0.9	1~1.9	2~2.9	3~3.9	4~4.9	≥5
17 时	36.4	30.3	27.3	3.0	—	3.0
18 时	45.5	42.4	9.1	—	3.0	—
19 时	45.5	36.4	15.2	3.0	—	—
20 时	45.5	36.4	15.2	3.0	—	—
21 时	54.5	21.2	24.2	—	—	—
22 时	54.5	27.3	15.2	3.0	—	—

注:—表示未出现过。

第4章 十四运会和残特奥会综合气象条件风险分析

4.1 各赛区气象条件

4.1.1 西安市气象条件分析

西安市地处关中平原中部,北邻渭河,南依秦岭,属暖温带半湿润大陆性季风气候,冷暖干湿四季分明。春季温暖、干燥、多风、气候多变;夏季炎热多雨,伏旱突出,多雷雨大风;秋季凉爽,气温速降,秋淋明显;冬季寒冷、风小、多雾、少雨雪。年平均气温14.8 ℃,年极端最高气温42.9 ℃(2006年6月17日),年极端最低气温－20.6 ℃(1955年1月11日)。年降水量548.6毫米,年最多降水量为903.2毫米,一日最大降水量110.7毫米(1991年7月28日),雨日89天,年平均相对湿度67%,平均风速1.5米/秒。主要气象灾害有干旱、高温、连阴雨、暴雨、洪涝、城市内涝、大风、沙尘、雷电、冰雹、低温冻害、雾和霾等。

西安市是"十四运会和残特奥会"的主赛区,承办的项目(表4.1)有足球、羽毛球、排球、棒球、垒球等,承办残运会的项目有羽毛球、坐式排球、聋人足球、盲人足球、轮椅击剑等。

表4.1 西安市承办的全运会、残运会项目表

序号	内容	项目名称	地点
1			西北大学足球场
2		足球	西安奥体中心体育场
3			陕西省体育场
4		羽毛球	西北工业大学翱翔体育馆
5		排球——男子21岁以下组	西安电子科技大学体育馆
6		射击、射箭、飞碟	长安常宁生态体育训练比赛基地
7		排球——女子成年组、击剑	陕西奥体中心体育馆
8		排球——男子成年组	陕西省师范大学体育馆
9	第十四届全国运动会	手球	西安体育学院新校区手球馆
10		棒球	西安体育学院新校区棒球场
11		垒球	西安体育学院新校区垒球场
12		橄榄球	西安体育学院新校区橄榄球场
13		典棍球	西安体育学院新校区曲棍球场
14		蹦床	西安中学体育馆
15		艺术体操	西北大学长安校区体育馆
16		开幕式、田径	西安奥体中心体育场
17		闭幕式、竞技体操	西安奥体中心体育场
18		游泳、跳水、花样游泳	西安奥体中心游泳跳水馆

续表

序号	内容	项目名称	地点
19	第十四届 全国运动会	现代五项	陕西省体育训练中心
20		皮划艇、赛艇	陕西省水上运动管理中心
21		篮球——18岁以下组	西安城市运动公园体育馆
22		高尔夫	西安亚建高尔夫球场
23	全国第十一届 残运会	羽毛球	西安电子科技大学"远望谷"体育馆
24		坐式排球	西安体院鄠邑校区体育馆
25		聋人足球	西安体院鄠邑校区"四场"
26		盲人足球	西安体院鄠邑校区"四场"
27		轮椅击剑	陕西省体育训练中心五项网球馆
28		硬地滚球	西北大学长安校区体育馆
29		轮椅篮球	西安市城市运动公园体育馆
30		乒乓球	陕西奥体中心体育馆
31		田径	西安奥体中心体育场
32		游泳	西安奥体中心游泳跳水馆
33		聋人篮球	西北工业大学"翱翔"体育馆
34		跆拳道	西安工程大学临潼校区体育馆
35		盲人门球	西北大学长安校区体育馆
36		射击	长安区常宁宫生态体育训练比赛基地
37		射箭	长安区常宁宫生态体育训练比赛基地
38		盲人柔道	西安工程大学临潼校区体育馆
39		医学分级中心	西安市全运村

4.1.1.1　温度、相对湿度、风逐日变化

西安市8月1日至10月31日(图4.1)多年平均气温20.5℃,逐日平均气温、最高气温和最低气温均随时间推移呈缓慢下降趋势。平均气温在11～27.7℃,平均最高气温在17.3～32.8℃,平均最低气温在7.6～23.8℃。历史上极端最高气温40.0℃,出现在1994年8月4日;平均相对湿度73.4%,随时间推移缓慢上升至9月底后转下降趋势;平均风速1.6米/秒,8月、9月主导风均为东北风,10月为北东北风。

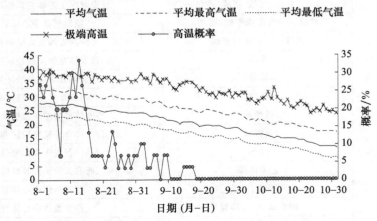

图4.1　西安市1990—2019年8月1日—10月31日逐日气温变化

4.1.1.2　降水分析

西安市降水变化特征明显(图4.2),8月降水量为81.4毫米,9月降雨量为93.4毫米,10月降水量为55.9毫米,9月上、中旬是多雨时段。8月1日—10月31日的日平均降水量为2.5毫米,最大一日降水量75.5毫米,出现在2007年8月9日;期间逐日降水总量波动较大,逐日平均降水量在0.4~7.0毫米。

逐日降雨概率在20%~63%,最大出现在9月9日,最小出现在8月10日(图4.2)。从5天滑动平均来看,8月1—15日、8月22—24日这2个时段降雨概率较小,在40%以下,9月3—20日降雨概率较大,在40%~63%,8月16—21日、9月21日—9月30日降雨概率在26%~53%,10月以后降雨概率总体较小,但波动较大。

1990—2019年,西安8月1日至10月31日出现大雨和暴雨的概率在0%~10%,平均为2.5%,最大出现在9月6日。8月29日—9月19日大雨和暴雨的概率相对较大,平均为4.5%。

1990—2019年,西安8月1日至10月31日共出现暴雨7次。1990—2019年西安8月1日至10月31日最大日雨量为3.6~75.5毫米。8月29日至9月19日,最大日雨量相对其他时段较大,易出现50毫米以上的降水。时段内最大一日降水量75.5毫米,出现在2007年8月9日。

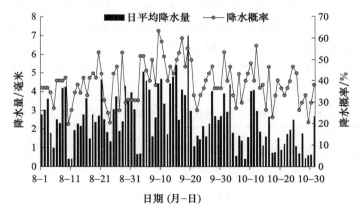

图4.2　西安市1990—2019年8月1日—10月31日日平均降水量及降水概率

4.1.1.3　高影响天气

雷暴:是最易出现的不利天气,出现的天数最多为0~5天,其中8月1日、8月4日、8月8日出现雷暴频次最多,为5天,概率为19.2%;其他日期雷暴出现频次为0~4天。8月1—19日出现雷暴的概率大,为10.7%,进入8月下旬后雷暴出现平均概率减小为1.4%。

短时大风:1990—2019年,西安8、9、10月五级及以上(极大风速8米/秒以上)大风出现的平均概率分别为32.8%、21.5%、17.3%,从五级及以上大风出现概率及滑动平均看出,出现五级以上大风的概率随时间推移减小,其中8月1—21日出现概率最高,为9%~63%,平均为37.4%。

8月1日—10月31日出现七级及以上(极大风速13.9米/秒以上)大风概率为0.2%。时段内最大出现在2015年8月2日,日极大风速达19.7米/秒。

高温:西安8月1日至9月17日均出现过35℃以上高温天气。8月1日至8月15日出现35℃以上高温天气的概率在6.7%~33%,8月16日至8月31日出现高温的概率在3%~13%,9月上、中旬出现高温的概率很小。9月17日以后未出现过高温天气。

雾:8月1日—10月31日出现雾的概率为4.3%,8月出现雾的平均概率为1.1%,9月为

4.3%,10月出现雾平均概率最大,为7.7%。

霾:8月、9月霾出现概率3%～11%,发生概率较低,10月霾出现概率较高,为6.7%～16.7%。

8、9、10各月气候特点如表4.2,8月平均气温25.8 ℃,极端最高气温40.0 ℃(1994年8月4日),极端最低气温14.5 ℃(1992年8月21日);平均降水量81.3毫米,一日最大降水量75.5毫米(2007年8月9日),平均雨日9天;平均风速1.8米/秒,极大风速19.7米/秒(2015年8月2日);平均气压961.5百帕,极端最高气压974.9百帕(1993年8月30日)。极端最低气压948.4百帕(2016年8月17日);平均相对湿度72%。主要气象灾害有干旱、暴雨、高温、雷暴、大风、夏伏旱等。

9月平均气温20.8 ℃,极端最高气温38.5 ℃(2002年9月1日),极端最低气温7.5 ℃(1997年9月27日);平均降水量92.9毫米,一日最大降水量69.8毫米(1986年9月8日),平均雨日11天;平均风速1.6米/秒,极大风速15.6米/秒(1998年9月15日);平均气压968.0百帕,极端最高气压985.4百帕(2004年9月30日)。极端最低气压951.2百帕(1995年9月2日);平均相对湿度75%。主要气象灾害有连阴雨、暴雨、雷暴、大风、高温等。

10月平均气温14.7 ℃,极端最高气温33.5 ℃(2013年10月12日),极端最低气温-0.7 ℃(1991年10月31日);平均降水量55.2毫米,一日最大降水量57.0毫米(2017年10月3日),平均雨日9天;平均风速1.3米/秒,极大风速17.3米/秒(1996年10月4日);平均气压974.3百帕,极端最高气压994.0百帕(1993年10月29日),极端最低气压955.6百帕(2016年10月3日);平均相对湿度74%。主要气象灾害有连阴雨、暴雨、雷暴、高温、初霜冻、大风等。

表4.2　1989—2019年西安气候值统计分析(8—10月)

月份	8月	9月	10月
平均气温/℃	25.8	20.8	14.7
月极端最高气温/℃	40.0	38.5	33.5
(出现日期)	(1994年8月4日)	(2002年9月1日)	(2013年10月12日)
月极端最低气温/℃	14.5	7.5	—0.7
(出现日期)	(1992年8月21日)	(1997年9月27日)	(1991年10月31日)
月降水量/毫米	81.3	92.9	55.2
一日最大降水量/毫米	75.5	69.8	57.0
(出现日期)	(2007年8月9日)	(2019年9月14日)	(2017年10月3日)
雨日/天	9	11	9
平均风速/(米/秒)	1.8	1.6	1.3
极大风速/(米/秒)	19.7	15.6	17.3
(出现日期)	(2015年8月2日)	(1998年9月15日)	(1996年10月4日)
平均气压/百帕	961.5	968.0	974.3
最高气压/百帕	974.9	985.4	994.0
(出现日期)	(1993年8月30日)	(2004年9月30日)	(1993年10月29日)
最低气压/百帕	948.4	951.2	955.6
(出现日期)	(2016年8月17日)	(1995年9月5日)	(2016年10月3日)
平均相对湿度/%	72	75	74

4.1.2　宝鸡市气象条件分析

宝鸡市地处关中平原西部,地质构造复杂,东、西、南、北、中的地貌差异大,具有南、西、北三面环山,以渭河为中轴向东拓展,呈尖角开口槽形的特点(图略)。山、川、原兼备,以山地、丘陵为主,呈现"六山一水三分田"格局。属暖温带半干旱半湿润大陆性季风气候。全年的气候变化受制于季风环流,冷暖干湿四季分明。春季升温迅速而气候多变,夏季炎热干燥和温热多雨交替出现,秋季降温快多连阴雨,冬季天气干冷少雪。年平均气温13.5 ℃,年极端最高气温41.7 ℃,年极端最低气温−16.1 ℃。年降水量为645.9毫米,年最多降水量为951.0毫米,雨日99天。年平均相对湿度66%,平均风速1.3米/秒。由于其自然地貌错综复杂,因而气候类型多样,垂直差异明显,气象灾害频繁。主要气象灾害有大风、高温、暴雨、连阴雨、沙尘、干旱、冰雹、倒春寒、秋淋、霜冻、大雾、寒潮等。

宝鸡市承办"运动会"的项目(表4.3)有足球、水球项目,承办特奥会的项目有足球举重、轮滑、游泳、乒乓球项目。

表4.3　宝鸡市承办的全运会、特奥会项目表

序号	内容	项目名称	地点
1	第十四届全国运动会	足球	宝成仪表集团足球场
2		足球	宝鸡市文理学院体育场
3			宝鸡职业技术学院足球场
4			宝鸡市体育场
5		水球	宝鸡市游泳跳水馆
6	全国第八届特奥会	足球	安排在宝鸡市体育场、宝鸡职业技术学院
7		举重	宝鸡市陈仓区体育中心体育馆、市体校举重馆
8		轮滑	宝鸡市会展中心
9		游泳	宝鸡市游泳跳水馆
10		乒乓球	宝鸡市体育馆
11		健康计划	宝鸡市会展中心

4.1.2.1　温度、相对湿度、风

宝鸡市8月1日至10月31日(图4.3)多年平均气温19.3 ℃,逐日平均气温、最高气温和最低气温随时间推移均呈缓慢下降趋势。平均气温在10.9～26.6 ℃,平均最高气温在16.5～31.8 ℃,平均最低气温在7.0～22.8 ℃,历史上极端最高气温40.0 ℃,出现在1997年9月5日;平均相对湿度73.8%,8月—9月随时间推移缓慢上升,10月相对湿度呈现快速下降趋势;平均风速1.2米/秒,主导风为东风。

4.1.2.2　降水分析

宝鸡市降水变化特征明显(图4.4),8月降水量为109.0毫米,9月降雨量为120.4毫米,10月降水量为55.4毫米,9月上、中旬是多雨时段。8月1日—10月31日的日平均降水量为3.1毫米,最大一日降水量84毫米,出现在2015年8月3日;期间逐日降水总量波动较大,逐日平均降水量在0.3～7.7毫米。

逐日降雨概率在20%～63%,最大出现在9月9日,最小出现在10月28日。从5天滑动

平均来看,8月1—15日、8月22—24日这2个时段降雨概率较小,在45%以下;9月1—20日降雨概率较大,在40%～63%;8月16—21日、9月21日—10月7日降雨概率在30%～57%;10月7日以后降雨概率总体较小,但波动较大。

1990—2019年,宝鸡市8月1日至10月31日出现大雨和暴雨的概率为0～13.3%,平均为3.2%,最大出现在8月28日、9月5日、9月19日。8月28日—9月19日大雨和暴雨的概率相对较大,平均为5.9%。

1990—2019年,宝鸡市8月1日至10月31日共出现暴雨15次。1990—2019年,宝鸡市8月1日至10月31日最大日雨量为4.7～84毫米。8月29日至9月20日,最大日雨量相对其他时段较大,易出现50毫米以上的降水。时段内最大一日降水量84毫米,出现在2015年8月3日。

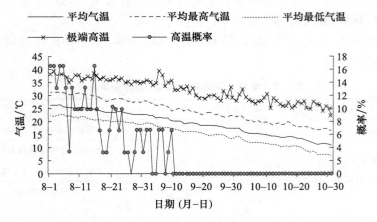

图4.3 宝鸡市近30年8月1日—10月31日温度统计

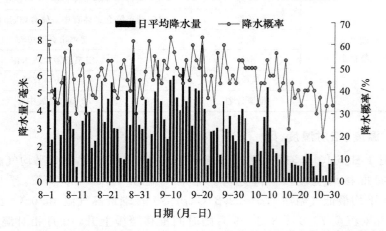

图4.4 宝鸡市近30年8月1日—10月31日日平均降水量及降水概率

4.1.2.3 高影响天气

雷暴:是最易出现的不利天气,出现的天数最多,为0～5天,其中8月1日、8月11日、8月17日出现雷暴频次最多,为5天,概率为19.2%;其他日期雷暴出现频次为0～4天。8月1—18日出现雷暴的概率大,为10%,进入8月下旬后雷暴出现平均概率减少为2.8%。

短时大风:1990—2019年,宝鸡市8、9、10月五级及以上(极大风速8米/秒以上)大风出现平均概率分别为22.3%、11.3%、5.8%,从五级及以上大风出现概率及滑动平均可以看出,出现五级以上大风的概率随时间推移而减小,其中 8 月 1—21 日出现概率最高,为 6.3%～43.8%,平均为 26%。8 月 1 日—10 月 31 日出现七级及以上(极大风速 13.9 米/秒以上)大风概率为 0.1%。时段内最大出现在 2004 年 8 月 18 日,日极大风速达 15.9 米/秒。

高温:宝鸡市 8 月 1 日至 9 月 9 日均出现过 35 ℃以上高温天气。8 月 1 日至 8 月 15 日出现 35 ℃以上高温天气的概率在 3.3%～16.7%,8 月 16 日至 9 月 9 日出现高温概率在 0%～10.3%,9 月 9 日以后无高温天气。

雾:8 月 1 日—10 月 31 日出现雾的概率为 0.7%,8 月出现雾的平均概率为 0.1%,9 月为 0.3%,10 月出现雾的平均概率最大,为 1.5%。

霾:8 月 1 日—10 月 31 日出现霾的概率在 0%～6.7%,进入 10 月后霾出现天数增多。

4.1.3　咸阳市气象条件分析

咸阳市位于中国的中心,是中国大地原点所在地,地处陕西省关中盆地中部,东与铜川市、渭南市为邻,西与宝鸡市接壤,北同甘肃省庆阳市、平凉市毗连,南接西安市,咸阳市地势北高南低,呈阶梯状。咸阳市四季分明,地处暖温带,属大陆性季风气候,四季冷热干湿分明,气候温和,光、热、水资源较丰富,有利于农、林、牧、渔各业发展。年平均气温 13.1 ℃,年极端最高气温 41.7 ℃,年极端最低气温−18.6 ℃。年降水量为 522.1 毫米,年最多降水量为 855.3 毫米。年平均相对湿度 71%,平均风速 2.2 米/秒。由于境内地形、地貌复杂,多灾害天气发生。主要气象灾害有暴雨、连阴雨、高温热浪、雷雨大风、雾、霾等,这些灾害天气对运动员的身体健康以及户外的比赛等都会产生不利影响。

咸阳市承办"十四运会和残特奥会"的项目(表 4.4)有足球、小轮车、马拉松比赛。

表 4.4　咸阳市承办的全运会项目表

序号	内容	项目名称	地点
1	第十四届全国运动会	足球	咸阳市体育场
2			咸阳职业技术学院体育场
3			咸阳奥体中心体育场
4		武术—套路	咸阳职业技术学院体育馆
5		马拉松	咸阳市马拉松场地
6		BMX 小轮车	西咸新区小轮车场地

4.1.3.1　温度、相对湿度、风

咸阳市 8 月 1 日至 10 月 31 日(图 4.5)多年平均气温 19.5 ℃,逐日平均气温、最高气温和最低气温随时间推移均呈缓慢下降趋势。平均气温在 10.2～27.0 ℃,平均最高气温在 16.7～32.1 ℃,平均最低气温在 5.6～23.0 ℃,历史上极端最高气温 39.2 ℃,出现在 1994 年 8 月 4 日;平均相对湿度 77.1%,随时间推移呈上升趋势;平均风速 1.8 米/秒,主导风以东北风为主。

4.1.3.2　降水分析

咸阳降水的特征变化明显(图 4.6),8 月 1 日—10 月 31 日日降水量呈先增后减趋势。8 月 1 日—10 月 31 日的日平均降水量为 2.6 毫米,最大一日降水量 158.5 毫米,出现在 2007 年 8 月 9 日;期间逐日平均降水量在 0.3～8.2 毫米,逐日降水概率在 20%～67%,最大出现在

8月28日,最小出现在8月10日。从5天滑动平均来看,8月1—17日、8月21—25日这2个时段降雨概率较小,在38%以下,9月2—26日降雨概率较大,在41%~53%,10月以后降雨概率总体较小,波动不大。

1990—2019年,咸阳8月1日至10月31日出现大雨和暴雨的概率在0~10.7%,平均为2.4%,最大出现在9月15日。8月29日—9月15日大雨和暴雨的概率相对较大,平均为4.3%。

1990—2019年,咸阳8月1日至10月31日共出现暴雨10次,约3年1次。日最大雨量为3.4~158.5毫米,出现在2007年8月8日。

9—10月也是咸阳市连阴雨天气多发的时段。2011年9月4—20日,咸阳市出现了历史罕见的秋淋天气过程,并伴随出现3次区域性暴雨天气;2014年9月6—17日也出现12天的连阴雨天气。2016年10月持续性阴雨天气过程较多,形成了秋淋天气,其中分别在4—6日,8—14日和20—28日出现连阴雨天气过程。

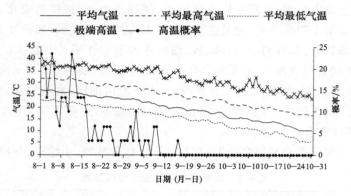

图4.5 咸阳市近30年8月1日—10月31日温度统计

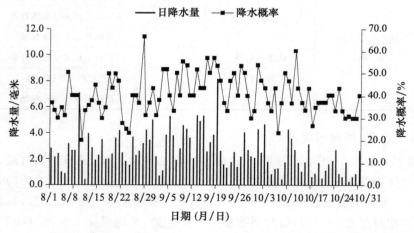

图4.6 咸阳市近30年8月1日—10月31日日平均降水量及降水概率

1990—2019年9月19日出现了9次(31%)中等以上强度降水,8月12日、9月10日各出现6次(17.2%)中等以上强度降水,8月21日、8月28日、9月5日、9月9日、9月13日各出现5次(16.7%)中等强度以上强度降水,其他日期一般出现1~3次(3.4%~10.3%)。总体上,8月28—29日、9月4—10日出现中等强度以上降水的概率相对较大。

4.1.3.3　高影响天气

咸阳市 8—10 月主要有高温热浪、雷雨大风、雾、霾等灾害天气,这些灾害天气对运动员的身体健康以及户外的比赛等都会有不利影响。

雷雨大风:雷雨大风对户外的比赛影响较大,尤其对小轮车比赛造成的影响较大,对其他户外比赛也会产生一定的不利影响。8 月咸阳市易出现强对流天气引起的雷电、短时强降水和大风等灾害天气。强对流天气区域性强,出现时间短,易造成户外设施的倒塌、城市内涝、雷击等灾害事故。8 月雷暴出现天数为 0~4 天,9 月之后雷暴出现次数较少。8 月 1 日至 10 月 31 日,雷暴出现的概率随时间推移而减小,8 月上、中旬出现雷暴的平均概率为 10%,最大为 8 月 1 日、8 月 6—8 日及 8 月 12 日和 8 月 17 日(15.4%),最小为 14 日和 15 日(3.9%),进入 8 月下旬后雷暴出现平均概率减少,为 3.0%。近 10 年雷暴概率相对较小,总体低于近 30 年平均出现雷暴的概率。

短时大风仅在 8 月 1 日、8 月 7 日、8 月 9 日、8 月 14 日和 10 月 22 日出现,概率均为 3.3%。

高温热浪:高温热浪天气会对运动员的比赛发挥产生不利影响,无论室内或是室外比赛,都应注意防范高温热浪天气。

1990—2019 年咸阳 8 月 1 日至 10 月 31 日极端最高气温在 23~39 ℃,最大值为 39.2 ℃,出现在 1994 年 8 月 4 日。咸阳 8 月 1 日至 9 月 16 日均出现过 35 ℃ 以上高温天气。8 月 1 日至 8 月 16 日出现 35 ℃ 以上高温天气的概率为 10%~23%,8 月 16 日至 9 月 9 日出现高温的概率在 7% 以下,9 月 17 日以后无高温天气。2011 年 8 月 6—15 日出现持续高温天气,30 ℃ 以上高温天气持续 10 天。2016 年 8 月 10—20 日最高气温连续超过 35 ℃。

雾:8 月 1 日至 10 月 31 日雾出现的概率随时间推移而增多,8 月出现雾的平均概率为 3.8%,9 月出现雾的平均概率为 9.2%,10 月出现雾的平均概率为 14.2%,最大为 10 月 8 日、10 月 20 日及 10 月 22 日(26.67%),最小为 10 月 14 日和 15 日(3.9%)。

霾:霾天气对运动员的身体健康会造成不利影响,应在赛事举办期间做好空气治理工作,以保障赛事的顺利进行。8 月 1 日至 10 月 31 日,霾出现的概率随时间推移而增多,8 月出现霾的平均概率为 4.9%,9 月出现霾的平均概率为 3.9%,10 月出现霾的平均概率为 11.9%,最大为 10 月 8 日(23.3%)。

4.1.4　渭南市气象条件分析

渭南市地处关中平原东部,南、北高,中间低,北部沟壑纵横,南部支流众多,渭河从东向西贯穿关中平原,属暖温带半湿润半干旱季风气候。四季分明,光照充足,雨量适宜。春季气候多变,夏季炎热多雨,秋季凉风送爽,冬季晴冷干燥。年平均气温 11.8~14.2 ℃,年极端最高气温 43.3 ℃,年极端最低气温 −21.2 ℃。年降水量为 498~597.8 毫米,年最多降水量为 1000.0 毫米,雨日 63~138 天。年平均相对湿度 59%~74%。年平均风速 1.2~2.6 米/秒,风向偏北,年极大风速 32.5 米/秒。由于境内地形、地貌复杂,多灾害天气发生,主要气象灾害有大风、高温、暴雨、连阴雨、沙尘、干旱、冰雹、倒春寒、秋淋、霜冻、大雾、寒潮等。

渭南市承办"十四运会和残特奥会"的项目(表 4.5)有足球、举重、篮球、沙滩排球、举重、飞镖、象棋、围棋等。

表 4.5　渭南市承办的全运会、残运会项目

序号	内容	项目名称	地点
1		足球	渭南市体育中心体育场
2			渭河南堤足球场
3	第十四届全国运动会		渭南轨道交通运输学校足球场
4		举重	渭南市体育中心体育馆
5		篮球-女子成年组	渭南师范学院体育馆
6		柔道	韩城市体育馆
7		沙滩排球	大荔沙苑沙排场地
8		举重	渭南市体育中心体育馆
9	全国第十一届残运会	飞镖	渭南市华阴市体育运动中心
10		象棋	渭南市华阴市体育运动中心
11		围棋	渭南市华阴市体育运动中心

4.1.4.1　温度、相对湿度、风

渭南市 8 月 1 日至 10 月 31 日(图 4.7)多年平均气温 20 ℃,逐日平均气温、最高气温和最低气温随时间推移均呈缓慢下降趋势。平均气温在 11.3～27.2 ℃,平均最高气温在 17.1～32.7 ℃,平均最低气温在 6.4～22.8 ℃,历史上极端最高气温 39 ℃,出现在 2005 年 8 月 11 日;平均相对湿度 77.5%,8—9 月中旬随时间推移缓慢上升,9 月下旬开始相对湿度呈现下降趋势;平均风速 1.1 米/秒,8 月主导风为东风,9 月、10 月主导风为东东北风。

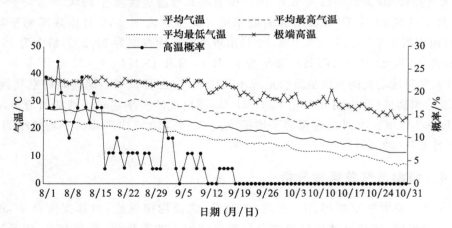

图 4.7　渭南市近 30 年 8 月 1 日—10 月 31 日逐日气温变化

4.1.4.2　降水分析

渭南市降水变化特征明显(图 4.8),8 月降水量为 78.9 毫米,9 月降雨量为 96 毫米,10 月降水量为 57 毫米,8 月下旬—9 月是多雨时段。8 月 1 日—10 月 31 日的日平均降水量为 2.5 毫米,最大一日降水量 62.6 毫米,出现在 2019 年 9 月 14 日;期间逐日降水总量波动较大,逐日平均降水量在 0.2～6.6 毫米。

逐日降雨概率在 17%～57%,最大出现 10 月 12 日,最小出现在 8 月 23 日。从 5 天滑动平均来看,8 月 16—18 日、9 月 3—18 日、9 月 23—10 月 1 日、10 月 1—10 日降雨概率较大,

在 40% 以上,其余时段降雨概率较小,均在 40% 以下。

1990—2019 年,渭南 8 月 1 日至 10 月 31 日出现大雨和暴雨的概率为 0%～13%,平均为 2.5%,最大出现在 9 月 15 日。8 月 29 日—9 月 19 日大雨和暴雨的概率相对较大,平均为 4.8%。

1990—2019 年,渭南 8 月 1 日至 10 月 31 日共出现暴雨 7 次。从多年逐日分布来看,7 次暴雨均出现在不同的日期。

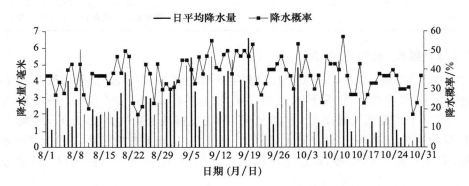

图 4.8　渭南市 30 年 8 月 1 日—10 月 31 日日平均降水量及降水概率

4.1.4.3　高影响天气

高温:高温是 8 月到 9 月中旬最易出现的不利天气,出现的天数最多,为 1～8 天,其中 8 月 4 日出现高温频次最多,为 8 天,概率为 27%;其他日期高温出现频次为 1～7 天。8 月 1 日至 8 月 15 日出现 35 ℃ 以上高温天气的概率在 10%～27%,8 月 16 日至 9 月 3 日出现高温概率在 3%～13%,9 月上、中旬出现高温的概率很小。9 月 18 日以后无高温天气。

雷暴:近 30 年逐日平均雷暴天数为 0～6 天,其中 8 月 26 日出现雷暴频次最多,为 6 天,概率为 23%;其他日期雷暴出现频次为 0～4 天。8 月 1—21 日出现雷暴的概率大,为 8.7%,进入 8 月下旬后雷暴出现平均概率减少为 2.2%。

雾:8 月 1 日—10 月 31 日出现雾的概率为 7.2%,且随时间推移呈上升趋势。8 月出现雾的平均概率为 1.8%,9 月为 6.8%,10 月出现雾的平均概率最大,为 13.1%。其中最大雾频次出现在 10 月 5 日(8 次,概率为 27%)。

霾:近 30 年共出现霾 31 次,8 月、9 月霾出现概率较低,共出现 5 次,10 月共出现 26 次,概率为 2.8%。其中最大霾频次出现在 10 月 19 日(4 次,概率为 13%)。

4.1.5　杨凌区气象条件分析

杨陵示范区位于鄂尔多斯地台南端的渭河地堑,属渭河谷地新生代断陷沉降带。地处暖温带,属大陆性季风气候,四季冷热干湿分明。气候温和,光、热、水资源丰富,利于农、林、牧、副、渔各业发展。年平均气温 13.6 ℃,年平均气压 955.8 百帕,年平均相对湿度 69%,年平均风速 1.6 米/秒,年平均降水量 630.9 毫米,年平均降水日数 91 天。极端最高气温 41.9 ℃;极端最低气温 −14.2 ℃;极大风速 21.5 米/秒,风向偏西;最大日降水量 85.5 毫米,出现在 2011 年 9 月 18 日。境内地形、地貌复杂,多灾害天气发生。主要气象灾害有高温、暴雨、暴雪、雷电、连阴雨、大风、沙尘、大雾、霾、道路结冰、寒潮、干旱等。

杨凌区承办"十四运会和残特奥会"的项目(表4.6)有网球、赛艇和皮划艇。

表4.6　杨凌区承办的全运会项目表

序号	内容	项目名称	地点
1		网球	杨凌示范区网球中心
2	全国第十一届 残运会	赛艇	杨凌示范区陕西省水上运动管理中心
3		皮划艇	杨凌示范区陕西省水上运动管理中心

4.1.5.1　温度、相对湿度、风

杨凌市8月1日至10月31日(图4.9)多年平均气温19.3℃,逐日平均气温、最高气温和最低气温随时间推移均呈缓慢下降趋势。平均气温在10.5～26.6℃,平均最高气温在15.0～32.3℃,平均最低气温在7.0～22.6℃,历史上极端最高气温38.1℃,出现在2015年8月2日;平均相对湿度79.4%,8月1日至10月31日呈现上升的趋势,9月为平均相对湿度最大时段;平均风速1.4米/秒,8月主导风为东北风;9月主导风为西风;10月主导风为西北风。

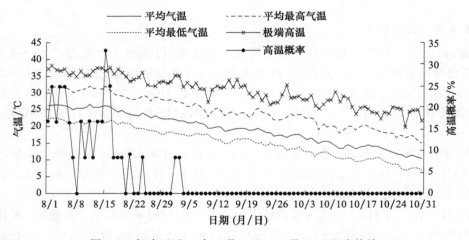

图4.9　杨凌区近12年8月1日—10月31日温度统计

4.1.5.2　降水分析

杨凌市降水变化特征明显(图4.10),8、9月降水量明显大于10月,这是因为8、9月主要为对流性降水,降水强度大,而10月主要为连阴雨造成的降水,降水强度明显减弱。8月1日—10月31日的日平均降水量为3.3毫米,最大一日降水量85.5毫米,出现在2011年9月18日;期间逐日降水量波动较大,逐日平均降水量为0.1～11.5毫米。

逐日降雨概率在8%～83%,最大出现在9月9日,最小出现在8月24日、9月25日和10月18日。从5天滑动平均来看,10月17—21日降雨概率较小,在23%以下;9月8—12日降雨概率较大,在65%以上;10月以后降雨概率总体较小,但波动较大。

2008—2019年,8月1日至10月31日出现大雨和暴雨的概率为0%～17%,平均为3.7%。8月9—15日,9月9—19日出现大雨的概率相对较大,平均为17%。

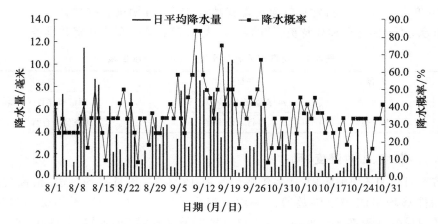

图 4.10 杨凌区近 12 年 8 月 1 日—10 月 31 日日降水量及降水概率

2008—2019 年,8 月 1 日至 10 月 31 日共出现暴雨 12 次,2011 年出现的次数最多,为 5 次。从多年逐日分布来看,12 次暴雨均出现在不同的日期。

2008—2019 年,杨凌 8 月 1 日至 10 月 31 日日最大雨量为 1.3～85.5 毫米。8 月 31 日至 9 月 19 日,最大日雨量相对其他时段较大,易出现 50 毫米以上的降水。时段内最大日雨量极值为 85.5 毫米,出现在 2011 年 9 月 18 日。

赛期出现中雨及以上等级降水的概率为 15%,意味着有一半的年份在比赛期间出现过中等强度以上降水;大雨及以上等级降水的概率为 4%;暴雨及以上等级降水概率为 1%。

除 9 月 9 日和 10 日出现降水概率较大,均为 83%,除 9 月 4 日、8 日和 11 日出现降水概率为 58% 外,其他时间出现降水概率均小于 50%。

4.1.5.3 高影响天气

高温:高温是 8 月到 9 月初最易出现的不利天气,出现的天数最多,为 1～4 天,其中 8 月 15 日出现高温频次最多,为 4 天,概率为 33%;其他日期高温出现频次为 1～3 天。

雷暴:近 12 年 8 月 1 日—10 月 31 日共出现 17 次雷暴,均分布在不同的日期,8 月出现 8 次(上旬 4 次,中旬 1 次,下旬 3 次),9 月出现 5 次(上旬 3 次,中旬 2 次),10 月出现 4 次(上旬 1 次,中旬 2 次,下旬 1 次)。

雾:近 12 年 8 月 1 日—10 月 31 日共出现 30 次雾,8 月未出现,9 月出现 11 次(上旬 3 次,中旬 4 次,下旬 4 次),10 月出现 20 次(上旬 8 次,中旬 4 次,下旬 8 次)。12 年同一天最多出现 2 次雾的日期为 9 月 28 日、10 月 2 日和 10 月 21 日。

霾:近 12 年 8 月 1 日—10 月 31 日共出现 28 次霾天气,8 月出现 5 次(上旬 4 次,下旬 1 次),9 月出现 7 次(中旬 4 次,下旬 3 次),10 月出现 16 次(上旬 7 次,中旬 3 次,下旬 6 次)。12 年同一天最多出现 2 次霾的日期只有一天(10 月 2 日)。

4.1.6　商洛市气象条件分析

商洛地处陕西东南部秦岭南麓,横跨北亚热带和暖温带两个气候区,属季风性半湿润山地气候。冬春多旱,夏秋多雨,雨热同季,四季分明。年平均气温 12.9 ℃,极端最低气温 −22.6 ℃,极端最高气温 41.7 ℃;年平均降水量 748.0 毫米,年最多降水量为 1103.6 毫米,雨日 110.3 天。年平均相对湿度 66%,平均风速 2.2 米/秒。全年常见的气象灾害有干旱、暴雨、冰雹、连阴雨、霜冻和寒潮等,8—10月常见气象灾害有暴雨、伏旱、连阴雨和冰雹。

商洛市承办"十四运会和残特奥会"的项目(表4.7)有自行车公开赛和排球。

表4.7　商洛市承办的全运会、残运会项目表

序号	内容	项目名称	地点
1	第十四届	排球-女子21岁以下组	商洛市体育体育馆
2	全国运动会	自行车公开赛	商洛公路自行车场地

4.1.6.1　温度、相对湿度、风

商洛市8月1日至10月31日多年平均气温18.4 ℃,逐日平均气温、最高气温和最低气温随时间推移均呈缓慢下降趋势。平均气温在10.6~24.8 ℃,平均最高气温在17~30.8 ℃,平均最低气温在6~21.3 ℃,历史上极端最高气温39.3 ℃,出现在1997年9月6日;平均相对湿度76.1%,随时间推移呈下降趋势;8月平均风速1.9米/秒,主导风为东南风;9月平均风速为1.7米/秒,主导风为东南风;10月平均风速为1.9米/秒,主导风为西北风。

4.1.6.2　降水分析

商洛市降水变化具有明显的阶段性,8月中旬、9月中旬及10月上旬出现中雨及以上等级降水的频率较高,降水总体呈现逐步下降趋势。8月1日—10月31日的日平均降水量为2.9毫米,最大一日降水量84毫米,出现在2001年8月15日;期间逐日降水总量波动较大,逐日平均降水量在0.5~7.4毫米。

逐日降雨概率在27%~63%,最大出现在9月20日,最小出现在10月18日。从5天滑动平均来看,8月22—24日、9月22—24日、10月5—9日和10月22—29日这4个时段降雨概率较小,在40%以下;8月4—10日、8月25—28日、9月12—16日、9月25—10月1日降雨概率较大,在40%~50%;8月20—21日、9月9—11日、16—21日降雨概率均在50%以上。

期间共出现大雨及以上等级降水的概率在0%~9%,平均为6.2%,其中8月出现大雨的概率较大。共出现暴雨16次,8月15日、9月6日最多,各2次,概率为6.7%。

1990—2019年,商洛8月1日至10月31日日最大雨量为6.5~84毫米。8月13日至10月1日,最大日雨量均较大,一般在50毫米左右,10月1日以后,最大日雨量较小,在20毫米左右。时段内最大日雨量极值为84毫米,出现在8月15日(2001年)。

4.1.6.3　高影响天气

雷暴:是最易出现的不利天气,出现的天数最多,为1~10天,其中8月1日、2日、4日、6日、9日、12日和25日出现雷暴频次最多,为6~10天,概率为23%~28%;其他日期雷暴出现频次为0~5天。8月出现雷暴的概率大,为15.1%,9月以后雷暴出现平均概率减小为2.5%。

短时大风:1990—2019年,商洛8、9、10月五级及以上(极大风速8米/秒以上)大风出现平均概率分别为29%、20%、22%,从五级及以上大风出现概率及滑动平均看出,出现五级以上大风的概率随时间推移而减小,其中8月出现概率最高,为16%~46%。8月1日—10月31日出现七级及以上(极大风速13.9米/秒以上)大风概率为0.2%。最大出现在2016年8月25日,日极大风速达15.9米/秒。

高温:商洛8月1日至9月14日均出现过35 ℃以上高温天气。8月1—31日出现35 ℃以

上高温天气的概率在 3.3％～23％,9 月 3—14 日出现高温的概率为 3.3％,9 月中旬以后无高温天气。

雾:1990—2019 年商洛 8—10 月雾出现概率为 3％～10％,出现概率较低,其中 8 月出现雾的概率较低,9 月和 10 月出现概率较高。

霾:1990—2019 年商洛 8—10 月霾出现概率为 3％～6％,出现概率较低。

4.1.7　安康市气象条件分析

安康地处陕西省东南部,北靠秦岭,南依巴山,汉江、月河横贯其中,地势南北高、中间低。垂直地域性气候明显,属亚热带大陆性季风气候。四季分明,热量丰富,雨量充沛,无霜期长。冬季寒冷少雨雪,夏季多雨并有伏旱,春暖干燥,秋凉湿润并多连阴雨。年平均气温 12～16 ℃,冬季 1 月平均气温在 0.5～3 ℃,夏季 7 月平均气温在 24～28 ℃,年极端最高气温 43 ℃。年降水量为 750～1300 毫米,降雨量集中在 7 月至 9 月,降雨日数川道丘陵地区 110～120 天,山区 130～150 天。年平均相对湿度在 70％左右,在时间和地区的变化都不大,全年空气湿润。由于境内地形、地貌复杂,多灾害天气发生。主要气象灾害有暴雨、干旱、地质灾害、大风、冰雹、连阴雨、低温冷害、雷电、雪灾、霜冻等。

安康市承办“十四运会和残特奥会”的项目(表 4.8)有散打和 10 千米马拉松游泳。

表 4.8　安康市承办的全运会项目表

序号	内容	项目名称	地点
1	第十四届	散打	安康体育馆
2	全国运动会	10 千米马拉松游泳	安康瀛湖公开水域

4.1.7.1　温度、相对湿度、风

安康市 8 月 1 日至 10 月 31 日(图 4.11)多年平均气温 21.7 ℃,逐日平均气温、最高气温和最低气温随时间推移均呈缓慢下降趋势。平均气温在 13.5～28.3 ℃,平均最高气温在 17.9～34.2 ℃,平均最低气温在 10.5～24.2 ℃,历史上极端最高气温 41.3 ℃,出现在 2017 年 8 月 5 日;平均相对湿度 78.4％,随时间推移呈上升趋势;平均风速 1.3 米/秒,主导风为东东北风。

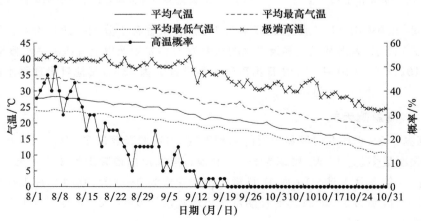

图 4.11　安康市近 30 年 8 月 1 日—10 月 31 日逐日气温变化

4.1.7.2 降水分析

安康市降水变化特征明显(图 4.12),8、9 月降水量明显大于 10 月,这是因为 8、9 月主要为对流性降水,降水强度大,而 10 月主要为连阴雨造成的降水,降水强度明显减弱。8 月 1 日—10 月 31 日的日平均降水量为 3.5 毫米,最大一日降水量 89.3 毫米,出现在 1996 年 8 月 1 日;期间逐日降水总量波动较大,逐日平均降水量为 0.6~10.2 毫米。

逐日降雨概率在 20%~53%,最大出现在 9 月 10 日和 12 日,最小出现在 8 月 24 日—10 月 27 日。从 5 天滑动平均来看,8 月 23—26 日、10 月 27—30 日这 2 个时段降雨概率较小,均在 35% 以下;9 月 12—17 日、10 月 10—14 日这 2 个时段降雨概率较大,在 40%~47%,8 月降雨概率总体较小。

1990—2019 年,安康 8 月 1 日至 10 月 31 日出现大雨和暴雨的概率在 0~16.7%,平均为 4.3%。8 月 14—21 日、8 月 29 日—9 月 1 日大雨及以上等级降水的概率相对较大,平均为 8.3%。期间共出现暴雨 26 次,2011 年出现的次数最多,为 6 次。从多年逐日分布来看,26 次暴雨均出现在不同的日期。

1990—2019 年,安康 8 月 1 日至 10 月 31 日日最大雨量为 6.4~89.3 毫米。8 月 1—14 日和 8 月 30 日—9 月 19 日,日最大雨量相对其他时段较大,易出现 50 毫米以上的降水。时段内最大日雨量极值为 89.3 毫米,出现在 1996 年 8 月 1 日。

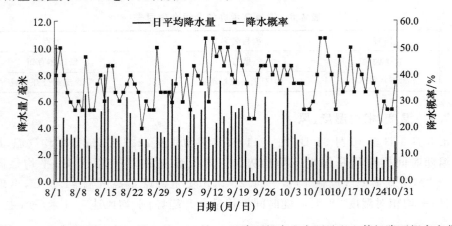

图 4.12　安康市近 30 年 8 月 1 日—10 月 31 日降雨概率和大雨及以上等级降雨概率变化

比赛期间,出现中雨及以上降水的概率为 11%,意味着有十分之一的年份在比赛期间出现过中等强度以上降水;大雨及以上等级降水的概率为 4%;暴雨及以上等级的降水概率为 1%。

除 9 月 10、12 日和 10 月 11、12 日出现降水概率最大为 53%,其他日出现降水的概率均小于 50%。

4.1.7.3 高影响天气

高温:高温是 8—9 月上旬最易出现的不利天气,出现的天数最多,为 2~15 天,其中 8 月 6 日出现高温频次最多,为 15 天,概率为 50%;其他日期高温出现频次为 2~14 天。

雷暴:近 30 年 8 月 1 日—10 月 31 日雷暴出现频次为 0~9 天,其中 8 月 1 日出现雷暴频次最多,为 9 天,概率为 34.6%;其他日期雷暴出现频次为 0~7 天。8 月 1—21 日出现概率最大,平均为 19%。

短时大风:近 30 年 8 月 1 日—10 月 31 日共出现大风天气 7 次,均出现在 8 月,出现日期为 1 日、3—5 日、11—12 日和 24 日。

雾：近 30 年 8 月 1 日—10 月 31 日共出现 114 次雾，8 月出现最少，共 8 次，9 月出现 30 次（上旬 6 次，中旬 11 次，下旬 13 次），10 月出现最多，共 76 次（上旬 10 次，中旬 23 次，下旬 43 次）。近 30 年 10 月 27—31 日出现雾的频次最多，为 5—9 次，其中 27 日最多，为 9 次。

霾：近 30 年 8 月 1 日—10 月 31 日共出现 33 次霾天气，主要出现在 2014 年，共出现 30 次。8 月出现霾 13 次（上旬 3 次，中旬 7 次，下旬 3 次），9 月出现霾 5 次（上旬 3 次，下旬 2 次），10 月出现霾 14 次（上旬 5 次，中旬 4 次，下旬 5 次）。

4.1.8　汉中市气象条件分析

汉中市位于陕西省南部，北依秦岭，南屏巴山，中部为汉中盆地。汉中属于北亚热带气候区，北有秦岭、南有大巴山脉两大屏障，寒流不易侵入，潮湿气流不易北上，气候温和湿润、干湿有度。年平均气温 14.7 ℃，年极端最高气温 38.4 ℃，年低端最低气温 −10.0 ℃。年降水量为 837.8 毫米，降雨量集中在 7 月至 9 月，降雨日数 110～140 天。年平均相对湿度在 79% 左右，随时间和地区的变化都不大，全年空气湿润。由于境内地形、地貌复杂，多灾害天气发生。主要气象灾害有暴雨、干旱、冰雹、连阴雨、低温冷害、雪灾、霜冻等。

汉中市承办"十四运会和残特奥会"的项目（表 4.9）有跆拳道和铁人三项。

表 4.9　汉中市承办的全运会项目表

序号	内容	项目名称	地点
1	第十四届	跆拳道	汉中体育馆
2	全国运动会	铁人三项	汉中铁人三项场地

4.1.8.1　温度、相对湿度、风

汉中市 8 月 1 日至 10 月 31 日（图 4.13）多年平均气温 20.6 ℃，逐日平均气温、最高气温和最低气温随时间推移均呈缓慢下降趋势。平均气温在 12.7～27.3 ℃，平均最高气温在 17.0～32.1 ℃，平均最低气温在 9.4～23.4 ℃，历史上极端最高气温 38.6 ℃，出现在 2016 年 8 月 19 日；平均相对湿度 82.0%，随时间推移呈上升趋势；平均风速 1.2 米/秒，主导风为东风。

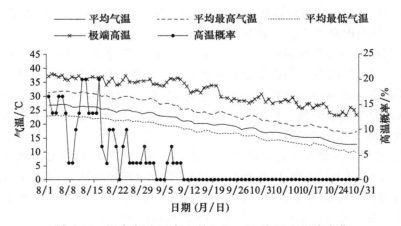

图 4.13　汉中市近 30 年 8 月 1 日—10 月 31 日温度变化

4.1.8.2 降水分析

汉中市降水变化特征明显（图4.14），8月降水量为118.8毫米，9月降水量为139.9毫米，10月降水量为75.9毫米，8—9月中旬是多雨时段。8月1日至10月31日的日平均降水量为3.6毫米，最大一日降水量121.4毫米，出现在2013年9月19日；期间逐日降水量波动较大，逐日平均降水量在2.1～27.1毫米。

逐日降雨概率在20%～70%，最大出现在9月26日，最小出现在8月10日。从5天滑动平均来看，8月1日至10月31日降水概率整体较大，基本在40%以上，其中8月28日—10月17日降水概率高于其他时段，在49%～62%。

1990—2019年，汉中8月1日至10月31日出现大雨和暴雨的概率为0%～17%，平均为4%，最大概率为17%，分别出现在8月28日、9月9日、9月13日、9月19日。8月3日至9月20日出现大雨和暴雨的概率相对较大，平均为6%。

1990—2019年，汉中8月1日至10月31日共出现暴雨23次，其中21次出现在2000年以后。近30年最大暴雨出现在2013年9月19日（121.4毫米），9月19日共出现暴雨过程2次，概率为7%。暴雨主要出现在8月和9月上、中旬，10月上旬亦出现过2次暴雨。

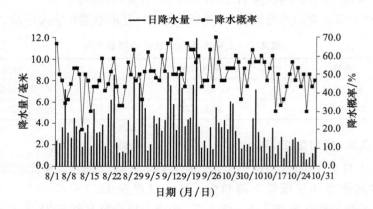

图4.14 汉中市近30年8月1日—10月31日日平均降水量及降水概率

4.1.8.3 高影响天气

汉中市8—10月主要有高温热浪、雷雨大风、雾、霾等灾害天气，这些灾害天气对运动员的身体健康以及户外的比赛等都会产生不利影响。

雷暴：8月汉中市易出现强对流天气引起的雷电、短时强降水和大风等灾害天气。8月雷暴出现天数为0～8天，10月之后雷暴出现次数较少。8月1日至10月31日，雷暴出现的概率随时间推移而减小，8月出现雷暴的平均概率为11.9%，最大为8月1日（30.8%），最小为23日（0），进入9月后雷暴出现平均概率减少，为3.5%。近10年雷暴概率相对较小，总体低于近30年平均出现雷暴的概率。

短时大风：短时大风仅在8月4日、8月8日、8月13日和9月22日出现，概率为3.3%。

高温：汉中8月31日至9月16日均出现过35℃以上高温天气。8月1日至8月16日出现35℃以上高温天气的概率为10%～23%，8月16日至9月9日出现高温概率在0%～7%，9月17日以后无高温天气。2011年8月6—15日出现持续高温天气，30℃以上高温天气持续10天。2016年8月10—20日最高气温连续超过35℃。

　　雾：8月1日至10月31日，雾出现的概率随时间推移而增加，8月出现雾的平均概率为1.7％，9月出现雾的平均概率为2.7％，10月出现雾的平均概率为11.0％，最大为10月29日和10月31日（26.67％）。

　　霾：8月1日至10月31日，霾出现的概率随时间推移而增加，8月出现霾的平均概率为1.0％，9月出现霾的平均概率为1.2％，10月出现霾的平均概率为2.3％，最大为10月8日、10月26日、10月30日和10月31日（6.7％）。

4.2　室外比赛项目气象条件

　　室外运动直接受气象条件和天气的影响，天气难以人工控制，影响的气象要素有很多，主要包括气温、湿度、风、能见度、降雨和日照等，而不同体育项目对气象条件的要求又各不相同。下面针对"十四运会和残特奥会"对气象敏感的室外比赛项目进行评估，评估内容包括赛事基本情况、天气影响指标、主要影响要素及影响情况、对赛事的影响及防范建议。

4.2.1　田径

4.2.1.1　田径

　　田径比赛成绩的好坏除了与场地和运动员临场竞技状态等因素有关外，直接依赖天气状况，雷电、暴雨、风、气温、气压都会对比赛的顺利进行及比赛成绩带来影响。其中风的影响面最广。

　　风对田赛和径赛项目都有影响。首先，对于径赛来说，运动员在高速运动时受到空气的阻力，风速越大，湍流越容易形成，每条跑道上的风向、风速就有所不同，因此对于短跑、跳远、三级跳远等项目来说，风与比赛成绩密切相关。据研究，如果在静风中运动员用10秒跑完100米，在2米/秒顺风情况下只需9.84秒即可跑完，可逆风2米/秒时则需10.16秒。两者相差0.32秒，由此可见顺风可以使短跑、跳远等项目的运动员"好风凭借力，更上一层楼"，而逆风则对创造好成绩不利。为减少风对田径项目比赛纪录的影响，田径比赛规则上明文规定："距离200米和200米以下的径赛以及跳远、三级跳远等项目，凡顺风时平均风速超过2米/秒时，所创纪录不予承认；对于全能单项成绩，凡风速超过4米/秒，记录不予承认。"对于田赛而言，风对投掷项目的影响很大，对标枪项目而言，作用于标枪上的浮力能使标枪的飞行距离更远，在风速≤6米/秒时，无论顺风、侧风和逆风都可增加投掷的距离，而在风速＞6米/秒时，顺风、侧风和逆风都会缩短投掷距离。对铁饼而言，风不仅能改变飞行距离，还能改变铁饼周围气流的动力学特征，后者的影响大于前者。风对链球比赛的影响体现在飞行轨迹的改变。

　　降雨对田径类比赛的影响也非常大。一旦比赛场地出现降雨并伴有雷暴天气，地面出现积水可能对运动员的人身安全造成威胁；降雨会使得比赛场地湿滑，对于投掷和跳跃类田赛项目，场地湿滑会影响用力和动作完成，因而降雨对其影响较大；径赛项目中，降雨对短跑的影响相对较小，对跨栏比赛的影响略微偏大；如果天降小雨，则会对马拉松跑和竞走等耐力性项目有利。

　　气温对田径赛事也有较大影响。气温过高，人体热量散发会更加困难，出汗也比平时多。热量散发不及时易造成中暑，出汗多会导致水分和电解质平衡被打破，易发生脱水。另外，气温也能够影响运动员的心理和生理，进而影响技能的发挥。高温易使运动员产生烦躁情绪，低温则易使心情紧张。

湿度对田径赛事也有较大影响。湿度对人体的影响主要在热代谢和水盐代谢方面。特别在高温或低温环境下，人体对气温的感觉与湿度的关系就很大，因为从体表丧失的热量与大气中水汽的含量有关。

在高温、高湿时，大气中大量水汽使体表汗液蒸发困难，会妨碍人体的散热，运动员体能不但难以发挥，甚至还会发生中暑现象。另外，如果空气湿度太大，运动员会感到情绪郁闷、心理压力增大；空气湿度太小，人又有干渴烦躁的感觉。

气压对运动员的发挥也有一定的影响，运动强度越大，对气压的反应越敏感。气压高时人体肺部的氧气压也随之升高，血红蛋白饱和，血氧就不会过低，不容易产生疲劳，精力较充沛，技术水平能够充分发挥，有利于提高成绩。一般来说，气压下降不超过 20% 对运动员不会产生很大的影响。

研究表明，田径比赛的最适宜气温为 20～22 ℃，径赛运动员发挥水平最适宜的气温为 17～20 ℃，田赛运动员发挥水平最适宜的气温通常为 20～22 ℃。在气温适中的前提下，50%～60% 的相对湿度对田径比赛最适宜。

十四运会田径比赛于 2021 年 9 月 15—27 日在西安奥体中心体育场举行。1990 年以来，比赛期间平均气温为 18.4～21 ℃，极端最高气温为 35.6 ℃，出现在 2013 年 9 月 16 日；极端最低气温为 7.5 ℃，出现在 1997 年 9 月 27 日；相对湿度为 73%～80.7%。平均降水量为 1.1～7 毫米，最大一日降水量为 66.3 毫米，出现在 2003 年 9 月 19 日；平均风速为 1.3～1.9 米/秒，主导风为东北风。比赛期间五级以上大风发生日数为 0～6 天，概率为 0%～28.6%，其中 9 月 24 日发生概率最高；雷暴发生日数为 0～1 天，概率为 0%～3.9%；降雨发生的日数为 8～18 天，概率为 26.7%～60%，其中 9 月 17 日发生概率最高；高温发生日数为 0～1 天，概率为 0～3.3%，其中 9 月 15、16、17 日发生概率最高；没有出现过冰雹。赛期降雨发生概率明显高于高温、雷暴、大风天气。应重点关注降水天气。

残特奥会田径比赛将于 10 月 22—29 日在西安奥体中心体育场举行。1990 年以来，比赛期间平均气温为 11.8～13.7 ℃，极端最高气温为 27 ℃，出现在 2003 年 10 月 27 日；极端最低气温为 -0.7 ℃，出现在 1991 年 10 月 27、28 日；相对湿度为 68.9%～76.5%。平均累计降水量为 0.5～2.5 毫米，最大一日降水量为 27.8 毫米，出现在 2015 年 10 月 24 日；平均风速为 1.1～1.4 米/秒，主导风为北东北风。比赛期间五级以上大风发生日数为 2～6 天，概率为 9.1%～27.3%，其中 10 月 24、25 日发生概率最高；雷暴发生日数为 0～1 天，概率为 0%～3.9%；降雨发生的日数为 6～14 天，概率为 20%～46.7%，其中 10 月 24 日发生概率最高；没有出现过高温、冰雹。赛期降雨发生概率明显高于雷暴、大风天气。应重点关注降水天气。

当 1 小时雨量大于 3 毫米或 3 小时雨量大于 5 毫米、有雷电、平均风速大于 4 米/秒、气温高于 32 ℃时，不适宜举行田径类比赛。

4.2.1.2 马拉松赛

马拉松比赛是所有体育运动中体力消耗最大的项目之一，适宜的气象条件，如气温、气压、空气湿度、风、降雨等对运动员的发挥至关重要。高温、高湿天气，气温，风等气象要素均可能影响比赛。

气温是影响运动员发挥的首要因素，炎热环境中，运动员出汗多，会增加人体无氧代谢能量，乳酸的堆积使肌肉酸胀，造成肌肉工作能力下降；体力消耗快，易出现疲劳状态。尤其是出现 35 ℃以上高温时，运动员的体内能量消耗增大，易造成中枢神经疲劳，肌肉的活动能力显著下降,可能导致运动员出现突发疾病甚至死亡。

降水对马拉松比赛的影响需要"一分为二",雨太大显然不行,但在毛毛雨中跑步却是最舒服的,能够帮助运动员加快散热。

低气压对马拉松比赛的影响不可小觑。气压比较低时,运动员会感到胸闷,喘不上气,跑起步来非常吃力,大口喘气还会使体内水分丢失更快。一般来说,气压越高,越有利于发挥。

风对马拉松比赛也有一定的影响。侧风太大,跑起来吃力;迎着大风跑,速度变慢;顺着大风跑虽然好些,但被大风吹着感觉也不太舒服,最好是微风,既有利散热也不妨碍发挥。

有研究指出,当气温在 14 ℃到 16 ℃,空气湿度在 30%～60%,阴天,气压在 1015～1023 百帕,风速在 2～5 米/秒时,最有利于运动员发挥水平,创造好成绩。

十四运会马拉松比赛于 2021 年 9 月 15—27 日在咸阳市马拉松场地举行。1990 年以来,比赛期间平均气温为 17.4～20.0 ℃,极端最高气温为 35.2 ℃,出现在 2013 年 9 月 16 日;极端最低气温为 5 ℃,出现在 1997 年 9 月 27 日;相对湿度为 77.4%～84.1%。平均降水量为 1.3～8.2 毫米,最大一日降水量为 69.1 毫米,出现在 2003 年 9 月 19 日;平均风速为 1.4～2.1 米/秒,主导风为东北风和北东北风。比赛期间五级以上大风发生日数为 1～5 天,概率为 6.7%～33.3%,其中 9 月 15 日和 9 月 17 日发生概率最高;雷暴发生日数为 0～1 天,概率为 0%～3.85%;降雨发生的日数为 10～17 天,概率为 33.3%～56.7%,其中 9 月 16 日和 9 月 18 日发生概率最高;高温发生日数为 0～1 天,概率为 0%～11.1%,其中 9 月 16 日发生概率最高;没有出现过冰雹。赛期降雨发生概率明显高于高温、雷暴、大风天气。应重点关注降水天气。

4.2.2　赛艇、皮划艇

4.2.2.1　皮划艇

皮划艇有静水项目和激流项目之分,要求运动员在尽可能短的时间内通过一段标志清楚且无障碍的航道。而雷电、气温、能见度、降雨、风向风速、雾等气象条件会给比赛带来一定影响。静风是最为理想的比赛环境,如果比赛期间出现强风,运动员将会偏离航道,导致比赛被推迟或取消。

十四运会皮划艇于 2021 年 9 月 15—27 日在杨凌举行。2008 年以来,比赛期间平均气温为 10.1～22.4 ℃,极端最高气温为 34 ℃,出现在 2013 年 9 月 16 日;极端最低气温为 7.8 ℃,出现在 2009、2011 年 9 月 21 日;相对湿度为 80%～88%。平均降水量为 0.3～10.5 毫米,最大一日降水量为 85.5 毫米,出现在 2011 年 9 月 18 日;平均风速为 0.2～4.4 米/秒,主导风为西风。比赛期间易出现降水天气,降水概率为 20%～75%,以小—中雨概率较大,其中 9 月 16 日降水概率最高;未出现过高温、大风、雷暴、冰雹天气。

残特奥会皮划艇于 2021 年 10 月 22—29 日在杨凌举行。比赛期间平均气温为 5.3～16.9 ℃,极端最高气温为 25.9 ℃,出现在 2014 年 10 月 24 日;极端最低气温为 1.8 ℃,出现在 2015 年 10 月 27 日;相对湿度为 42%～97%。平均降水量为 0.2～5 毫米,最大一日降水量为 28.5 毫米,出现在 2015 年 10 月 24 日;平均风速为 0.7～2.5 米/秒,主导风为西北风。比赛期间降水天气出现概率较低,降水概率为 9%～33%,以小雨概率较大,其中 9 月 23—26 日降水概率最大;未出现过高温、大风、雷暴、冰雹天气。比赛期间平均风速在 1.0～2.0 米/秒,风速<3 米/秒不适合激流项目比赛,适合静水项目比赛;阵风<20 米/秒,适宜比赛;无高温天气,适宜比赛;能见度大于 1 千米的概率在 67%～80%,能见度较好,适宜比赛。比赛期间重点关注风速、能见度的影响。

当 1 小时降雨量大于 10 毫米或 3 小时雨量大于 20 毫米或气温超过 35 ℃,或出现雷暴、强风时,出于安全考虑,建议取消或推迟比赛。

4.2.2.2 赛艇

对赛艇比赛有影响的天气有多种,其中影响最大的是风向、风速、雷电、能见度、降雨、水温、雾。赛艇作为水上项目之一,在天然水域进行,对提高呼吸系统功能,增强全身肌肉力量有很大帮助,有"肺部体操"之称。由于比赛受天气的影响较大,比赛结果的偶然性增大,故赛艇没有世界纪录。对赛艇比赛有影响的气象条件为雷电、风、降水、气温、相对湿度、低能见度、气压等。在赛艇比赛中有句俗话,叫作"怕风不怕雨",大风对赛艇比赛产生极大的影响。因为在风大的情况下,水面会掀起波浪,影响艇的稳定性,同时风浪大也容易使艇内进水,导致翻船,从而威胁到运动员的安全和健康。当风速大于 2.5 米/秒时,比赛成绩将受到影响。而侧风对比赛的影响将比顺风、逆风更大。当风速达 6～7 米/秒时,如果是侧风,比赛将无法举行。降雨对比赛影响不是很大,雨不是很大的情况下比赛可以照常举行,但当雨势急且雨量大时,水会灌进艇内,会导致翻船;雷雨天气,雷电会击中水中运动员,给运动员健康和生命带来危害;高温天气,对于长距离的赛艇比赛影响较大,会出现体温调节功能跟不上导致中暑现象发生。

十四运会赛艇于 2021 年 9 月 15—27 日在杨凌水上运动管理中心举行。2008 以来,比赛期间,平均风速在 1.0～2.0 米/秒,风速小于 2.5 米/秒,适宜比赛;阵风小于 20.0 米/秒,适宜比赛;基本无高温天气,适宜比赛;能见度大于 1 千米的概率在 67%～80%,适宜比赛,比赛期间重点关注风速、能见度的影响。

残特奥会赛艇于 2021 年 10 月 22—29 日在杨凌水上运动管理中心举行。2008 以来,比赛期间,平均风速在 1.0～2.0 米/秒,风速小于 2.5 米/秒,适宜比赛;阵风小于 20.0 米/秒,适宜比赛;无高温天气,适宜比赛;能见度大于 1 千米的概率在 67%～80%,适宜比赛。比赛期间重点关注风速、能见度的影响。

当出现雷电、1 小时雨量超过 10 毫米或 3 小时雨量超过 20 毫米或侧风(北或南风)风速超过 6 米/秒或阵风超过 12 米/秒时,不适宜比赛举行,建议取消或推迟比赛。

4.2.3 球类

4.2.3.1 足球

足球比赛属于不以自然环境状况而改变的体育比赛项目。但雨、雪、大风、雷电、大雾、高温、低温都会对比赛产生影响。日晒雨淋不仅会影响球员水平的发挥,还会影响观众欣赏精彩的比赛。如果遇上高温酷暑、雷电、狂风暴雨等天气,还会限制比赛进行。

雨天比赛,不仅水的阻力,足球的移向、速度、落点和晴好天气时大相径庭,且肌肉、关节、韧带、骨骼受伤的概率成倍增长,雷暴天气可能会使运动员被雷电击到而受伤。

高温天气对足球比赛极为不利。运动员在奔跑过程中,体温常升高到 40 ℃ 左右。由于环境温度高,只能通过出汗散发热量。如果出汗量达到体重的 1%～5%,运动员的最大吸氧量和肌肉工作能力就会下降 30%～50%,若不及时补充水分,便会发生中暑昏厥。另外,为了散发热量,大量血液流向人体表面,这样,中心循环血液减少,造成中枢神经疲劳,肌肉活动能力显著下降。同时,随汗排出的氯化钠、钙、钾、镁等元素过多,也容易引起抽筋。

风对足球比赛的影响也不容忽视,风向、风速变化莫测,会影响球员的发挥。足球比赛中,一般 4 级以下的风就会影响球的运行速度、方向和落点。良好的视野对比赛至关重要。大雾的出现会使能见度下降,直接影响比赛正常进行。

研究表明,足球运动的最佳环境温度为 18～20 ℃,相对湿度为 40%～50%,无雨。

十四运会足球比赛分别在西安、咸阳、渭南、宝鸡举行。

十四运会西安赛区足球比赛在陕西省体育场、西安奥体中心体育场、西北大学体育场举行。1990 年以来,比赛期间平均气温为 18.4～21 ℃,极端最高气温为 35.6 ℃,出现在 2013 年 9 月 16 日;极端最低气温为 7.5 ℃,出现在 1997 年 9 月 27 日;相对湿度为 73%～80.7%。平均降水量为 1.1～7.0 毫米,最大一日降水量为 66.3 毫米,出现在 2003 年 9 月 19 日;平均风速为 1.3～1.9 米/秒,主导风为东北风。比赛期间五级及以上大风发生日数为 0～6 天,概率为 0%～28.6%,其中 9 月 24 日发生概率最高;雷暴发生日数为 0～1 天,概率为 0%～3.9%;降雨发生的日数为 8～18 天,概率为 26.7%～60%,其中 9 月 17 日发生概率最高;高温发生日数为 0～1 天,概率为 0%～3.3%,其中 9 月 15、16、17 日发生概率最高;未出现过冰雹。赛期降雨发生概率明显高于高温、雷暴、大风天气。应重点关注降水天气。

十四运会渭南赛区足球比赛于 2021 年 9 月 15—27 日在渭南市体育中心体育场、渭河南堤足球场、渭南轨道交通运输学校足球场举行。1990 年以来,比赛期间渭南市平均气温为 18.2～20.6 ℃,极端最高气温 36.8 ℃,出现在 2013 年 9 月 15 日;相对湿度为 78%～83%,平均降水量为 0.7～6.6 毫米,平均风速为 0.7～1.2 米/秒,主导风为东风和东东北风。比赛期间逐日五级及以上大风发生次数为 1～3 天,概率为 3.3%～10%,其中 9 月 15、17、19、20、21、23、27 日发生概率最高;雷暴发生日数为 0～2 天,概率为 0%～8%;降雨发生的日数为 8～16 天,概率为 27%～53%,其中 9 月 20 日发生概率最高;高温发生日数为 0～1 天,概率为 0～3.4%,其中 9 月 15、16、17 日发生概率最高;没有出现过大风。赛期降雨发生概率明显高于高温、雷暴等天气。应重点关注降水天气。

十四运会咸阳赛区足球比赛于 2021 年 9 月 15—27 日在咸阳市体育场、咸阳职业技术学院体育场、西藏民族大学体育场举行。1990 年以来,比赛期间平均气温为 17.4～20.0 ℃,极端最高气温为 35.2 ℃,出现在 2013 年 9 月 16 日;极端最低气温为 5 ℃,出现在 1997 年 9 月 27 日;相对湿度为 77.4%～84.1%。平均降水量为 1.3～8.2 毫米,最大一日降水量为 69.1 毫米,出现在 2003 年 9 月 19 日;平均风速为 1.4～2.1 米/秒,主导风为东北风和北东北风。比赛期间五级及以上大风发生日数为 1～5 天,概率为 6.7%～33.3%,其中 9 月 15 日和 17 日发生概率最高;雷暴发生日数为 0～1 天,概率为 0%～3.85%;降雨发生的日数为 10～17 天,概率为 33.3%～56.7%,其中 9 月 16 日和 18 日发生概率最高;高温发生日数为 0～1 天,概率为 0%～11.1%,其中 9 月 16 日发生概率最高;没有出现过冰雹。赛期降雨发生概率明显高于高温、雷暴、大风天气。应重点关注降水天气。

十四运会宝鸡赛区足球比赛于 2021 年 9 月 15—27 日在宝鸡体育场举行。1990 年以来,比赛期间平均气温为 17.3～19.3 ℃,极端最高气温为 33.3 ℃,出现在 2000 年 9 月 16 日;极端最低气温为 8 ℃,出现在 1995 年 9 月 27 日;相对湿度为 74.1%～79.6%。平均降水量为 0.9～7.7 毫米,最大一日降水量为 69.5 毫米,出现在 1991 年 9 月 15 日;平均风速为 0.9～1.2 米/秒,主导风为西南风。比赛期间五级及以上大风发生日数为 0～4 天,概率为 0%～25%,其中 9 月 24 日发生概率最高;雷暴发生日数为 0～3 天,概率为 0%～11.5%;降雨发生的日数为 10～19 天,概率为 33.3%～63.3%,其中 9 月 19 日发生概率最高;没有出现过高温、冰雹。赛期降雨发生概率明显高于高温、雷暴、大风天气。应重点关注降水天气。

以距离宝鸡职业技术学院足球场最近的八鱼气象站为例。近 10 年来,八鱼站 8 月平均气温为 25.4 ℃,极端最高气温为 40.9 ℃,极端最低气温为 14.8 ℃;9 月平均气温为 20.0 ℃,极端最高气温为 37.9 ℃,极端最低气温为 8.6 ℃;10 月平均气温为 14.6 ℃,最高气温为 32.1 ℃,极端最低气温为 3.7 ℃。近 10 年来,八鱼站 8 月平均降水量为 97.3 毫米,最大降水量为 2012 年的 205.8 毫米,最小降水量为 2016 年(21.5 毫米);9 月平均降水量为 144.0 毫米,最大降水量为 2011 年(364.6 毫米),最小降水量为 2016 年(58.2 毫米);10 月平均降水量 45.0 毫米,最大降水量为 2017 年(151.5 毫米),最小降水量为 2018 年(7.6 毫米)。

残特奥会聋人足球、盲人足球比赛在西安、咸阳和宝鸡举行。

西安赛区聋人和盲人足球于 2021 年 10 月 22—29 日在西安体院举行。1990 年以来,西安比赛期间平均气温为 10.6~12.9 ℃,极端最高气温为 27.3 ℃,出现在 1997 年 10 月 22 日;极端最低气温为 -1.6 ℃,出现在 1991 年 10 月 27 日;相对湿度为 76%~81%。平均降水量为 0.3~3.5 毫米,最大一日降水量为 26.9 毫米,出现在 1996 年 10 月 23 日;平均风速为 1.0~1.3 米/秒,主导风为东南风。比赛期间五级及以上大风发生日数为 0~4 天,概率为 0~20%,其中 10 月 24 日发生概率最高;雷暴发生日数为 0~1 天,概率为 0%~3.9%;降雨发生的日数为 6~14 天,概率为 20%~46.7%,其中 10 月 22 日发生概率最高;没有出现过高温、冰雹。赛期降雨发生概率明显高于雷暴、大风天气。应重点关注降水天气。

咸阳赛区聋人和盲人足球比赛于 2021 年 10 月 22—29 日在咸阳市奥体中心体育场举行。1990 年以来,比赛期间平均气温为 10.2~12.4 ℃,极端最高气温为 26.3 ℃,出现在 2003 年 10 月 27 日;极端最低气温为 -4.4 ℃,出现在 1991 年 10 月 28 日;相对湿度为 72.1%~79.4%。平均降水量为 0.3~2.7 毫米,最大一日降水量为 33.1 毫米,出现在 2015 年 10 月 24 日;平均风速为 1.4~1.8 米/秒,主导风为东北风、北东北风。比赛期间五级及以上大风发生日数为 1~5 天,概率为 6.7%~33.3%,其中 10 月 28 日发生概率最高;雷暴发生日数为 0~1 天,概率为 0%~3.85%;降雨发生的日数为 9~13 天,概率为 30%~43.3%,其中 10 月 25 日发生概率最高;没有出现过高温和冰雹。赛期降雨发生概率明显高于高温、雷暴、大风天气。应重点关注降水天气。

宝鸡赛区聋人和盲人足球于 2021 年 10 月 22—29 日在宝鸡市体育场、宝鸡职业技术学院举行。1990 年以来,比赛期间平均气温为 11.2~13 ℃,极端最高气温为 28 ℃,出现在 1997 年 10 月 22 日;极端最低气温为 -0.1 ℃,出现在 1991 年 10 月 28 日;相对湿度为 69.1%~74.8%。平均降水量为 0.3~1.6 毫米,最大一日降水量为 13.2 毫米,出现在 1995 年 10 月 22 日;平均风速为 0.8~1.1 米/秒,主导风为东风。比赛期间五级及以上大风发生日数为 0~3 天,概率为 0~18.8%,其中 10 月 24、25 日发生概率最高;雷暴发生日数为 0~1 天,概率为 0%~3.9%;降雨发生日数为 6~13 天,概率为 20%~43.3%,其中 10 月 24 日发生概率最高;没有出现过高温、冰雹。赛期降雨发生概率明显高于雷暴、大风天气。应重点关注降水天气。

4.2.3.2 沙滩排球

沙滩排球是一项独具魅力、风靡世界的运动项目,以很强的竞技性和独特的艺术性、观赏性、趣味性被誉为"21 世纪最杰出的运动",实现了人类与自然的完美结合。晴朗的天气最适宜比赛,但由于紫外线较强,无论是参赛队员还是观众,都要注意防暑防晒,并及时补充水分。由于沙滩排球在室外沙滩举行,对天气的依赖性较大。比赛时的天气条件会对技战术发挥和运用产生很大影响。因此,雷电、降雨、大风、温度、湿度和沙滩排球比赛有着千丝万缕的联系,也是影响比赛的重要天气因素。由于沙滩排球运动起源于夏季,带有炎热的属性,对温度有着较高的要求。当气温低于 30 ℃并且湿度较低时,最适合比赛进行;当温度达到 30 ℃或超过

35 ℃时,不仅运动员体能会快速消耗,沙地的温度也会快速升到 45 ℃以上,可能烫伤运动员的脚部,因此沙滩排球比赛应避开午间时段。由于沙滩排球的比赛用球较轻,因此会受到风的影响。风速太大,在传球和垫球过程中球的路线和速度难以判断,因此落点的判断就比较难,就会影响到比赛;因此,平均风速在 5 米/秒以下,对比赛基本没有影响。而且在微风状态下,会加速人体皮肤散热过程,提高运动员的比赛状态。

降雨会对比赛产生一定的影响。雷电可能会击中沙滩排球参赛人员及观众,给健康和生命带来危害。但是蒙蒙细雨对比赛影响不大,但雨下得大,雨势较强时,球就可能打滑,雨水也可能会影响到运动员的视线,这时比赛就有可能暂停。

十四运会沙滩排球比赛于 2021 年 9 月 15—27 日在渭南市大荔沙苑沙滩排球场地举行。1990 年以来,比赛期间大荔平均气温为 18～20.4 ℃,极端最高气温 35.1 ℃,出现在 2013 年 9 月 15 日;平均相对湿度为 76%～83%,平均降水量为 0.5～6.8 毫米,平均风速为 1.6～2.1 米/秒,主导风为东东北风。近 30 年比赛期间雷暴发生日数为 0～2 天,概率为 0%～8%;降雨发生的日数为 7～17 天,概率为 23%～57%,其中 9 月 18 日发生概率最高;高温发生日数为 0～1 天,概率为 0%～3.4%,其中 9 月 15 日发生概率最高;没有出现过大风天气。赛期降雨发生概率明显高于高温、雷暴等天气。应重点关注降水天气。

当出现雷暴天气、1 小时降雨量超过 5 毫米并持续或 3 小时降雨量超过 10 毫米时、风力大于 5 级(8.0 米/秒)时,不适宜比赛的正常举行,建议取消或推迟沙滩排球比赛;当天气晴朗、气温过高时,沙地温度也会由于日照而显著升高,将影响比赛的正常举行。当气温超过 38 ℃或沙地温度超过 45 ℃时,建议取消或推迟沙滩排球赛。

4.2.3.3　网球

对网球比赛有影响的天气有多种,其中影响最大的是降雨和高温。

十四运会网球比赛于 2021 年 9 月 15—27 日在杨凌网球中心举行。2008 年以来,比赛期间平均风速为 1～2 米/秒,风速小于 5 米/秒,适宜比赛;极大风速大于 11 米/秒共出现 3 次,出现日期分别为 2018 年 9 月 15 日(11.2 米/秒)、2010 年 9 月 21 日(12.2 米/秒)和 2013 年 9 月 23 日(12.4 米/秒)。最大极大风速为 12.4 米/秒,总体基本适宜比赛;能见度大于 1 千米的概率在 67%～80%,能见度较好,适宜比赛;基本无高温天气,适宜比赛。

残特奥会网球比赛于 2021 年 10 月 22—29 日在杨凌举行。2008 年以来,比赛期间平均气温为 5.3～16.9 ℃,极端最高气温 25.9 ℃,出现在 2014 年 10 月 24 日;极端最低气温 1.8 ℃,出现在 2015 年 10 月 27 日;相对湿度为 42%～97%。平均降水量为 0.2～5 毫米,最大一日降水量为 28.5 毫米,出现在 2015 年 10 月 24 日;平均风速为 0.7～2.5 米/秒,主导风为西北风。比赛期间降水天气出现概率较低(9%～33%),以小雨概率较大,其中 9 月 23—26 日降水概率最大;未出现高温、大风、雷暴、冰雹天气。2008 年以来,比赛期间平均风速在 1.0～2.0 米/秒,风速小于 5 米/秒,适宜比赛;极大风速大于 11 米/秒仅出现 1 次,出现日期是 2019 年 10 月 24 日,最大极大风速为 14.7 米/秒,总体基本适宜比赛;能见度大于 1 千米的概率在 67%～80%,能见度较好,适宜比赛;无高温天气,适宜比赛。

当 1 小时雨量大于 1 毫米或 3 小时雨量大于 2 毫米时可能会造成比赛场地出现积水,建议暂停比赛或将比赛场地由室外转到室内;平均风速大于 8 米/秒、气温高于 35 ℃以及有雷暴、冰雹天气时,建议取消比赛。高温天气多发,建议比赛避开午后高温时段,尽量选择在上午或傍晚以后举行。

4.2.3.4 高尔夫球

高尔夫球在世界上是广受人们喜欢的一项全天候型体育项目。它受许多环境因素的影响，其中与风的关系较为密切。风对高尔夫球飞行距离的影响因风向、风速而异，顶风较顺风的影响小些。运动员在比赛时就要注意细心观察风速、风向，科学地利用风等气象因素，确定自己的打法，方能创造出好的成绩。由于高尔夫球比赛场地较为开阔，手举球杆的球员成为地面突出的尖端，很容易遭受雷击，雷电天气建议取消比赛。影响高尔夫球比赛的不利天气为雷电、大风、降雨、高温。

十四运会高尔夫球比赛于 2021 年 9 月 15—27 日在西安亚建高尔夫球场举行，1990 年以来，比赛期间平均气温为 17.6～20 ℃，极端最高气温为 35.9 ℃，出现在 2010 年 9 月 16 日；极端最低气温为 6.5 ℃，出现在 1997 年 9 月 26 日；相对湿度为 78.9％～84.2％。平均降水量为 1.0～7.6 毫米，最大一日降水量为 87.6 毫米，出现在 2003 年 9 月 19 日；平均风速为 0.9～1.2 米/秒，主导风为东南风。比赛期间五级及以上大风发生日数为 0～5 天，概率为 0％～25％，其中 9 月 21 日发生概率最高；雷暴发生日数为 0～2 天，概率为 0％～7.69％；降雨发生的日数为 10～19 天，概率为 33.3％～63.3％，其中 9 月 17 日发生概率最高；高温发生日数为 0～2 天，概率为 0％～6.9％，其中 9 月 16 日发生概率最高；没有出现过冰雹天气。赛期降雨发生概率明显高于高温、雷暴、大风天气。应重点关注降水天气。

当 1 小时降雨量超过 1 毫米（3 小时雨量超过 2 毫米）或平均风速大于 8 米/秒或有雷电活动时，将对比赛产生严重影响，建议取消或推迟比赛。

4.2.3.5 曲棍球、棒球、橄榄球、垒球

十四运会曲棍球、棒球、橄榄球、垒球比赛于 2021 年 9 月 15—27 日在西安体育学院新校区举行。1990 年以来，比赛期间平均气温为 17.6～20 ℃，极端最高气温为 35.9 ℃，出现在 2010 年 9 月 16 日；极端最低气温为 6.5 ℃，出现在 1997 年 9 月 26 日；相对湿度为 78.9％～84.2％。平均降水量为 1.0～7.6 毫米，最大一日降水量为 87.6 毫米，出现在 2003 年 9 月 19 日；平均风速为 0.9～1.2 米/秒，主导风为东南风。比赛期间五级及以上大风发生日数为 0～5 天，概率为 0％～25％，其中 9 月 21 日发生概率最高；雷暴发生日数为 0～2 天，概率为 0％～7.69％；降雨发生的日数为 10～19 天，概率为 33.3％～63.3％，其中 9 月 17 日发生概率最高；高温发生日数为 0～2 天，概率为 0％～6.9％，其中 9 月 16 日发生概率最高；没有出现过冰雹天气。赛期降雨发生概率明显高于高温、雷暴、大风天气。应重点关注降水天气。

4.2.4 自行车

自行车运动作为一项室外有氧运动，会受到自然天气的影响。与比赛有直接关系的气象要素有日照、降水、风向风力、气温、湿度、能见度等，另外，空气质量也是组委会关注的焦点。比赛时的天气情况和比赛沿途的气象条件对运动员水平的发挥至关重要。

降雨天气对自行车比赛会造成不同程度的影响。尤其是对小轮车比赛的影响要高于山地、公路自行车赛。一般而言，只要不是瓢泼大雨，自行车比赛就可以进行，但下雨路面比较滑，对高速行驶的自行车而言拐弯时容易摔倒；另外，下雨会影响选手们的视线，迫使他们放慢速度，避免摔车，从而增加了比赛难度，影响选手水平的正常发挥。

雾和风也会影响自行车比赛，如果风将树叶、纸张等杂物刮到赛道，会影响运动员的视线，甚

至对运动员的安全造成影响;自行车是良好的导体,雷雨天气中,行驶在空旷的公路上是非常危险的,容易遭到雷击,造成人员伤亡;大雾天气造成能见度下降,会给骑行带来很大的安全隐患。

研究表明,户外自行车比赛最佳气温条件为 15～20 ℃,湿度为 50%～60%。

4.2.4.1 公路自行车赛

公路自行车赛在商洛市举行。近 30 年来,比赛期间商洛市多年同期平均气温为 10.6～24.8 ℃,极端最高气温为 39.3 ℃,出现在 1997 年 9 月 6 日;极端最低气温为 −2.8 ℃,出现在 1993 年 10 月 30 日;相对湿度为 66%～81%,平均降水量为 0.5～7.4 毫米,平均风速为 1.3～2.3 米/秒,主导风为东南风、西北风。比赛期间多年同期发生五级及以上大风日数为 3～14 天,概率为10%～46.7%;中雨以上日数 1～4 天,概率为 3%～13%;冰雹发生日数为 0～1 天,概率为0%～3.3%;高温发生日数 0～7 天,概率为 3.3%～23%;雾天气发生日数为 0～3 天,概率为 3.3%～10%。

赛期大风发生概率明显高于高温、低能见度天气。应重点关注大风天气。

4.2.4.2 山地自行车赛

山地自行车赛在黄陵国家森林公园山地自行车场地举行。近 10 年来,比赛期间(8 月 10 日—10 月 31 日)黄陵 10 年同期平均气温为 17.3 ℃,极端最高气温为 36.0 ℃,出现在 2009 年 8 月 12 日;极端最低气温为 −2.2 ℃,出现在 2018 年 10 月 27 日;平均相对湿度为 75%,平均降水量为 0～11.2 毫米,一日最大降水量为 56.1 毫米,出现在 2018 年 8 月 22 日,平均风速为 0.7～1.3 米/秒,主导风为西风、西北风。比赛期间 10 年同期出现过的高影响天气只有雷暴,出现过 3 天,大风和冰雹天气均未出现过。

当 1 小时雨量超过 10 毫米或 3 小时雨量超过 20 毫米、雷暴、大雾及强风天气出现时,建议取消或推迟比赛。当气温超过 32 ℃或气温高于 30 ℃且湿度大于 60%时,人体会因汗液蒸发困难而散热不畅,体温调节功能出现障碍,极易发生中暑现象,严重时还会危及生命安全,因此建议自行车比赛安排在上午或傍晚时段举行。

4.2.4.3 小轮车赛

小轮车比赛于 2021 年 9 月 15—27 日在西咸新区小轮车场地举行。1990 年以来,比赛期间同期平均气温为 17.4～20.0 ℃,极端最高气温为 35.2 ℃,出现在 2013 年 9 月 16 日;极端最低气温为 1.9 ℃,出现在 1997 年 10 月 27 日;相对湿度为 77.4%～84.1%。平均降水量为 1.3～8.2 毫米,最大一日降水量为 69.1 毫米,出现在 2003 年 9 月 19 日;平均风速为 1.4～2.1 米/秒,主导风为东北风、北东北风。赛期同期五级及以上大风发生日数为 1～5 天,概率为 6.7%～33.3%,其中 9 月 15 日和 9 月 17 日发生概率最高;雷暴发生日数为 0～1 天,概率为 0%～3.85%;降雨发生日数为 10～17 天,概率为 33.3%～56.7%,其中 9 月 16 日和 9 月 18 日发生概率最高;高温发生日数为 0～1 天,概率为 0%～11.1%,其中 9 月 16 日发生概率最高;没有出现过冰雹天气。赛期降雨发生概率明显高于高温、雷暴、大风天气。应重点关注降水天气。

4.2.5 马拉松游泳

10 千米马拉松游泳项目为室外运动,对比赛有影响的天气有多种,其中影响最大的是大风、暴雨、雷电、高温。大风将对比赛产生极大的影响。因为在风大的情况下,水面会掀起波浪,从而威胁到运动员的安全和健康;降雨对比赛影响不是很大,雨不是很大的情况下比赛可以照常举行,但当雨势急且雨量大时,会危害到运动员的安全和健康;雷电天气,雷电会击中水中运动员,给运动员健康和生命带来危害;高温天气对长距离的比赛影响较大,会出现体温调节功能跟不上导致中暑现象发生。

十四运会 10 千米马拉松游泳比赛于 2021 年 9 月 15—27 日在安康汉江公开水域举行。1990 年以来,赛期同期平均气温为 19.9～21.8 ℃,极端最高气温为 36.0 ℃,出现在 2013 年 9 月 15 日;极端最低气温为 10.9 ℃,出现在 1997 年 9 月 27 日;相对湿度为 78.0％～81.5％。平均降水量为 0.6～6.3 毫米,最大一日降水量为 69.4 毫米,出现在 2017 年 9 月 26 日;平均风速为 1.1～1.4 米/秒,主导风为东东北风。赛期同期五级及以上大风发生日数为 0～4 天,概率为 0％～16.0％,其中 9 月 20 日发生概率最高;雷暴发生日数为 0～2 天,概率为 0～7.7％;降雨发生的日数为 8～15 天,概率为 23.3％～50.0％,其中 9 月 16 和 19 日发生概率最高;暴雨发生的日数为 0～1 天,概率为 0％～3.3％;高温发生日数为 0～1 天,概率为 0％～3.3％,其中 9 月 15、16、18 和 19 日发生概率最高;没有出现过冰雹天气。赛期大风发生概率较高于雷暴、暴雨及高温天气。应重点关注大风天气。

当出现雷电、1 小时雨量超过 10 毫米或 3 小时雨量超过 20 毫米、平均风速超过 8 米/秒或阵风超过 11 米/秒时、水温超过 32 ℃ 或低于 12 ℃ 时,不适宜比赛举行,建议取消或推迟比赛。

4.2.6　射击、射箭

风对射击比赛的影响最大。当射击场上风速超过 4 米/秒时,可能伴有突然的风速和风向变化,射出的子弹就会偏离原来的弹道,风的作用会使射击的散飞程度增大。顺风能使子弹的飞行距离增大,逆风减小,正、侧风影响飞行距离和射击方向。

除了风的影响以外,高温也是射击的大敌。飞碟射击比赛中,气温太高,射击眼镜会往下滑,影响射击的精准度。步手枪射击中,步枪运动员穿的皮衣是有要求的,在高温潮湿天气下,运动员出汗,会导致厚度超过规定值,从而使比赛成绩被取消。

在射击比赛当中,气温为 15 ℃、气压为 1000 百帕、场地的海拔高度为 1000 米、空气相对湿度为 50％ 以及静风,这样的天气条件是最为有利的。

风对户外射箭比赛的影响也非常大。当风速小于 7 米/秒时,是非常适合射箭比赛的,这时风向对比赛的影响也不大。如果风向稳定并且风力变化不大,运动员可以通过更改瞄准点等技术细节来调整。但如果赛场的风力和风向都不稳定,根据风力和风向瞄准后,一瞬间风向可能又有改变,射出的箭会偏离原来的方向。给队员水平的发挥增加了难度。

研究表明,射箭比赛的最适宜温度为 13～16 ℃,风速小于 7 米/秒且没有降雨。

十四运会射击、射箭比赛于 2021 年 9 月 15—27 日在西安长安区常宁生态体育训练基地举行。1990 年以来,赛期同期平均气温为 17.6～20 ℃,极端最高气温为 35.9 ℃,出现在 2010 年 9 月 16 日;极端最低气温为 6.5 ℃,出现在 1997 年 9 月 26 日;相对湿度为 78.9％～84.2％。平均降水量为 1.0～7.6 毫米,最大一日降水量为 87.6 毫米,出现在 2003 年 9 月 19 日;平均风速为 0.9～1.2 米/秒,主导风为东南风。赛期同期五级及以上大风发生日数为 0～5 天,概率为 0％～25％,其中 9 月 21 日发生概率最高;雷暴发生日数为 0～2 天,概率为 0～7.69％;降雨发生的日数为 10～19 天,概率为 33.3％～63.3％,其中 9 月 17 日发生概率最高;高温发生日数为 0～2 天,概率为 0％～6.9％,其中 9 月 16 日发生概率最高;没有出现过冰雹天气。赛期降雨发生概率明显高于高温、雷暴、大风天气。应重点关注降水天气。

残特奥会射击、射箭比赛于 10 月 22—29 日在西安市长安区常宁宫生态体育训练比赛基地举行。1990 年以来,比赛期间同期平均气温为 10.6～12.9 ℃,极端最高气温为 27.3 ℃,出现在 1997 年 10 月 22 日；极端最低气温为 −1.6 ℃，出现在 1991 年 10 月 27 日；相对湿度为 76%～81%。平均降水量为 0.3～3.5 毫米，最大一日降水量为 26.9 毫米，出现在 1996 年 10 月 23 日；平均风速为 1.0～1.3 米/秒，主导风为东南风。赛期同期五级及以上大风发生日数为 0～4 天，概率为 0%～20%，其中 10 月 24 日发生概率最高；雷暴发生日数为 0～1 天，概率为 0%～3.9%；降雨发生的日数为 6～14 天，概率为 20%～46.7%，其中 10 月 22 日发生概率最高；没有出现过高温、冰雹天气。赛期降雨发生概率明显高于雷暴、大风天气。应重点关注降水天气。

当出现雷电、1 小时降雨量超过 3 毫米或 3 小时降雨量超过 5 毫米、平均风速大于 7 米/秒、气温超过 35 ℃时，建议取消或推迟比赛。

4.2.7 铁人三项

铁人三项运动属于新兴综合性运动竞赛项目。比赛时要求运动员连续完成游泳、自行车和跑步 3 个运动项目，其名次以运动员到达比赛跑步终点（总终点）时用时长短来判定。全运会铁人三项比赛采用的是 51.5 千米的铁人三项奥林匹克标准竞赛距离，由游泳 1.5 千米，自行车 40 千米和跑步 10 千米组成。运动员需要一鼓作气赛完全程。由于运动员体力消耗巨大，容易出现高温中暑、意外摔伤等情况。如遇有暴雨、雷暴、大风、冰雹等恶劣天气，将会给运动员与观众的安全带来危害，给赛事日程和比赛效果带来不利影响。

在游泳比赛中，水温将对运动员的身体带来生理和物理影响。总的来说，水温较高时，人体的浮力较小，同时水分子间的相互摩擦也较小，水温为 25 ℃时出现的内摩擦比在水温 10 ℃时约小 30%，普遍认为 24～28 ℃是比赛的最佳水温。十三运会游泳比赛中规定，当水温在 15.9 ℃以下时必须使用防寒泳衣，而水温在 20 ℃及以上时禁止使用防寒泳衣，水中停留的最长时间不得超过 30 分钟。当水温超过 32 ℃或低于 12 ℃时，游泳比赛可以取消；而当水温在 31～31.9 ℃或 12～12.9 ℃时，可将比赛距离由 1500 米缩短至 750 米。如果受强风、暴雨、温度变化及涌流变化等影响，国际铁联技术代表和医务代表可调整游泳比赛距离或防寒泳衣使用规定。最终决定由技术代表于比赛开始前 1 小时做出并向参赛运动员宣布。

铁人三项比赛于 2021 年 9 月 15—27 日在汉中铁人三项场地举行。1990 年以来，赛期同期平均气温为 18.3～20.5 ℃，极端最高气温为 38.6 ℃，出现在 2016 年 8 月 19 日；极端最低气温为 10.9 ℃，出现在 2002 年 9 月 23 日；相对湿度为 77.4%～87.4%。平均降水量为 1.6～12.2 毫米，最大一日降水量为 121.4 毫米，出现在 2013 年 9 月 19 日；平均风速为 0.9～1.5 米/秒，主导风为东风。比赛期间同期雷暴发生日数为 0～2 天，概率为 0%～7.69%；降雨发生的日数为 13～21 天，概率为 43.3%～70%，其中 9 月 26 日发生概率最高；没有出现过高温、大风和冰雹天气。赛期同期降雨发生概率明显高于高温、雷暴、大风天气。应重点关注降水天气。

当有雷电、1 小时雨量大于 10 毫米或 3 小时雨量大于 20 毫米；水温低于 12 ℃或高于 24 ℃；平均风速超过 8 米/秒时，建议取消比赛。

4.2.8 现代五项

十四运会现代五项于 2021 年 9 月 15—27 日在陕西省体育训练中心举行。1990 年以来，赛期同期平均气温为 17.6～20 ℃，极端最高气温为 35.9 ℃，出现在 2010 年 9 月 16 日；极端最低气温为 6.5 ℃，出现在 1997 年 9 月 26 日；相对湿度为 78.9%～84.2%。平均降水量为 1.0～7.6 毫米，最大一日降水量为 87.6 毫米，出现在 2003 年 9 月 19 日；平均风速为 0.9～1.2 米/秒，主导风为东南风。赛期同期五级及以上大风发生日数为 0～5 天，概率为 0%～25%，其中 9 月 21 日发生概率最高;雷暴发生日数为 0~2 天,概率为 0%~7.69%;降雨发生的日数为 10~19 天,概率为 33.3%~63.3%,其中 9 月 17 日发生概率最高;高温发生日数为 0~2 天,概率为 0%~6.9%,其中 9 月 16 日发生概率最高;没有出现过冰雹天气。赛期降雨发生概率明显高于高温、雷暴、大风天气。应重点关注降水天气。

4.3 室内比赛项目气象条件

室内比赛受天气条件的影响较小,但气温、湿度与气流的细微变化也将影响运动员的发挥。理想的气温和湿度必须不影响运动员的舒适度和正常发挥、运动器械的正常性能。美国体育协会根据长期实践和分析,对许多项目规定了一个适宜的气温范围。射箭、拳击、柔道、射击等项目的适宜气温为 13~16 ℃;篮球、排球为 10~13 ℃,羽毛球为 7 ℃。

作为室内项目,乒乓球可以规避风雨等天气影响。但由于它是一项非常精细的运动,室内气象要素的细微变化也有可能对比赛造成一些影响。首先是气温,体育场馆如果无法保证场馆内恒温的话,很有可能给运动员发挥造成不利影响,并且更容易受伤;并且气温对乒乓球拍也有一定的影响,一般来说温度较低,胶皮的弹力不佳。其次是湿度,湿度大时,球拍的胶皮上沾有湿气,就像镜子上沾上一层雾一样,这时候球容易打滑,不利于球的旋转。

4.4 残特奥会期间(10 月 22—29 日)气候特征及高影响天气分析

2021 年残特奥会正赛于 10 月 22—29 日在陕西省西安市、宝鸡市、渭南市、铜川市、杨凌高新农业示范区举行,其中部分比赛提前举行。

4.4.1 西安赛区

根据西安近 70 年(1951 年至 2020 年)资料,分析 10 月 22—29 日主要气候特征和高影响天气。

4.4.1.1 降雨概率 30%左右,大雨概率小

10 月 22—29 日(表 4.10)降雨概率在 21.4%~35.7%,10 月 27 日最大、29 日概率最小,10 月 24 日和 26 日降大雨概率均为 1.4%,最大日降雨量分别为 27.8 毫米和 47.1 毫米。

表 4.10　近 70 年西安 10 月 22—29 日出现各类强度降雨天气的日数和概率

日期	暴雨/天	大雨/天	中雨/天	小雨/天	雨日/天	雨日概率/%	大雨以上概率/%	最大日降雨量/毫米
10 月 22 日	0	0	2	20	23	32.9	0	18.4
10 月 23 日	0	0	3	16	19	27.1	0	18.5
10 月 24 日	0	1	5	14	20	28.6	1.4	27.8
10 月 25 日	0	0	1	19	20	28.6	0	15.2
10 月 26 日	0	1	2	19	19	27.1	1.4	47.1
10 月 27 日	0	0	4	20	25	35.7	0	22.1
10 月 28 日	0	0	2	19	22	31.4	0	11.2
10 月 29 日	0	0	1	14	15	21.4	0	13.1

4.4.1.2　日平均气温 11.4—13.1 ℃，最高气温不超过 28 ℃

1951—2020 年，西安 10 月 22—29 日(表 4.11)多年日平均气温为 11.4～13.1 ℃，多年日最高气温平均为 17.2～18.5 ℃，多年日最低气温平均为 6.9～9.1 ℃，平均气温日较差为 9.3～10.6 ℃。最高气温不超过 28 ℃，一般出现在 14—16 时。

表 4.11　近 70 年西安 10 月 22—29 日气温及出现高温天气日数及概率

日期	平均气温/ ℃	平均最高 气温/℃	平均最低 气温/℃	气温日较差/ ℃	高温日数/ 天	高温概率/ %	极端高温/ ℃
10 月 22 日	13.1	18.5	9.1	9.4	0	0	26.9
10 月 23 日	12.7	18.3	8.7	9.6	0	0	26.4
10 月 24 日	12.2	18.0	8.0	10	0	0	26.3
10 月 25 日	12.2	17.6	8.3	9.3	0	0	26.0
10 月 26 日	11.8	17.5	7.6	9.9	0	0	24.8
10 月 27 日	11.4	17.3	7.1	10.2	0	0	27.1
10 月 28 日	11.6	17.2	7.5	9.7	0	0	27.8
10 月 29 日	11.5	17.5	6.9	10.6	0	0	24.5

4.4.1.3　大风、霾概率相对较高，雷暴概率低

由表 4.12 可见：大风：10 月 22—29 日五级及以上(极大风速 8 米/秒以上)大风出现概率为 12.5%～37.4%，平均为 24.2%。出现七级及以上大风平均概率为 0.9%，10 月 26 日极大风最大达 19.1 米/秒。

霾：10 月 22—29 日，霾出现平均概率 31.3%，29 日霾出现概率最大，达 40.0%。

雾：出现概率 11.4%～18.6%，25—26 日出现概率最高，为 18.6%。

雷暴：10 月 22—29 日出现雷暴的平均概率为 0.7%，最大为 10 月 26 日的 2.9%。近 10 年雷暴概率相对较小。

冰雹、扬沙、浮尘出现概率低。

表 4.12　近 70 年西安 10 月 22—29 日高影响天气出现概率

日期	五级及以 上大风出 现概率/ %	极大风速/ (米/秒)	七级及以 上大风出 现概率/ %	雷暴出现 概率/%	闪电出现 概率/%	霾出现 概率/%	冰雹出现 概率/%	雾出现概 率/%	轻雾出现 概率/%	扬沙出现 概率/%	浮尘出现 概率/%
10 月 22 日	26.7	15.0	1.4	0.0	0.0	24.3	0.0	11.4	55.7	1.4	2.9
10 月 23 日	28.1	13.8	0.0	0.0	0.0	27.1	0.0	12.9	64.3	0.0	2.9
10 月 24 日	22.3	17.6	2.9	1.4	0.0	31.4	0.0	15.7	61.4	0.0	1.4
10 月 25 日	37.4	17.0	1.4	0.0	0.0	30.0	0.0	18.6	58.6	1.4	1.4
10 月 26 日	19.9	19.1	1.4	2.9	0.0	30.0	0.0	18.6	57.1	1.4	0.0
10 月 27 日	21.4	15.7	0.0	0.0	0.0	32.9	0.0	17.1	60.0	0.0	2.9
10 月 28 日	24.9	15.0	1.4	0.0	0.0	34.5	0.0	12.9	55.7	0.0	2.9
10 月 29 日	12.5	10.6	0.0	0.0	0.0	40.0	0.0	12.9	57.1	0.0	1.4

4.4.2 宝鸡赛区

降雨:10 月 22—29 日,宝鸡平均累计降雨量 7.1 毫米,最大累计降雨量 21.7 毫米;平均降雨日数 2.9 天,最多降雨日数 6 天。从逐日的降水概率(图 4.15)上可以看出,赛事举办期间逐日降雨概率为 0.3%~0.4%,降水概率较小,且降雨量级为小雨或中雨,其中小雨概率高达 97.3%,表明降水以小雨为主。

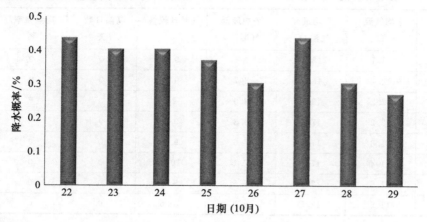

图 4.15　10 月 22—29 日逐日降雨概率

温度:10 月 22—29 日,宝鸡平均气温为 11.6 ℃,极端最低气温−2.0 ℃。从逐日平均气温和最低气温图(图 4.16)上可以看出,赛事期间,平均气温为 11~13 ℃,最低气温为 7~9 ℃。

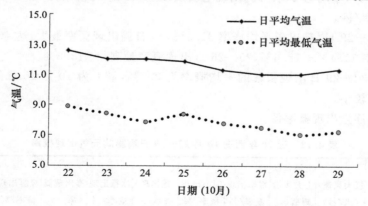

图 4.16　10 月 22—29 日逐日平均气温、最低气温的变化

风速、能见度:10 月 22—29 日,宝鸡平均风速 1.0 米/秒,日最大风力不超过 6 级。宝鸡平均水平能见度为 11.1 千米,低于 1 千米的大雾天气 30 年仅出现过 1 次。

4.4.3 渭南赛区

渭南市的残特奥会比赛时间是 10 月 20—26 日,因此主要关注该时段的气候条件。

降雨:10 月 20—26 日,渭南赛区平均累计降雨量 8.1 毫米,最大累计降雨量 26.9 毫米;平均降雨日数 2.5 天,最多降雨日数 5 天。期间平均降雨概率为 36.2%,逐日平均降雨概率小于 40%。飞镖比赛期间,常年此时段降水日多以小雨为主,只有个别年份出现中雨,最大日降水量为 22.1 毫米。

温度:10 月 20—26 日平均气温 12.4 ℃,极端最高气温 29.1 ℃,极端最低气温−1.6 ℃;日最低气温低于 10 ℃的概率为 72.4%,日最低气温低于 5 ℃的概率为 18.1%,日最低气温低于 0 ℃的概率为 1.9%。逐日温度情况如(彩)图 4.17 所示。

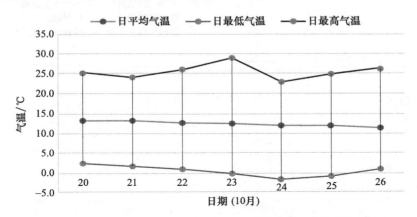

图 4.17　10 月 20—26 日平均气温、日最低气温、日最高气温

风速:10 月 20—26 日平均风速 0.9 米/秒,瞬时极大风速 16.3 米/秒(7 级),风向为西;四级及以上(≥5.5 米/秒)概率为 40.5%,六级及以上(≥10.8 米/秒)概率为 4.8%。

能见度:10 月 20—26 日平均最小水平能见度为 7.3 千米,低于 1 千米的大雾天气发生概率为 13.8%,低于 500 米的大雾天气发生概率为 9.5%。

雷暴:近 30 年来,10 月 20—26 日期间未发生雷暴或其他强对流天气。

4.4.4　杨凌赛区

残特奥会杨凌比赛时间为 10 月 10—17 日,因此重点关注该时段的气候条件。

降雨:10 月 10—17 日,杨凌平均累计降雨量 18.1 毫米,最大累计降雨量 76.3 毫米;平均降雨日数 2.8 天,最多降雨日数 7 天。期间平均降雨概率为 35.6%,逐日平均降雨概率如(彩)图 4.18 所示,均小于 50%。

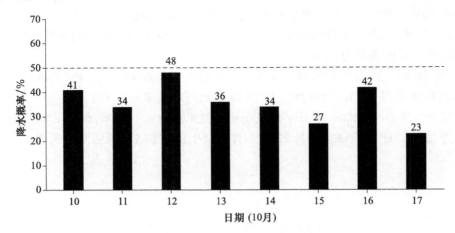

图 4.18　10 月 10—17 日杨凌出现降雨的概率

温度:10 月 10—17 日平均气温 14.4 ℃,极端最高气温 31.3 ℃,极端最低气温 1.3 ℃;日

最低气温低于 10 ℃的概率为 37.9％,日最低气温低于 5 ℃的概率为 1.7％。平均地表温度 15.5 ℃,最高 47.6 ℃,最低 2.6 ℃。逐日气温、地表温度情况如(彩)图 4.19 所示。

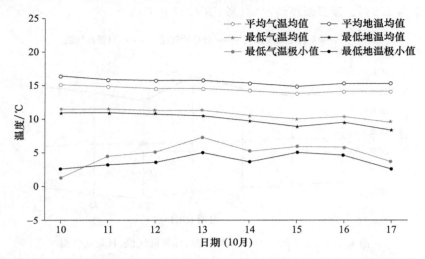

图 4.19　10 月 10—17 日杨凌平均气温、平均地温均值、日最低气温、最低地温均值及极小值变化

风速:10 月 10—17 日平均风速 1.1 米/秒,瞬时极大风速 12.7 米/秒(六级);四级及以上 (≥5.5 米/秒)概率为 26.8％,六级及以上(≥10.8 米/秒)概率为 2.7％。

能见度和雷暴:10 月 10 日—17 日平均最小水平能见为 5.7 千米,低于 1 千米的大雾天气发生概率为 8.8％,低于 500 米的大雾天气发生概率为 2.9％。10 月 10—17 日未发生过雷暴或其他强对流天气。

4.4.5　铜川 10 月 22—29 日气候特征及高影响天气分析

残特奥会铜川赛区举办盲人跳绳比赛,赛事时段为 2021 年 10 月 23—25 日。

降雨:10 月 23—25 日,铜川耀州区平均累计降雨量 4.2 毫米,最大累计降雨量 48.4 毫米;平均降雨日数 1.06 天,最多降雨日数 3 天。期间平均降雨概率为 34.4％,逐日平均降雨概率均小于 40％。其中,23—25 日比赛期,仅出现过小雨,其概率为 34.4％。

温度:10 月 23—25 日平均气温 11.5 ℃,极端最高气温 24.3 ℃,极端最低气温 0.8 ℃;日最低气温低于 5 ℃的概率为 30％。

风速:10 月 23—25 日平均风速 2.4 米/秒,瞬时极大风速 13.1 米/秒(六级);五级及以上 (≥8.0 米/秒)概率为 9.3％,六级及以上(≥10.8 米/秒)概率为 5.6％。

能见度和雷暴:10 月 23—25 日平均最小水平能见度为 3.3 千米,低于 500 米的大雾天气发生概率为 29％。近 30 年来,10 月 23—25 日未发生过雷暴或其他强对流天气。

下　篇

十四运会和残特奥会气候预测技术

第 5 章　十四运会气候预测工作流程

十四运会的气候预测技术研发工作从 2019 年开始,重点开展多种气候模式预测数据集成技术和人工智能预测技术研发,优化机器学习算法,持续推进陕西省智能网格气候预测系统延伸期过程模块建设,完善次季节预报业务,初步建立次季节—季节要素的确定性网格预报和重要天气过程预报,实现次季节预测产品逐日滚动更新,形成延伸期(11～45 天)水平分辨率 5 千米×5 千米平均气温、最高气温、最低气温、降水等气象要素逐日网格预报产品,并集成于十四运会气象保障预报预警系统。

2020 年 10 月,即十四运会开始前 1 年,开始十四运会气候预测专项保障工作。此项工作在气候预测业务中涉及到常规和专项气候预测业务。该章中十四运会气候预测工作流程总结了重大活动保障的气候预测业务的工作流程,也为今后的气候预测保障工作流程提供参考。

5.1　十四运会气候预测对象及产品内容

2021 年 3 月,陆续开始十四运会的测试赛,9—10 月的十四运会和残特奥会正式赛、火炬传递及开、闭幕式等一系列活动。其中包括常规预测和专项预测。

(1)常规预测对象及产品内容

常规预测对象包含气温和降水延伸期、月、季和年不同时间尺度预测。

延伸期预报产品需在每旬末提供陕西省未来 11～30 天降水、气温的趋势预测以及主要降温、降水过程可能出现的时段和强度。

月气候预测产品需在上月月末提供下月陕西省平均气温、总降水量及其趋势预测以及主要降温、降水过程可能出现的时段和强度。

季气候预测产品需在上季末前提供下季度陕西省平均气温、总降水量及其趋势预测以及季内主要气候事件开始早晚和强度等预测。

年气候预测产品需在上一年度的 12 月 10 日前提供次年 1—10 月陕西省平均气温、总降水量趋势,各季度陕西省平均气温、总降水量趋势,各地、市各月降水、气温趋势,以及主要气候事件开始早晚、强度的预测。

华西秋雨预测,指在每年 8 月下旬提供当年陕西秋淋开始时间和强度的气候趋势预测。

(2)专项预测对象及产品内容

专项预测对象(表 5.1):为组委会和地(市)提供圣火采集、点火仪式、火炬传递、测试赛、正赛、开幕式期间延伸期—月—季尺度滚动预测。

产品内容:专题预测产品根据保障内容及要求临时定制模板。主要内容包括:前期或历史同期基本气候特征、气象要素的极端性描述等,保障时段内的气候趋势预测或逐日气象要素定量预报(最高气温、最低气温、平均气温、降水量等)。

表 5.1 十四运会期间气候预测对象及产品内容

产品类别	预测对象	产品名称	发布时间/频率
常规预测对象及产品	延伸期(未来 11～30 天)陕西省气温降水趋势；主要降水、降温过程；平均气温、降水量预测	延伸期预报	每旬末
	次月陕西省平均气温、降水趋势；主要降水、降温过程；平均气温、降水量预测；影响及建议	短期气候预测	每月末
	下季度陕西省平均气温、降水量及其趋势预测；影响及建议	短期气候预测	每季末
	次年 1—10 月陕西省平均气温、总降水量趋势，各季度陕西省平均气温、总降水量趋势，各地(市)各月气温、降水趋势以及主要气候事件开始时间、强度预测	短期气候预测	每年 12 月初
专项预测产品	针对十四运会保障，提供气候趋势和过程预测	重要气候信息	根据实际情况和服务需求
	陕西秋淋开始时间和强度的气候趋势预测	重要气候信息	
	前期或历史同期基本气候特征、气象要素的极端性描述等，气候趋势预测	气候服务专题预测	
	前期或历史同期基本气候特征、气象要素的极端性描述等，逐日滚动气象要素定量预报(最高、最低、平均气温、降水量等)。	气候服务专题预测	十四运会开幕式前延伸期时段内

5.2 十四运会气候预测产品制作与发布流程

气候预测产品由主班分析起草—领班补充订正—首席指导初审—主班修改—分管领导审核—主班修改—分管领导签发，再由主班负责发布及上传备份。具体流程见图 5.1。

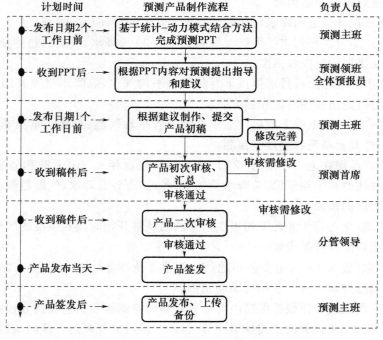

图 5.1 预测产品制作与发布流程

5.3　十四运会气候预测会商流程与内容

（1）会商组织

会商主持单位：一般由十四运气象台主持。

参加单位：一般由十四运气象台（陕西省气候中心）、国家气候中心、西北区域中心参加会商。

会商时间：测试赛前 10 天以及测试赛开始后每周一，对测试赛期间气候预测进行会商；火炬传递仪式开始前 45 天、10 天对圣火采集仪式和火炬传递期间气候预测进行会商；开幕式前 90 天、45 天对十四运会期间逐月气候趋势和灾害性天气趋势进行会商、前 10 天对十四运会期间逐旬气候趋势和灾害性天气趋势进行会商；正式赛期间每周一对十四运会期间旬气候趋势和灾害性天气趋势进行会商；闭幕式前 45 天、10 天对闭幕式旬气候趋势和灾害性天气趋势进行会商。

会商准备：由十四运气象台值班首席预报员明确会商参加单位和主题，经十四运气象台领导同意后，报请国家气候中心商定。由十四运气象台依照商定结果，邀请相关单位参加会商。

（2）会商流程

会商主持人：宣布会商开始，阐明会商主题、重点和发言顺序。

十四运气象台（陕西省气候中心）：针对会商主题，总结分析关注区域前期气候特征，提出关注区域未来气候趋势预测和灾害性天气趋势，提出需要会商的关键问题。

国家气候中心：分别针对关键问题，就未来气候趋势、主要灾害性天气发生的可能性、可能造成的影响给出指导，并就影响程度给出应对措施建议。

西北区域中心等其他会商参加单位：分别针对关键问题，提出关注区域未来气候趋势和灾害性天气趋势、理由并提出对关注区域可能带来的影响建议。

会商主持人：对各单位预报结论以及服务重点进行总结。

（3）会商内容

开幕式前 90 天会商十四运会期间气候趋势展望；开幕式前 45 天会商十四运会期间逐月灾害性天气趋势预测；开幕式前 10 天会商十四运会期间逐旬、逐月气候趋势展望和灾害性天气趋势预测。开幕式后会商十四运会期间逐旬、逐月气候趋势展望和灾害性天气趋势预测。

（4）会商要求

会商发言人要注重礼仪、姿态端庄，着正装提前就位。发言时使用普通话，正对麦克风，声音洪亮、口齿清晰、节奏适中。

发言时间：每个单位发言时间不超过 5 分钟。会商主持人应对各单位意见进行认真分析、归纳和总结，形成预报结论。如遇有不同预报意见，主持人在时间许可的条件下应在会商中组织充分讨论，或在会商后通过电话等方式进行专题讨论，统一预报结论。

发言内容：发言单位应重点围绕会商主题进行分析，阐述理由。会商发言应重点突出、语言简洁，避免重复；发言过程应注重预报、预测用语的规范性。对于地理区域、大气环流形势、外强迫因子的描述应使用全国统一的气象业务用语，避免因使用当地习惯性用语影响会商效果；会商发言人应认真准备发言内容，注重应用我国数值预报预测产品、多种非常规观测资料及各种客观预报、预测方法；演示文件应内容简洁、文字醒目、图形清晰，避免文字、图形与背景颜色靠近，影响会商效果。

（5）会商结论

十四运气象台（陕西省气候中心）形成对圣火采集仪式和开、闭幕式的气候预测结论，并报十四运会和残特奥会筹委会气象保障部。会商发言单位在会商结束后15分钟内将PPT文档传输至指定的气象业务内网，实现全省共享。

（6）会商保障

实施会商前应提前2个小时以上通知省气象信息中心和相关市（区）局技术保障部门，相关市（区）局技术保障人员应至少在会商前30分钟打开设备，并积极配合省级进行视、音频和PC信号的调试，保障发送到会商主控室的信号正常；省气象信息中心做好主会场的调试和系统技术支持工作，发现问题及时联系各分会场排除故障。

第6章 预测技术

6.1 延伸期预测技术

6.1.1 十四运会开幕式及赛事期间气象要素及过程统计

针对十四运会开幕式及赛事期间的天气过程预测,提前 100 天开始对开幕式当天及赛事期间西安市降水过程和高温天气进行概率统计分析。

结果表明,近 30 年(1991—2020 年),西安市 9 月 15 日平均气温为 20.7 ℃,平均降水量为 6.1 毫米,降水概率为 40.7%,暴雨出现概率为 3.8%(1991 年),无高温日。基于泾河气象站自动观测(2005—2020 年)的逐时资料,分析得出近 15 年来,9 月 15 日白天(06—18 时)降水概率为 20.3%,晚上(18—06 时)降水概率为 15.4%。

对 1961 年以来西安市 9 月 15 日出现降水的年份及降水量级进行统计,近 60 年来西安市 9 月 15 日出现降水的年份共 22 年,其中小雨 16 年,中雨 3 年,大雨 2 年(2014 和 2019 年),暴雨 1 年(1991 年),详情如表 6.1 所示。

进一步统计 9 月 15 日当天降水情况与 9 月降水趋势的关系发现,近 60 年来 9 月 15 日发生暴雨与大雨的年份 9 月降水与常年同期相比均偏多,中雨量级中有 2/3 的年份 9 月降水与常年同期相比偏多,小雨量级中有 3/8 的年份 9 月降水偏多。

由此可见,近 60 年西安市 9 月 15 日当天发生降水的概率总体较小,为 36.7%,发生降水的年份中多为小雨量级,且多与 9 月全月降水偏多相对应。

表 6.1 1961—2020 年西安市 9 月 15 日有降水年份的降水过程统计(20—20 时)

降水量级	年份	该年 9 月降水量与常年同期比较(年份)
暴雨	1991	偏多 15.2%
大雨	2014,2019	偏多 156.1%(2014),偏多 82.1%(2019)
中雨	1963,1985,2018	偏多 22.2%(1963),偏多 20.1%(1985),偏少 18%(2018)
小雨	1961,1962,1964,1966,1971,1972,1979,1980,1983,1992,1994,1997,1998,2002,2005,2012	偏多 6 年(1964,1966,1979,1983,1992,2012) 偏少 10 年(1961,1962,1971,1972,1980,1994,1997,1998,2002,2005)

分析 1961 年以来 9 月 15 日出现降水的过程起止日期、持续天数、过程总降水量和 9 月 15 日当天降水量、降水等级及是否处于秋雨时段,统计结果如表 6.2 所示。结果表明,1961 以来西安市 9 月 15 日出现降水的 22 年中,降水过程的持续时间在 1~18 天,过程总降水量为 0.1~186.7 毫米,9 月 15 日降水量在 0.1~63.8 毫米。22 年中有 15 年处于秋雨时段,有 5 年处于秋雨开始之前,1991 年无秋雨事件。其中,20 世纪 60 年代、90 年代中 9 月 15 日出现

降水的年份最多,均为 5 年。

表 6.2 1961—2020 年西安市 9 月 15 日有降水年份的降水过程统计(20—20 时)

年份	过程时段	持续时间/天	过程总降水量/毫米	9月15日降水量/毫米	9月15日降水等级	是否处于秋雨时段(秋雨强度)
1961	14 —15 日	2	3.9	2.8	小雨	是(偏强)
1962	14 —16 日	3	7.9	1.9	小雨	否
1963	14 —23 日	10	82.9	13.2	中雨	是(正常)
1964	12 —15 日	4	38.4	0.4	小雨	是(显著偏强)
1966	11 —16 日	6	58.8	0.3	小雨	是(显著偏强)
1971	14 —15 日	2	3.3	3.2	小雨	否
1972	15 —15 日	1	0.1	0.1	小雨	是(显著偏弱)
1979	11 —15 日	5	40.8	9.9	小雨	是(偏强)
1980	13 —17 日	5	44.1	6.6	小雨	否
1983	15 日	1	6.0	6.0	小雨	是(显著偏强)
1985	04 —21 日	18	106.0	21.8	中雨	是(显著偏强)
1991	14 —16 日	3	87.2	63.8	暴雨	否
1992	11 —27 日	17	104.2	6.6	小雨	是(正常)
1994	14 —16 日	3	11.1	7.9	小雨	否
1997	11 —15 日	5	61.2	0.2	小雨	是(显著偏弱)
1998	15 —19 日	5	28.6	0.2	小雨	是(显著偏弱)
2002	12 —15 日	4	28.8	0.4	小雨	是(显著偏强)
2005	15 —16 日	2	10.0	4.7	小雨	否
2012	15 —16 日	2	5.2	3.4	小雨	是(偏弱)
2014	07 —17 日	11	186.7	29.1	大雨	是(显著偏弱)
2018	15 —20 日	6	51.1	19.6	中雨	是(显著偏弱)
2019	13 —19 日	7	132.1	28.1	大雨	是(显著偏强)

对十四运会期间(9 月 15—27 日)西安市近 30 年(1991—2020 年)逐日累计降水量和降水概率、平均气温、最高气温和最低气温的常年平均值和范围进行统计,并将分析日期扩展到开幕式前 4 天,即自 9 月 11 日开始,西安市逐日气象要素气候值及历年变化范围如表 6.3 所示。

由表可知,十四运会期间(9 月 15—27 日)正值常年秋雨时段,近 30 年(1991—2020 年)降水日概率为 49.4%,平均 2～3 天会出现 1 次降水天气,逐日降水概率的气候值在 23.3%～53.8%,其中 9 月中旬后期(9 月 16—20 日)降水概率最大,9 月下旬前期(9 月 21—24 日)降水概率最小。多年(1991—2020 年)平均累计降水量为 39.0 毫米,日降水量气候均值范围在 2.1～8.8 毫米。暴雨日数共 2 天(分别是 2003 年 9 月 19 日,降水量 66.3 毫米;1991 年 9 月 15 日,降水量 63.8 毫米),暴雨日概率 0.6%,大雨日概率 3.5%,中雨日概率 8.6%,小雨日概率 32.0%,无雨日概率为 50.6%。降水日各时次降水发生频率变化不大,但降水量日变化明显,07 时至 12 时较大,21 时至 06 时相对较小。

表 6.3　1991—2020 年西安市 9 月 11—27 日逐日累计降水量和降水概率、平均气温、最高气温和最低气温气候值和范围

日期	降水/(毫米/天)	平均气温/℃	最高气温/℃	最低气温/℃
9月11日	3.7 (38.5%)	21.4 (15.6～25.8)	26.2 (18～32.5)	17.5 (12～21.1)
9月12日	1.8 (34.5%)	21.1 (16.6～26.3)	26.6 (18.8～32.2)	17.2 (9.4～20.8)
9月13日	4.9 (39.3%)	20.2 (14.3～25.3)	25.1 (15.7～33.8)	16.8 (12.7～20.5)
9月14日	5.1 (42.9%)	20.7 (14.2～26.6)	25.4 (16.1～35.3)	17.0 (11.6～21.4)
9月15日	6.1 (40.7%)	20.7 (14.6～27.6)	25.5 (16.2～34.5)	17.1 (13.3～21.6)
9月16日	2.6(53.3%)	20.7 (15.2～28.6)	25.3 (16.6～35.5)	17.3 (13.7～23.2)
9月17日	4.6(53.8%)	20.5 (14.6～27.7)	25.4 (16.2～33.2)	16.9 (11.5～23.1)
9月18日	3.9 (50.0%)	20.1 (11.5～28.7)	24.7 (15.1～32.9)	16.8 (7.8～24.4)
9月19日	7.2 (51.7%)	19.2 (11.7～26)	23.8 (15～30.9)	16.1 (9.2～21.9)
9月20日	3.4 (53.6%)	19.3 (12.6～24.6)	24.0 (13.6～31.3)	15.8 (10.7～19.9)
9月21日	4.9 (30.0%)	19.4 (13.7～24.6)	24.8 (15.4～30.6)	15.3 (9.3～20.8)
9月22日	2.9 (23.3%)	19.6 (15.6～22.9)	25.0 (18～30.8)	15.6 (10.5～20.7)
9月23日	6.1 (23.3%)	19.3 (15.9～24.7)	24.8 (17.4～31.3)	15.2 (11.9～19.5)
9月24日	2.1(26.7%)	19.4 (13.8～22.8)	24.7 (18.9～29.9)	15.8 (11.3～14.5)
9月25日	4.0 (40.0%)	19.2 (13.6～25.1)	24.2 (17.1～31.8)	15.5 (8.6～19.8)
9月26日	5.4(36.7%)	19.2 (13.3～23.9)	23.8 (16.8～30.9)	15.8 (8.2～20.2)
9月27日	8.8 (43.3%)	18.4 (10.4～23.4)	22.9 (11.8～30.9)	15.3 (7.5～19.8)

注：括号内数值为降水概率和各气温范围。

　　9 月 15—27 日十四运会期间，西安市多年平均气温为 19.6 ℃，气温舒适，发生高温的概率极低，仅为 0.26%。逐日平均气温气候值范围为 18.4～20.7 ℃，最高气温气候值范围为 22.9～25.5 ℃，最高气温极大值范围为 29.9～35.5 ℃，仅 2013 年 9 月 16 日日最高气温为 35.5 ℃，其余均未达高温标准（日最高气温大于或等于 35 ℃），最低气温气候值范围为 15.3～17.3 ℃，最低气温极小值范围为 7.5～13.7 ℃。

根据十四运会期间历史时段大风、沙尘、雷暴等高影响天气的统计分析发现,十四运会期间平均风速日变化较明显,白天大、夜间小。西安高温、暴雨、沙尘浮、大雨、雷暴等高影响天气事件出现概率较小。

6.1.2 十四运会延伸期天气过程预测

在十四运会开幕式前100天,基于气候预测系统,利用前期气压演变特征寻找过程相似年为1975和1987年,通过相似年西安市9月降水过程情况分析,十四运会开幕式9月15日前后降水的可能性较大,9月下旬可能出现连阴雨天气,且有出现中等及以上降雨的可能(图6.1)。

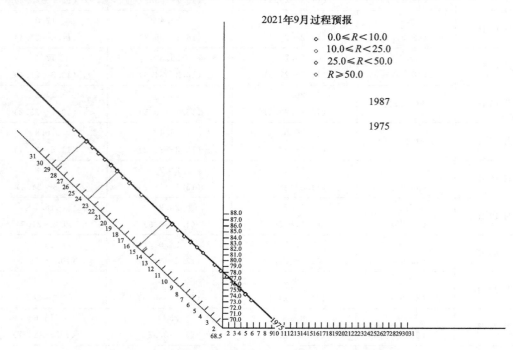

图 6.1 气候预测系统提前 100 天对 9 月过程的预测

8月进入十四运会气候预测延伸期时段,基于国内外气候模式对外强迫因子和环流系统演变的预测、模式对降水、气温等气象要素的本地化检验与释用,以及陕西省智能网格气候预测系统延伸期预测,开展与国家气候中心、国家气象中心视频、电话、网络滚动会商((彩)图6.2),分析研判开幕式当天天气过程和开幕式期间主要天气过程,并滚动给出预测意见。

图 6.2 8月19日与国家气候中心、国家气象中心进行十四运会专题气候预测视频会商(左);9月3日与国家气候中心进行十四运会专题气候预测滚动会商(右)

8月中旬根据模式对环流场的预测,预计9月13—17日十四运会开幕式前后,亚洲中高纬度以纬向环流为主(图6.3),冷空气势力不强,气温有波动,平均气温接近常年同期。西北太平洋副热带高压强度偏强、脊线位置偏北,并有逐渐西伸趋势,印缅槽活跃,有利于开幕式前后西安地区产生降水过程。

模式:ECE_M

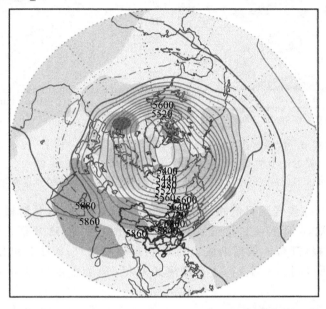

图6.3　EC模式8月16日起报9月13—17日500百帕平均高度及距平(单位:位势米)

由9月2日起报的500百帕位势高度场和850百帕风场距平(图6.4)可以看出,开幕式及十四运会期间,副热带高压(简称副高)偏北、偏强、偏西,印缅槽偏强,菲律宾海附近呈反气旋环流异常,受南风分量控制,陕西省的水汽输送条件较好,在开幕式及十四运期间有利于产生降水过程。

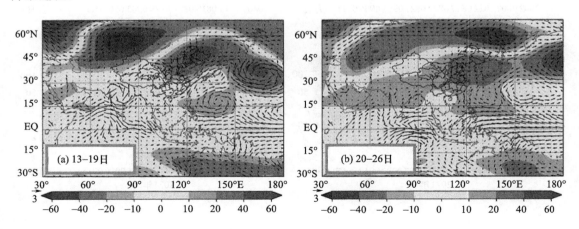

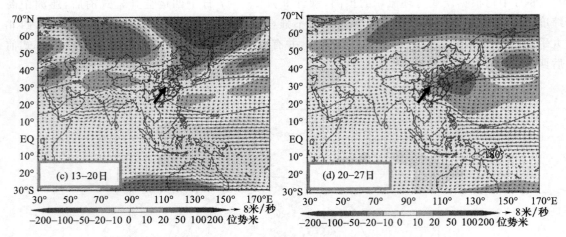

图 6.4 CFS 季节—次季节预报模式 9 月 2 日起报(a)9 月 13—19 日、(b)9 月 20—26 日;
E 欧洲中期天气预报中心 9 月 2 日起报(c)9 月 13—20 日、
(d)9 月 20—27 日 500 百帕位势高度场距平与 850 百帕风场距平

自 8 月 1 日起追踪模式逐日起报的延伸期内降水天气过程,并对模式结果进行本地化释用。由图 6.5 可知,8 月上旬起报结果显示,西安市 9 月 15 日开幕式当天产生降水的可能性小;8 月中旬起报,开幕式前后西安市将可能有小雨天气;8 月下旬起报,开幕式前后降水过程持续时间有所延长,8 月 27 日气候模式起报,预测十四运会开幕式当天出现小雨天气。

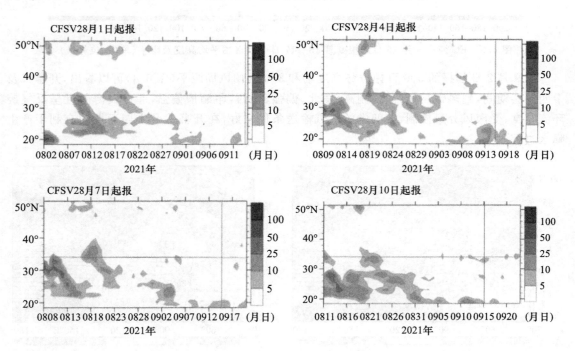

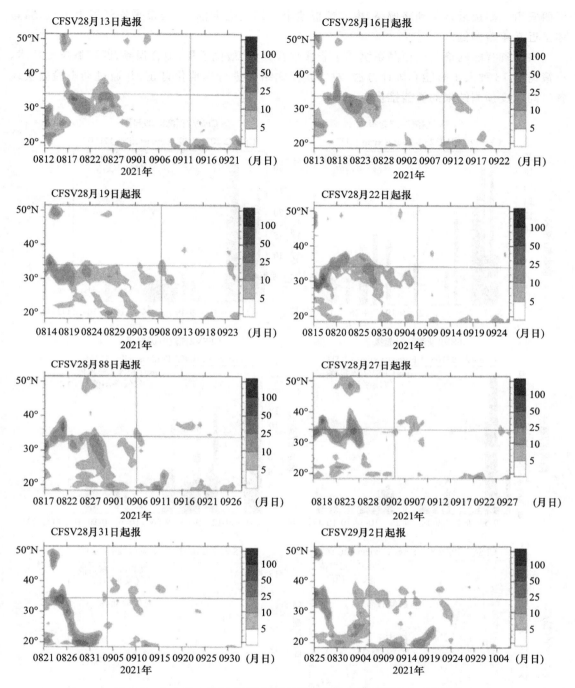

图 6.5　自 8 月 1 日起 CFSV2 模式不同起报日期预测的 109°E 经度
剖面上的降水过程（十字中心为西安市 9 月 15 日）

基于 CFSV2 模式本地化释用的开幕式期间逐日降水与平均气温预测结果显示（图 6.6），十四运会开幕式当天有小雨，十四运会期间多降水过程，总降水量较常年相比偏多，降水过程主要出现在 9 月 17—20 日和 23—25 日，其中 16 日与 23 日有出现中雨的可能。8 月份模式起报结果显示，开幕式当天西安市平均气温较常年略偏低，自 9 月开始，模式稳定预报开幕式当天西安市气温接近常年到略偏高,模式预报整个十四运会期间,西安市平均气温上下波动,整体接近常年略偏低。

陕西省智能网格气候预测系统基于非参数百分位、最优子集、拟合误差、匹配域投影技术、决策树等13种人工智能和统计方法,对气候模式结果进行本地化订正,并通过动态检验实现各时间尺度预测结果的智能推优。

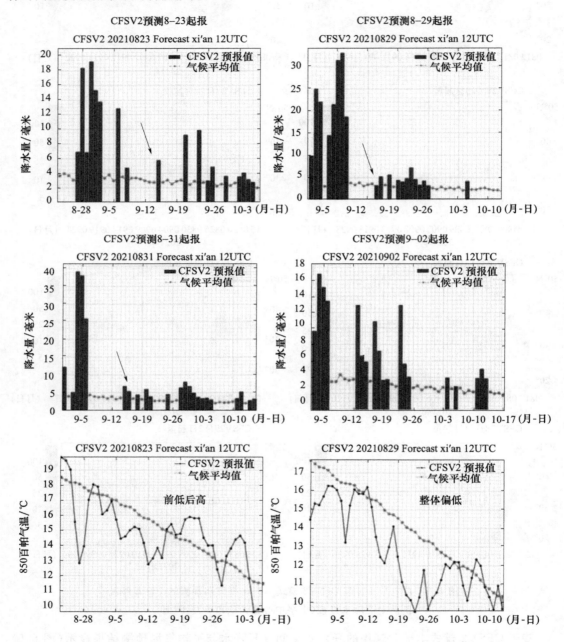

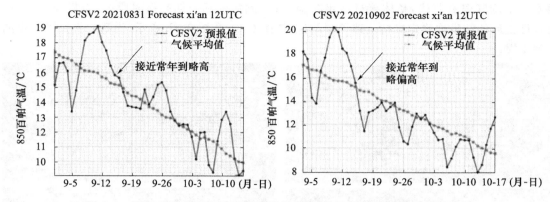

图6.6　基于CFS模式本地释用的开幕式期间逐日降水量与平均气温预测

由本地化释用后的DERF模式8月1日起报的结果显示(图6.7a),整个9月中旬西安市为持续降水天气,开幕式当天有小雨;提前1个月即8月15起报的结果显示(图6.7b),开幕式当天无降水,9月17—27日存在持续性降水,主要为小雨;提前15天即8月31日起报的结果显示(图6.7c),开幕式当天有小雨,9月15—24日存在持续性降水,且27日有降水过程,降水量级为小雨;提前11天即9月4日起报的结果显示(图6.7d),开幕式当天将有大雨,十四运会前期(15—18日),中后期(23—24日)西安市将有降水过程。

由前期对气候模式延伸期过程的检验发现,模式对降水过程的预测存在系统性偏多的特征,基于智能网格系统最优推荐的拟合误差方法对DERF输出结果进行订正后,可以有效地改善模式对降水预测偏多的这一系统性偏差,结果如图6.7e—h所示。DERF模拟结果经过拟合误差方法订正后,提前45天即8月1日起报的降水过程(图6.7e)结果显示,9月中旬后期西安市为持续降水天气,十四运会开幕式当天有小雨;提前一个月即8月15日起报的结果显示(图6.7f),开幕式当天有小雨,9月16—22日有持续性降雨天气,24—27日有降水过程,且闭幕式当天降水量级为中雨;提前15天即8月31日起报的结果显示(图6.7g),开幕式当天有小雨,十四运会期间多降水过程,在16—20日、22日、24日、26日可能有降水发生;提前11天即9月4日起报的结果显示(图6.7h),十四运会期间有持续性降水过程,主要发生在9月18—22日、24—27日两个时段。

针对十四运会期间平均气温的预测,由本地化释用后的DERF模式8月1日起报结果显示(图6.8a),十四运会开幕式当天西安市平均气温接近常年同期;提前一个月即8月15日起报的结果显示(图6.8b),十四运会开幕式当天西安市平均气温接近常年同期,十四运会期间西安市平均气温接近常年同期略偏低;提前15天即8月31日起报的结果显示(图6.8c),十四运会开幕式当天和十四运会期间平均气温接近常年同期略偏低;提前11天即9月4日起报的结果显示(图6.8d),开幕式当天平均气温较常年偏低4.5℃,十四运会期间平均气温较常年偏低2.6℃。

由前期对气候模式延伸期过程的检验发现,模式对平均气温的预测存在系统性的偏低特征,基于智能网格系统最优推荐的拟合误差方法对DERF输出结果进行订正后,可以有效地改善模式对平均气温预测偏低的这一系统性偏差,结果如图6.8e—h所示。由DERF模式结果经过K-Means方法订正后,提前45天即8月1日起报的降水过程(图6.8e)结果显示,十四运会开幕式当天西安市平均气温接近常年同期略偏高;提前一个月即8月15日起报的结果显示(图6.8f),开幕式当天西安市平均气温接近常年同期略偏高,十四运期间西安市平均气温有起伏，整体接近常年略偏高；在此后的延伸期起报时段内（至提前 11 天起报），订正后的结果均稳定维持上述预测结论，如图 6.8g 和图 6.8h 所示，为我们提供了稳定的预测支撑。

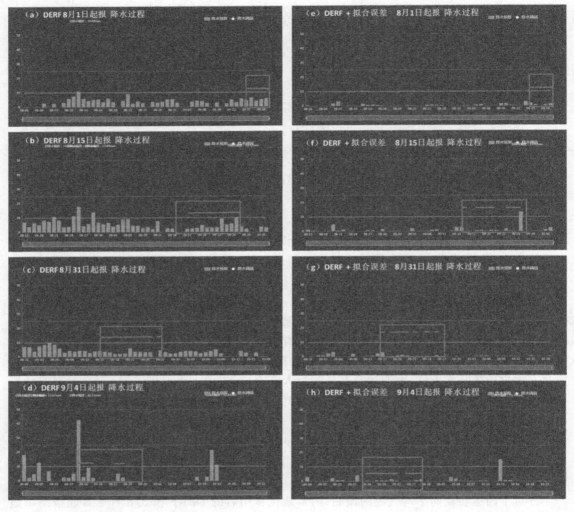

图 6.7　DERF 模式(a)8 月 1 日、(b)8 月 15 日、(c)8 月 31 日、(d)9 月 4 日起报的十四运会期间西安市降水过程；智能网格系统最优推荐的拟合误差方法对 DERF 模拟订正后的(e)8 月 1 日、(f)8 月 15 日、(g)8 月 31 日、(h)9 月 4 日起报的十四运会期间西安市降水过程

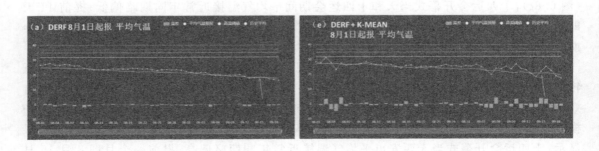

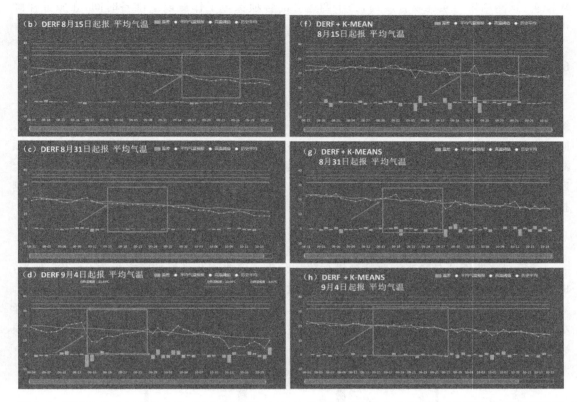

图 6.8　DERF 模式(a)8 月 1 日、(b)8 月 15 日、(c)8 月 31 日、(d)9 月 4 日起报的十四运会期间西安市平均气温变化;智能网格系统最优推荐的 K-Means 方法对 DERF 模式订正后的(e)8 月 1 日、(f)8 月 15 日、(g)8 月 31 日、(h)9 月 4 日起报的十四运会期间西安市平均气温变化

　　总结对十四运会开幕式及赛事期间延伸期过程的预测技术与经验,首先从提前 100 天开始,细致地分析了历史同期降水、高温、雷电、大风等高影响天气过程,针对易出现的高影响天气比如降水过程,进一步细化分析历史同期降水日概率、降水量级、降水过程持续时间、与气候事件(如华西秋雨)、当月气候趋势的对应关系,分析不同时段(如开幕式入场时段、开幕式表演时段)历史同期降水概率,对天气过程气候特征进行全面细致的分析,可以为后期预测奠定基础和提供思路。同时根据经验统计分析,应用前期高压中心的变化特征与天气过程的对应关系,寻找得到过程相似年,提前 100 天左右为十四运开幕式及赛事期间天气过程的预测提供参考。

　　当进入到延伸期预测时段,通过分析气候模式预测的环流场、影响天气过程的主要环流系统的特征与变化,为延伸期天气过程预测提供背景条件;通过追踪模式每日起报的天气过程,对照实况了解和分析模式调整的方向;通过模式本地化释用技术,实现对延伸期天气过程相关的各要素逐日变化及趋势预报;通过前期对模式预测结果的检验评估,为正确认识和使用模式提供科学依据;通过陕西省智能网格气候预测系统,基于本地化智能推荐的最优订正方法,实现对天气过程预测的进一步细化和完善。

　　综上所述,迭进式的预测思路为延伸期天气过程预测提供了强有力的技术支撑,最终实现对十四运会开幕式及赛事期间的准确预测,提前 13 天给出 9 月 15 日开幕式当天西安有小雨的预测结论,提前 11 天预测十四运期间(9 月 15—27 日)西安地区多连阴雨天气,降水量较常年偏多,预测结果与实况吻合度高,为十四运会的各项保障工作赢取了准备时间,在服务保障中发挥了重要作用。

6.2 月、季气候趋势预测技术

为更好地为十四运会提供气候预测保障工作,采取迭进式预测思路,在2021年年初基于统计诊断方法、动力-统计相结合的方法为开展9月、秋季气候预测初步分析做好充足准备。同时密切监测外强迫因子、气候系统的实时演变,及时对预测意见进行调整。及时开展模式预测结果的检验评估,进入临近月份,基于模式预测和本地化订正结果,做出综合研判,从而为十四运会气象保障服务提供了有力支撑。本节将分别介绍9月降水、气温和秋季气候趋势预测技术与思路。

6.2.1 9月降水趋势预测

首先对陕西省9月降水气候特征进行统计分析。陕西省9月累计降水量为0~200毫米,由北向南递增,陕北、关中东部9月累计降水量0~50毫米,关中西部、陕南100~200毫米。陕西省9月降水年代际特征显著,在20世纪90年代前全省降水偏多,1991—2000年全省降水偏少,在2000年后降水呈年代际正异常(图6.9),逐年9月降水正距平频次增大,负距平频次减少。

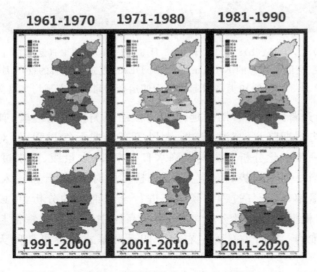

图6.9 陕西省9月降水年代际距平分布(参考时段为1981—2010年)

陕西省近30年(1991—2020年)9月降水经验正交函数(EOF)分解模态和时间系数变化如图6.10所示。第一模态为全省一致型分布,体现为全省降水一致偏多或一致偏少分布型,解释方差贡献为63.3%。第二模态为西北、东南反向型分布,体现为陕北、渭北、宝鸡西部、汉中西部降水偏多(少),对应关中中东部、陕南中东部降水偏少(多)的反位相分布,解释方差贡献为16.2%。

将降水EOF分解后的PC序列与同期500百帕位势高度场进行相关分析(图6.11),结果显示,PC1序列的相关场在欧亚地区呈现西低东高的分布特征,里海为低值中心,中高纬度其余大部分区域为正值,东亚地区自东北向西南呈"一 + 一"分布,即东北北部、鄂霍次克海、日本海及其以东洋面 500 百帕位势高度为负异常,中国中东部及太平洋、黄海、东海为正异常,中南半岛为负异常,有利于全省降水一致偏多,反之全省降水一致偏少。

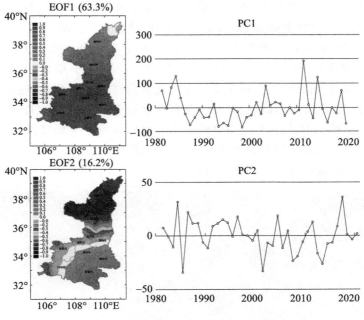

图 6.10 陕西省 9 月降水 EOF 分析

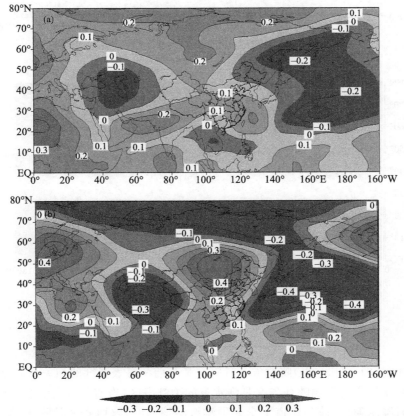

图 6.11 陕西省 9 月降水 EOF 分解的(a)PC1 序列、(b)PC2 序列与 500 百帕位势高度场的相关系数

PC2 序列与同期 500 百帕的相关场在欧亚大陆至西北太平洋地区从西到东呈"＋ － ＋ －"的波列状分布特征,波罗的海、东欧平原呈正异常中心,伊朗高原为负值中心,蒙古高原为正异常中心,西北太平洋呈负异常中心,相关系数均通过显著性检验,西太副高所在区域为负异常,该环流分布型有利于 9 月陕北降水偏多,关中中东部、陕南中东部降水偏少,反之亦然。

分别对 1981 年以来 9 月全省降水一致偏多年份、全省降水一致偏少年份进行合成分析(图 6.12),发现全省降水一致偏多的年份(1983 年、1985 年、2003 年、2011 年、2014 年和 2019 年),对应中高纬 500 百帕环流距平场主要呈现出北低南高的分布型,负值中心位于里海及其以东至蒙古高原以及日本海及其以东洋面。全省降水一致偏少的年份(1987 年、1988 年、1993 年、1994 年、1998 年和 2016 年),对应中高纬度 500 百帕环流距平场呈西低东高的分布型,负值中心位于里海以北,乌山以东至太平洋均为正距平,正值中心位于鄂霍次克海,黄河、渤海有一负值中心,对应副高偏弱偏南,不利于水汽输送。

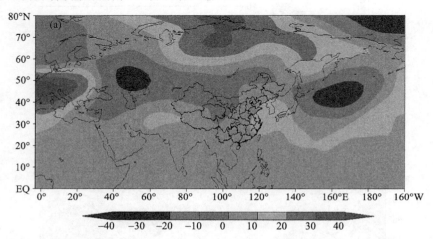

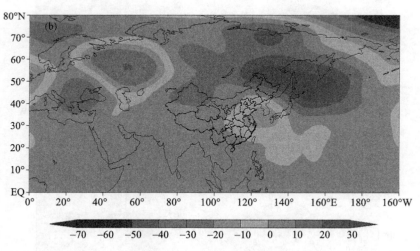

图 6.12　陕西省 9 月(a)降水偏多年、(b)降水偏少年
500 百帕位势高度距平场合成(单位:位势米)

由近 30 年(1991—2020 年)陕西省 9 月降水量与前冬海表温度的相关系数分布(图 6.13)可知,赤道中东太平洋是影响陕西省 9 月降水量的关键海区,当前冬赤道中东太平洋海温偏高时,陕西省 9 月降水偏少,前冬赤道中东太平洋海温偏低时,陕西省 9 月降水偏多,前冬 Nino

A 区海表温度距平指数与 9 月降水的相关系数为一0.32(表 6.4)。同时,前冬西北太平洋和大西洋海温对陕西省 9 月降水有重要影响,前冬黑潮区海温指数与陕西 9 月降水相关系数为一0.33,西太平洋暖池面积指数与 9 月降水的相关系数为 0.34,大西洋经向模海温指数与 9 月降水的相关系数为 0.33。

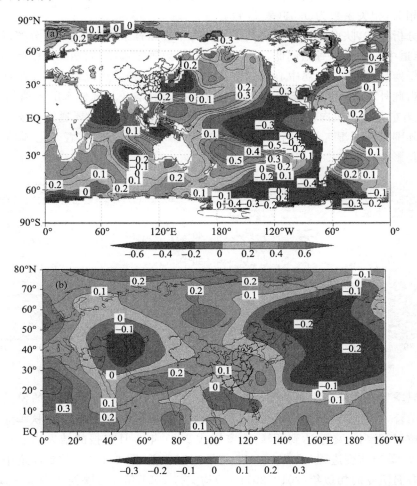

图 6.13　陕西省 9 月降水与(a)前冬海温、(b)同期 500 百帕环流场的相关系数分布

表 6.4　前冬海温指数及同期大气环流指数与 9 月陕西降水的相关系数

类型	指数	相关系数
前冬海温指数	Nino A 区海表温度距平	一0.32
	西太平洋暖池面积指数	0.34
	黑潮区海温指数	一0.33
	大西洋经向模海温指数	0.33
同期大气环流指数	北半球极涡中心纬向位置	0.38
	东大西洋遥相关型指数	0.33
	北太平洋遥相关型指数	一0.31

注:表中列出的指数均通过 90% 信度显著性 t 检验。

由陕西省9月降水与同期500百帕位势高度场的相关系数分布(图6.13)可知,9月降水的高影响区域主要位于里海、印度半岛西北部、西北太平洋和鄂霍次克海地区,在东亚沿海由东北向西南相关系数呈"－ ＋ －"分布特征。9月降水与同期北太平洋遥相关型相关系数为－0.31,与北半球极涡中心纬向位置呈显著正相关,相关系数为0.38,与东大西洋遥相关型指数呈显著正相关,相关系数为0.33(表6.4)。

由上述分析可知,陕西省9月降水处于偏多的年代际背景,降水距平百分率以全省一致型为主,前冬赤道中东太平洋海温偏低、西太暖池偏暖、黑潮区偏冷,同期欧亚中高纬度500百帕位势高度北低南高、北半球极涡中心位置偏东、北太平洋遥相关负位相有利于陕西9月降水偏多,反之亦然,此外,从9月低层850百帕风场气候态及其与8月气候态的差值场(图6.14)可以看出,9月为东亚夏季风向冬季风转换时期,影响陕西省的水汽主要通过印缅槽后西南气流和西太副高外围东南暖湿气流进行输送,因此西太副高月内强度和位置变化、印缅槽的强度与活跃程度也是影响陕西省9月降水的重要因素。

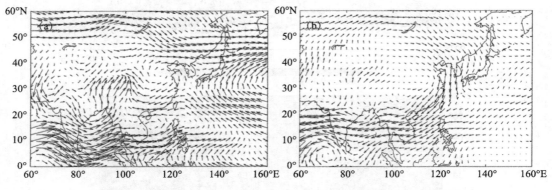

图6.14　东亚地区(a)9月850百帕风场气候态及(b)其与8月的差值场

分析海温季节—次季节演变特征与9月降水的对应关系,将海温演变的模式预测结果与统计分析相结合,有利于帮助我们对初步预测意见进行逐步调整。2020年秋季赤道中东太平洋形成一次拉尼娜事件,冬季达到顶峰,多家模式2021年1月起报的结果均显示拉尼娜事件将在春季结束,季节演变进程与2011/2012年最相似((彩)图6.15)。前冬赤道中东太平洋海温负距平及海温演变的相似年(2010/2011年)均支持2021年9月陕西省降水一致偏多。

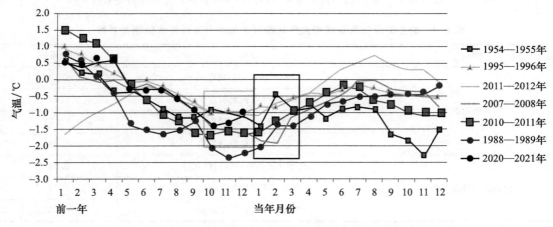

图6.15　2020/2021年拉尼娜事件季节演变特征及与相似个例的对比

　　对赤道中东太平洋海温进行跟踪监测发现,海温演变特征与年初初步推断一致,2020/2021年拉尼娜事件在春季(4月)结束,随后赤道中东太平洋海温缓慢上升至中性状态,7月底海温开始降低并有继续发展为拉尼娜的趋势,季节演变过程与2010—2011年高度相似。此外,对印度洋海温的监测发现,2021年夏季副热带印度洋偶极子(IOD)指数负位相持续发展,印度洋海盆持续偏暖,海温演变相似年合成结果支持2021年陕西省9月降水偏多。

　　进入夏季以后,沃克环流及东亚大气表现出对赤道中东太平洋冷事件的响应(图6.16),赤道西太平洋沃克环流上升支增强,850百帕菲律宾呈现气旋性环流异常,500百帕位势高度场中高纬度"两脊一槽"特征显著,西太副高偏强偏西。

　　进入8月,气候模式提供的9月环流场与气象要素的预测结果得以进一步完善,对CFS和EC模式逐月环流预测效果与实况进行对比发现(图6.17),CFS和EC模式对东亚地区环流特征的预测与实况基本一致,能够预测出6月、8月中高纬度偏强的冷涡活动特征,对6月和8月的中国南海反气旋、7月西太副高偏北等大气环流异常均有较好的预测效果。

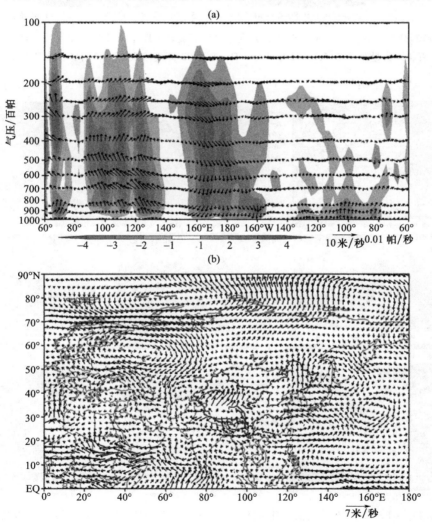

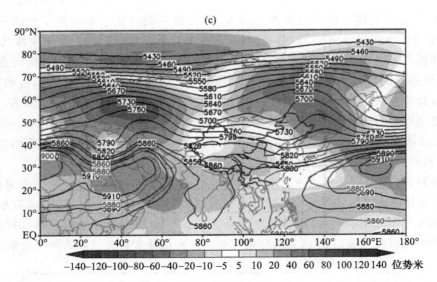

图 6.16 （a）2021年8月1—22日，5°S—5°N经向平均的沃克环流距平；（b）2021年6月1日—8月23日，东亚地区850百帕风矢量距平场；（c）2021年6月1日—8月23日，东亚地区500百帕位势高度距平场

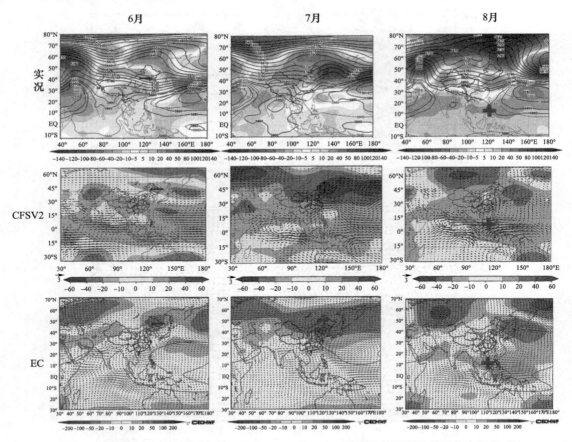

图 6.17 CFS和EC模式提前1月起报的6—8月500百帕环流场预测结果及与实况的对比

对月降水趋势预测效果的检验评估发现，国内外气候模式对陕西省月降水趋势的预测效果并不理想，图6.18所示为2021年5—7月逐月降水百分率实况及各月季模式提前1个月起

报的预测结果。由图 6.18 可知,模式对月降水趋势的预测与实况相比存在不同程度的差异,并且模式与模式之间的差异较大,模式预测的不确定性较大。

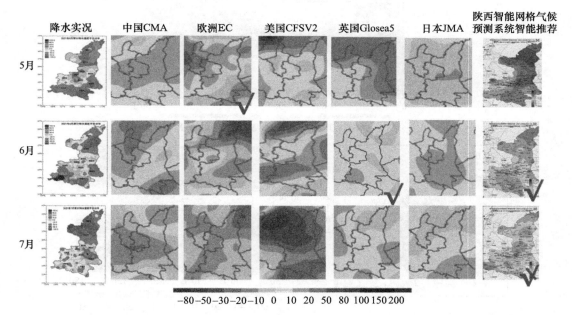

图 6.18　国内外气候模式及陕西省智能网格气候预测系统智能推荐方法提前 1 个月起报的 2021 年
5—7 月陕西省月降水趋势预测结果与实况的对比检验

对中国(CMA)、美国(CFSV2)、欧洲中心(EC)、日本(JMA)月气候模式 2020 年以来预测的陕西省月降水结果进行 PS 检验发现,各模式的 PS 平均得分在 42.8~53.3 分,多模式平均 PS 得分为 48.9 分。利用机器学习算法及模式集成方法对上述模式预测结果进行本地化订正,表现最优的 EC 模式基于多种方法订正后的 PS 平均得分为 55.8 分,基于动态检验的智能推荐最优组合(EC 模式和支持向量机方法)订正后的月降水 PS 平均得分为 63.6 分,相比模式原始预测结果提高 19.3%,可见智能网格预测系统智能推荐对降水月预测质量有较大提高,在图 6.18 中表现为对 6 月、7 月月降水趋势有较好的预测效果。

对近 10 年(2011 年 1 月上旬—2021 年 8 月下旬)各模式及其订正后的陕西省逐旬降水预测结果进行 ACC 检验发现,DERF2.0 原数据旬预测 ACC 值范围为—0.81~0.89,其中 ACC 大于 0 的旬占比 43.9%,小于 0 的旬占比 31.2%。基于 9 种订正方法对 DERF2.0 模式释用后的预测结果 ACC 得分大于 0 的占比均高于 DERF2.0 原数据,其中基于决策树方法的降水旬预测结果 ACC 得分大于 0 的占比最高,为 59.3%,可见智能网格预测系统智能推荐对月内逐旬降水趋势的空间分布预测效果较模式原始预测有较大提升。

对气候模式及本地化订正后预测效果的检验评估为气候预测提供重要参考。各模式 2021 年 8 月对 9 月环流预测如图 6.19 所示,由图可见,模式对东亚 500 百帕位势高度场的预测主要呈现出北低南高的分布型,与 9 月陕西省降水偏多年环流特征相对应(图 6.12),对环流检验评分最高的 EC 模式,9 月环流预测场表现出北半球极涡位置偏东,在里海及鄂霍次克海地区为负距平,北太平洋遥相关型呈负位相,与图 6.13 降水与同期 500 百帕位势高度场的相关系数分布高度相似,西太副高偏强、偏西,印缅槽偏强,支持 2021 年 9 月陕西省降水一致偏多。

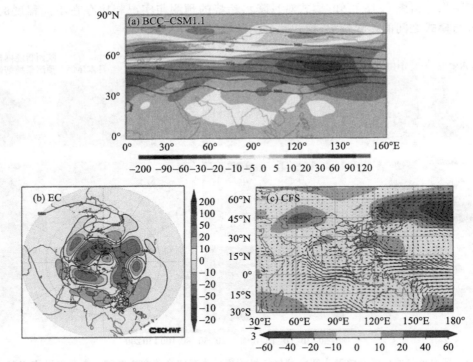

图 6.19　(a)BCC-CSM1.1、(b)EC、(c)CFS 模式对 9 月环流场的预测

　　由气候模式对月内环流场逐周预测结果(图 6.20)可见,东亚沿海对流层低层前期为北低南高,后期转变为北高南低的分布。中国南海反气旋减弱,在中旬后期调整为气旋性异常。西太平洋副高强度、面积前期接近常年到略偏强、偏大,存在波动变化,在中旬后期副高偏强、面积偏大明显(图略)。西太平洋副高脊线在上旬至中旬前期略偏北,中旬后期至下旬,西太平洋副高脊线在常年值附近摆动,整体接近常年到略偏北。西太平洋副高脊点在上旬前期异常偏东,上旬后期至中旬前期,西太平洋副高脊点在常年值附近东西摆动,中旬后期开始副高显著偏西,印缅槽在中旬后期开始活跃(图略)。上述环流的预测结果均显示,9 月月内环流阶段性变化特征显著,中下旬水汽条件充沛,有利于陕西省降水偏多。

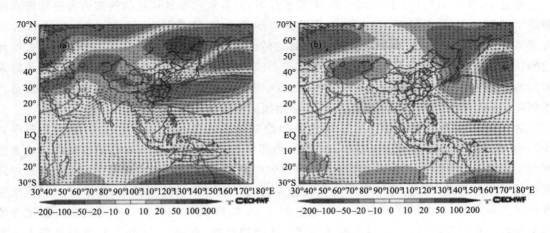

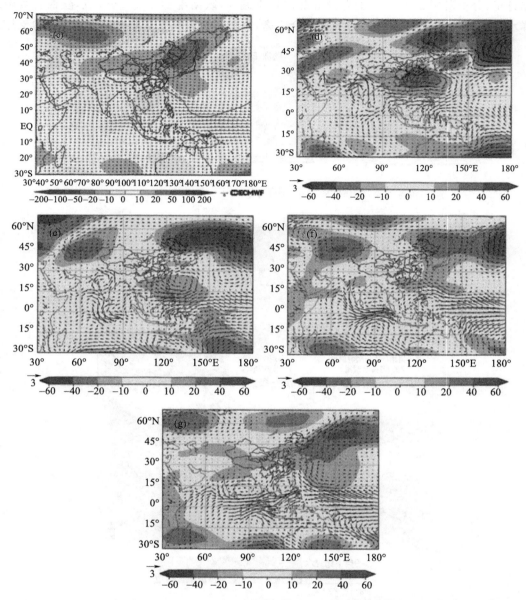

图 6.20　(a)—(c)EC 模式,(d)—(g)CFS 模式预测 9 月逐周 500 百帕位势高度距平(色阶:位势米)
及 850 百帕风矢量距平场(箭头:米/秒)

图 6.21 为国内外月季模式、海气耦合模式、国家气候中心最新研发的 BCC-CPSV3 模式
对 9 月降水的预测。由图可知,除 CMA 和 BCC 模式外,多数模式预测陕西省 9 月降水一致偏
多,对近 3 个月月降水预测检验(图 6.18)较优的欧洲中心模式(EC)和英国 Glosea5 模式一致
预测 9 月降水全省一致偏多。

图 6.22 为陕西省智能网格气候预测系统对 9 月降水和 9 月中旬、下旬智能推荐结果,基
于对 9 月历史同期多模式预测结果及多方法组合订正结果的动态检验,智能推荐结果显示 9
月全省降水偏多(图 6.22a),9 月中—下旬十四运会期间关中、陕南降水显著偏多
(图 6.22b—e)。综合统计诊断、外强迫因子的演变、模式对环流及降水的预测及本地化的检

验和订正,分析研判 2021 年 9 月除陕北北部降水偏少,陕南南部偏多 2～3 成,陕西省其余地区降水偏多 1～2 成。预测结论与实况吻合度高,为十四运会气象保障服务提供了有力支撑。

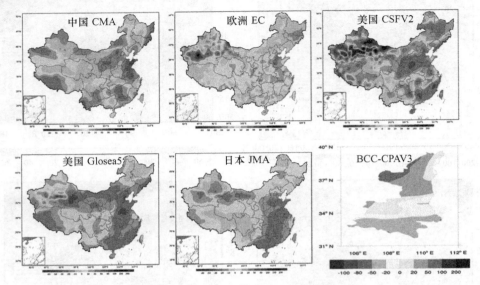

图 6.21 国内外气候模式对 9 月降水的预测

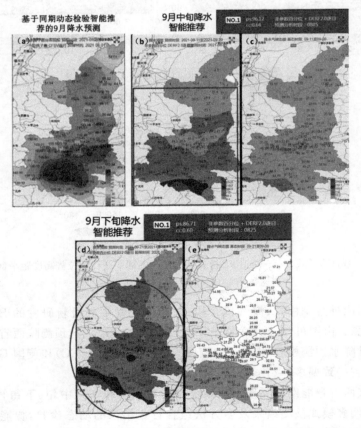

图 6.22 基于陕西省智能网格气候预测系统智能推荐的(a)9 月陕西省降水距平百分率预测;
(b)9 月中旬降水量预测;(d)9 月下旬降水量预测;(c)和(e)分别为 9 月中旬、9 月下旬气候态降水量

总结月降水预测经验,按照迭进式预测思路,层层跟进、迭进细化。首先对陕西省9月降水特征进行分析与诊断,找出影响陕西省9月降水的关键预测因子,并通过外强迫因子的前期特征,初步做出月降水趋势预判。随后,密切监测外强迫因子和关键环流因子的演变,及时对降水预测做出调整。同时,对同期、近期模式预测效果进行检验评估,为预测提供参考。最后,进入临近月份,根据环流预测结果结合统计关系、降水预测结果及智能网格气候预测系统本地化订正结果,综合做出分析研判。

6.2.2 9月气温趋势预测

采用迭进式预测思路对9月气温趋势进行预测。首先对陕西省9月平均气温的气候特征进行统计分析,陕西省9月平均气温在15~21 ℃,由北向南依次递增,陕北15~17 ℃,关中、陕南19~21 ℃。陕西省9月平均气温年代际变化特征显著,在20世纪90年代前全省气温偏低,1991—2010年全省气温一致偏高,2011—2020年,陕北大部分地区平均气温偏低,关中、陕南偏高(图6.23)。

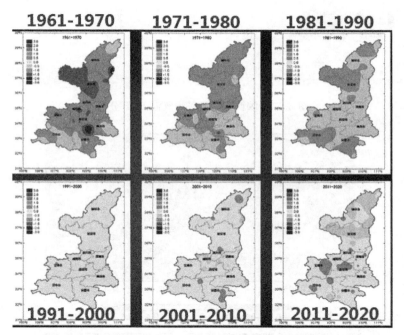

图6.23 陕西省9月平均气温距平的年代际变化,参考时段为1981—2010年

陕西省近30年(1991—2020年)9月气温EOF模态和时间系数变化如图6.24所示。EOF第一模态为全省一致型分布,体现为全省气温一致偏高或一致偏低,解释方差为84.4%。EOF第二模态为两端-中间反向型,表现为陕北、陕南西部平均气温偏高(低),关中、陕南东部偏低(高)的反位相分布,解释方差为5.2%。

将平均气温EOF分解后的PC序列与同期500百帕位势高度场进行相关分析(图6.25),结果显示,PC1序列的相关系数场在欧亚地区呈现"- + -"的纬向分布特征,正值中心位于西北太平洋,负值中心位于北非至欧洲西海岸和中国北方地区,即当9月北非及欧洲西部沿海、中国北方地区500百帕位势高度距平为负、西北太平洋位势高度距平为正、即西太平洋副高偏强时,有利于9月陕西省平均气温一致偏高,反之则对应平均气温一致偏低。

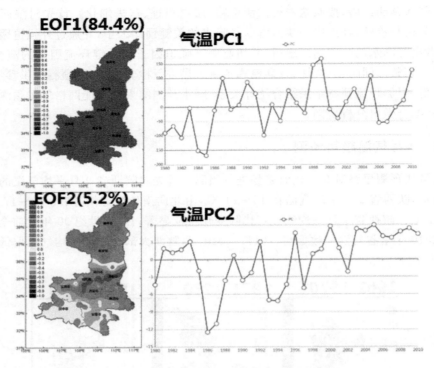

图 6.24　陕西省 9 月平均气温 EOF 分析

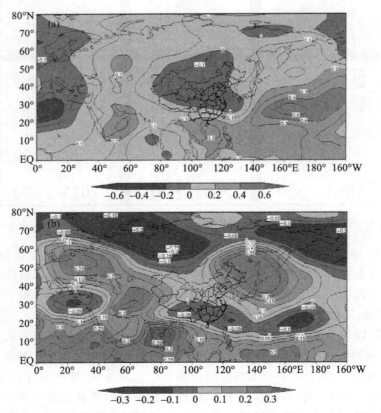

图 6.25　陕西省 9 月平均气温 EOF 分解的(a)PC1 序列、(b)PC2 序列与 500 hPa 位势高度场的相关系数场

　　PC2 序列与同期 500 百帕的相关系数场在欧亚中、高纬度呈"＋ － ＋ －"分布特征，500 百帕位势高度距平负值中心位于西伯利亚与鄂霍次克海，正值中心位于欧洲平原与日本海地区。在东亚沿海地区，经向上表现为以鄂霍次克海、日本海、长江中下游为中心的"－ ＋ －"分布特征，即当西伯利亚高压偏弱、鄂霍次克海阻高偏弱、长江中下游及西北太平洋副高所在区域 500 百帕位势高度偏低时，有利于陕北、陕南西部气温偏高，关中气温偏低，反之亦然。

　　分别对 1981 年以来 9 月全省平均气温一致偏高年份、一致偏低年份进行合成分析((彩)图 6.26)，发现全省平均气温一致偏高年(1998 年、1999 年、2005 年、2010 年、2016 年和 2017 年)，对应欧亚地区中、高纬度 500 百帕主要呈现北低南高的分布，负值中心位于贝加尔湖以北和鄂霍次克海以北，西北太平洋 500 百帕位势高度正异常有利于 9 月全省平均气温一致偏高。

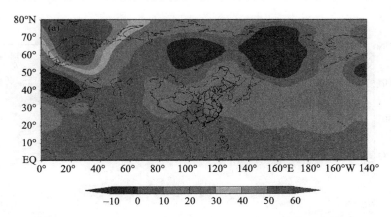

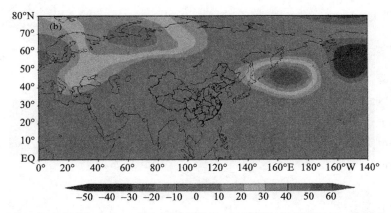

图 6.26　陕西省 9 月(a)平均气温偏高年、(b)平均气温偏低年 500 百帕位势高度距平场合成

　　全省平均气温一致偏低年(1992 年、1994 年、2001 年、2006 年、2011 年和 2012 年)，对应 500 百帕位势高度在日本海以东为正距平，中国自东北向西南呈"＋ － ＋"分布，西北太平洋 500 百帕位势高度负异常有利于 9 月全省平均气温一致偏低。

　　由近 30 年(1991—2020 年)陕西省 9 月降水量与前冬海表温度的相关系数分布(图 6.27)可知，印度洋是影响陕西省 9 月平均气温的关键海区。当前冬印度洋海温偏高时，陕西省 9 月平均气温偏高，前冬印度洋海温偏低时，陕西省 9 月平均气温偏低。前冬印度洋全区一致海温模与陕西省 9 月平均气温的相关系数为 0.56(表 6.5)，暖池强度指数与陕西省 9 月平均气温的相关系数为 0.54,面积指数与气温相关系数为 0.46,Nino B 区(EQ—10°N,50°—90°E)海温距平指数与陕西省 9 月平均气温相关系数最高,为 0.6。赤道太平洋是影响陕西省 9 月平均气温的另一重要海区,当前冬赤道中东太平洋海温偏高时,陕西省 9 月平均气温偏高,偏高时,陕西省 9 月平均气温偏低。前冬赤道中东太平洋 Nino3.4 区(5°S—5°N,170°W—120°W)海温距平与陕西省 9 月平均气温相关系数为 0.36,赤道南太平洋 Nino C 区(10°S—0°,180°—90°W)海温距平与陕西省 9 月平均气温相关系数为 0.45(表 6.5)。此外,前冬热带大西洋海温对陕西省 9 月平均气温有重要影响,热带南大西洋海温指数(20°S—0°、30°W—10°E 区域内海表温度距平)与陕西省 9 月平均气温相关系数为 0.41,即当热带南大西洋海温偏高时,有利于陕西省 9 月平均气温偏高,反之亦然。由表 6.5 可知,前冬南方涛动指数与陕西省 9 月平均气温有较高的负相关,相关系数为 −0.43,当前冬南方涛动指数为负时,对应 9 月陕西省平均气温偏高,反之亦然。

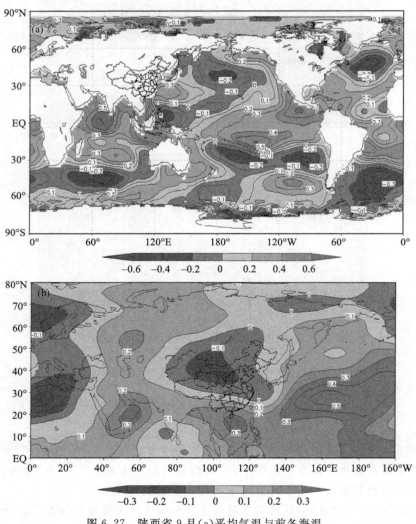

图 6.27　陕西省 9 月(a)平均气温与前冬海温、
(b)同期 500 百帕环流场的相关系数分布

由近 30 年(1991—2020 年)陕西省 9 月平均气温与同期 500 百帕位势高度场的相关系数分布(图 6.27)可知,9 月欧亚地区 500 百帕位势高度距平呈西正东负分布时,有利于当月平均气温偏高,反之有利于平均气温偏低,中国北方大部分地区 500 百帕位势高度距平场与陕西省 9 月平均气温呈负相关,即位势高度偏高时,9 月平均气温偏低,反之亦然。同时,西北太平洋 500 hPa 位势高度距平是影响陕西省 9 月平均气温的关键因素,西太平洋副高强度、面积和位置指数与陕西省 9 月平均气温存在显著相关(表 6.5),其中西太平洋副高面积指数与 9 月陕西平均气温相关系数为 0.52,强度指数与陕西平均气温相关系数为 0.51,北界位置指数与陕西平均气温相关系数为 0.52,即当西太平洋副高偏强、面积偏大、位置偏北时,对应陕西省 9 月平均气温偏高,反之亦然。此外,西藏高原指数与陕西省 9 月平均气温也存在显著正相关,西藏高原-1 指数与西藏高原-2 指数和陕西省 9 月平均气温的相关系数分别为 0.42 和 0.51。

表 6.5　前冬海温指数、同期大气环流指数与 9 月陕西省平均气温相关系数

前冬海温指数	相关系数	同期大气指数	相关系数
Nino3 区海温距平	0.38	西太平洋副高面积指数	0.52
Nino3.4 区海温距平	0.36	西太平洋副高强度指数	0.51
Nino C 区海温距平	0.45	北大西洋副高北界位置指数	0.52
Nino A 区海温距平	0.38	西藏高原-2 指数	0.51
Nino B 区海温距平	0.6	太平洋副高强度指数	0.43
Nino Z 区海温距平	0.38	北太平洋副高面积指数	0.43
热带南大西洋海温指数	0.41	西藏高原-1 指数	0.42
西半球暖池指数	0.52	北大西洋副高面积指数	0.38
印度洋暖池面积指数	0.46	北大西洋副高强度指数	0.38
印度洋暖池强度指数	0.54	北半球副高面积指数	0.37
暖池型 ENSO 指数	0.37	北半球副高强度指数	0.37
热带印度洋全区一致海温	0.56	大西洋副高脊线位置指数	0.37
南方涛动指数	-0.43	北半球副高北界位置指数	0.35

由上述分析可知,陕西省 9 月平均气温处于偏高的年代际背景,气温距平以全省一致型为主,前冬印度洋海温是影响陕西省 9 月平均气温的关键外强迫因子,当前冬印度洋海温偏高、海温一致模态为正位相时有利于陕西省 9 月平均气温偏高,同期西太平洋副高是影响陕西省 9 月平均气温的关键环流因素,当 9 月西太平洋副高偏强、面积偏大、位置偏北时,陕西省 9 月平均气温偏高,反之亦然。2021 年冬季,印度洋海温偏高,Nino B 区海温距平为正位相,印度洋海温一致模为正(图 6.28),有利于 2021 年 9 月陕西省平均气温偏高。

2021 年月—季气温变化特征:1 月陕西省平均气温偏高 2 ℃,属异常偏高年份,其中陕北北部、关中月平均气温偏高 2~3 ℃;2 月陕西省平均气温创历史新高,较常年同期高 3.3 ℃,其中陕北北部偏高 4~5.5 ℃;春季陕西省平均气温较常年同期高 0.5 ℃;夏季陕西省平均气温较常年同期高 0.6 ℃。在持续平均气温持续偏高的背景下,9 月平均气温偏高的可能性较大。

对中国(CMA)、美国(CFSV2)、欧洲中心(EC)、日本(JMA)月气候模式 2020 年以来预测的陕西省月平均气温结果进行 PS 检验发现,各模式的 PS 平均得分为 47.3~66.3 分,多模式

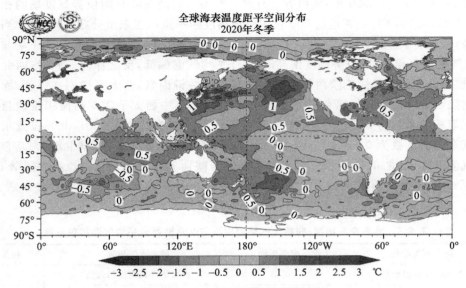

图 6.28　2020 年冬季海表温度距平

平均 PS 得分为 53.4 分。利用机器学习算法及模式集成方法对上述模式预测结果进行本地化订正,表现最优的 CFSV2 模式基于多种方法订正后的 PS 平均得分为 61.6 分,基于动态检验的智能推荐最优组合(CFSV2 模式和匹配域投影技术)订正后的月平均气温 PS 平均得分为 67.3 分,相比模式原始预测结果提高 15.1%,可见智能网格预测系统智能推荐对平均气温月预测质量有较好的改善。

对近 10 年(2011 年 1 月上旬—2021 年 8 月下旬)各模式及其订正后的陕西省逐旬平均气温预测结果进行 ACC 检验发现,DERF2.0 原数据平均气温旬预测 ACC 值范围在 −0.62～0.82,其中 ACC 大于 0 的旬占比 48.6%,小于 0 的旬占比 49.2%。基于 9 种订正方法对 DERF2.0 模式释用后的预测结果 ACC 得分大于 0 的占比均高于 DERF2.0 原数据,其中基于决策树和最优子集方法的气温旬预测结果 ACC 得分大于 0 的占比最高,为 79.7%,可见智能网格预测系统智能推荐对月内逐旬降水趋势的空间分布预测效果较模式原始预测有较大提升。

国内外气候模式 7 月起报的陕西省平均气温月预测结果(图 6.29)一致显示,2021 年陕西省 9 月平均气温大部分地区偏高,CMA 模式预报 9 月陕南东南部平均气温较常年低 0～0.5 ℃,8 月模式对 9 月平均气温预测有调整(图 6.30),CMA 预测 9 月陕西省全省平均气温偏高 0～2 ℃,CFSV2 调整为陕北、关中北部偏低,其余地区偏高,其他模式包括最新的 BCC-CPSV3 模式结果均显示陕西省 9 月平均气温较常年同期偏高。国内外气候模式 8 月起报的环流场显示,9 月 500 百帕位势高度距平主要呈现出北低南高的分布(图 6.19),与 9 月陕西省平均气温偏高年环流特征一致(图 6.27),西太平洋副高偏强、面积偏大,脊线总体偏北,西藏高原正距平异常,有利于陕西省 9 月平均气温偏高。陕西省智能网格气候预测系统智能推荐结果同样显示(图 6.31),9 月陕西省关中、陕南平均气温较常年同期高 0～1 ℃,陕北南部偏高 1～2 ℃,陕北北部偏高 2 ℃以上。预测结论与实况吻合度高,为十四运气象保障服务提供了有力支撑。

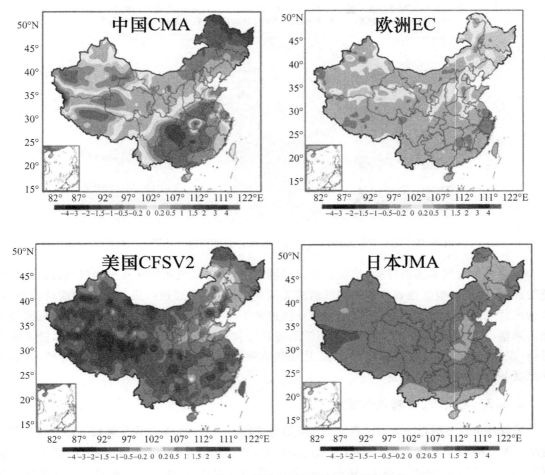

图 6.29　国内外气候模式 7 月起报的 9 月平均气温

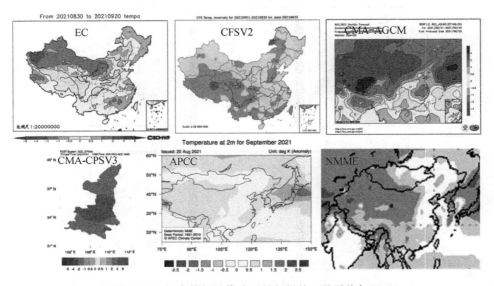

图 6.30　国内外气候模式 8 月起报的 9 月平均气温

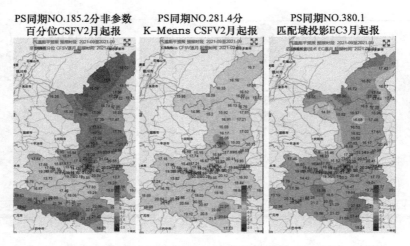

图 6.31　陕西省智能网格气候预测系统智能推荐的 9 月平均气温预测

　　总结月平均气温预测经验,按照迭进式预测思路,首先对陕西省 9 月平均气温特征进行分析与诊断,找出影响陕西省 9 月平均气温的关键预测因子,并通过外强迫因子的前期特征,初步做出月气温趋势预判。随后,密切监测外强迫因子和关键环流因子的演变,及时对气温预测做出调整。同时,对同期、近期模式预测效果进行检验评估,为预测提供参考。最后,进入临近月份,根据环流预测结果结合统计关系、月预测结果及本地化订正结果,综合做出分析研判,为保障服务提供精准预测意见。

6.2.3　秋季气候趋势预测

　　采取迭进式预测思路对陕西省秋季气候趋势进行预测。首先对秋季气候特征做分析。陕西省秋季累计降水量为 50～360 毫米,由北向南递增,陕北北部 50～100 毫米,陕北南部 100～300毫米,关中、商洛 140～200 毫米,镇巴 360 毫米,陕南其他地区 200～300 毫米。降水变化存在年代际振荡特征(图 6.32),各区域变化特征存在差异,陕北地区在 20 世纪 60 年代和 70 年代

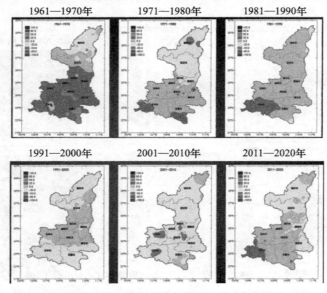

图 6.32　陕西省秋季降水距平百分率的年代际变化(参考时段 1981—2010 年)

降水偏少且有减少趋势，在 80 年代降水偏多，其后 1991—2020 降水均偏少；关中地区在 20 世纪 60 年代、70 年代、80 年代、90 年代降水均偏多，但偏多程度有所减小，在 2001—2010 年降水偏少，在近 10 年降水偏多。陕南在 20 世纪 60 年代—90 年代降水偏多，90 年代—21 世纪最初 10 年降水偏少，近 10 年降水偏多。整体来看，全省大部分地区降水在近 10 年有增多趋势。

对陕西省秋季降水进行 EOF 分解（图 6.33），秋季降水的第一模态为全区一致性分布，体现为全省降水一致偏多或一致偏少，解释方差贡献 68.1％（图 6.33a）。降水的第二模态为南、北反向型，体现为陕南、关中大部分地区降水偏少（多），陕北、渭北、陕南西南部降水偏多（少），解释方差贡献 12.7％（图 6.33b）。降水的第三模态为两端-中间反向型，体现为陕北北部、陕南中东部降水偏多（少），陕北南部、关中大部分区域、陕南西部降水偏少（多），解释方差贡献 4.6％（图 6.33c）。

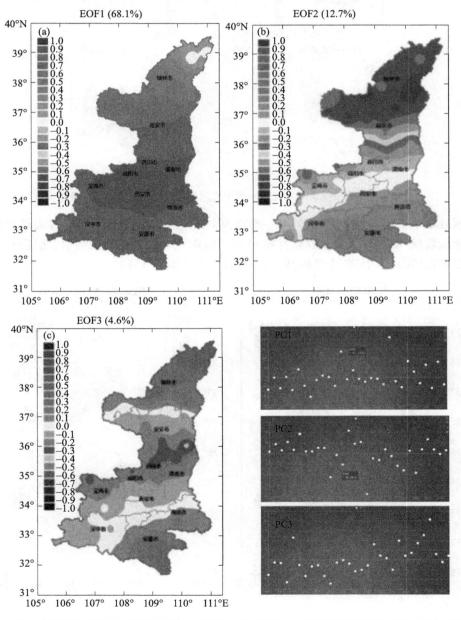

图 6.33　陕西省秋季降水 EOF 分解（(a)EOF1，(b)EOF2，(c)EOF3）和相应的 PC1、PC2、PC3。

陕西省秋季平均气温在 8～16 ℃,由北向南依次递增,陕北北部 8～10 ℃,关中、陕南 10～16 ℃。秋季平均气温整体呈上升趋势,年代际变化特征显著(图 6.34),在 2000 年前全省大部分地区平均气温为年代际负异常,2000 年后全省气温为年代际正异常,正距平频次增多,负距平频次减少。

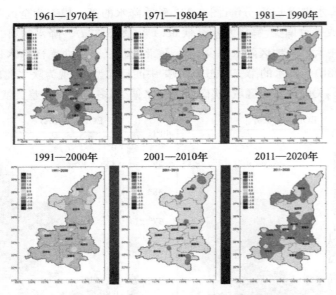

图 6.34 陕西省秋季平均气温距平年代际变化(参考时段 1981—2010 年)

陕西省秋季平均气温 EOF 分解第一模态为全区一致型分布(图 6.35a),表现为全省平均气温一致偏高或一致偏低,解释方差贡献 81%。EOF 的第二模态表现为南、北反向型,表现为陕北气温偏低(高)、关中、陕南气温高(低),解释方差贡献 5.4%。

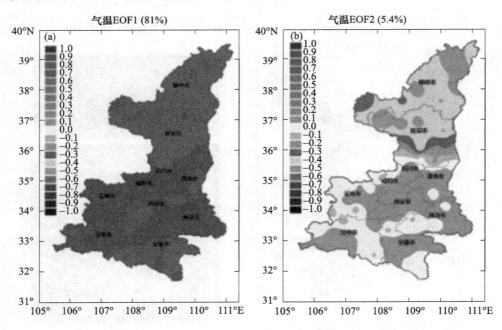

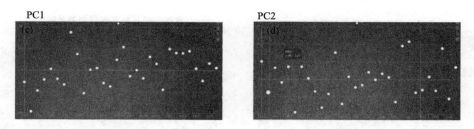

图 6.35　陕西省秋季平均气温 EOF 空间模态及对应时间系数((a)EOF1,(b)EOF2,(c)PC1,(d)PC2)

　　将陕西省秋季降水、平均气温分别与前冬海温、春季海温和夏季海温进行相关分析,如图 6.36d 可知,陕西省秋季降水与前冬赤道中东太平洋海温呈负相关,当前冬赤道中东太平洋海温偏低(高)时,陕西省次年秋季降水偏多(少)。陕西省秋季降水与前冬西太平洋海温存在显著正相关,当前冬赤道西太平洋海温偏高(低)时,陕西省次年秋季降水偏多(少),与西太平洋暖池面积指数呈显著正相关,相关系数为 0.3,即当前冬西太平洋暖池面积指数偏大(小)时,有利于陕西省次年秋季降水偏多(少)(表 6.6)。2020 年冬季,赤道中东太平洋海温处于负位相,为拉尼娜状态,西北太平洋海温异常偏高(图 6.36a),预示陕西省 2021 年秋季降水可能偏多。

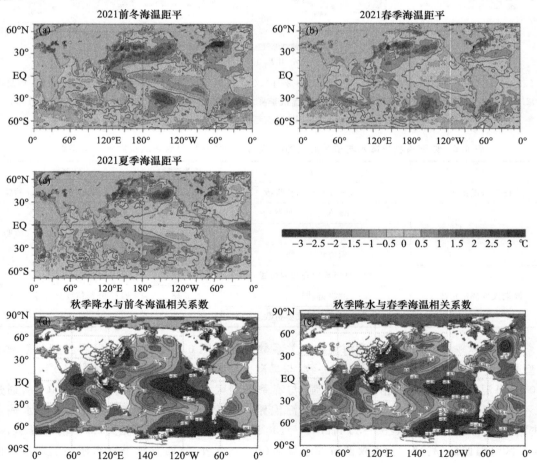

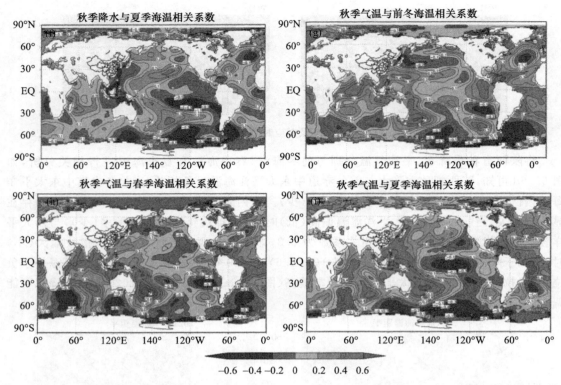

图 6.36 （a）2021 年前冬（2020 年 12 月—2021 年 2 月）、（b）2021 年春季（2021 年 3—5 月）、（c）2021 年夏季（2021 年 6—8 月）全球海温距平场；（d）—（f）陕西省秋季降水分别与前冬、春季和夏季海温的相关系数分布；（g）—（i）陕西省秋季平均气温分别与前冬、春季和夏季海温的相关系数分布

表 6.6 陕西省秋季降水与前冬海温指数、夏季海温指数、同期环流指数的相关系数

类型	指数	相关系数	显著性
前冬海温指数	西太平洋暖池面积指数	0.30	通过 90% 信度显著性 t 检验
春季海温指数	Nino A 区海温距平	−0.45	通过 90% 信度显著性 t 检验
	黑潮区海温指数	−0.48	
	南方涛动指数	0.37	
同期大气环流指数	北半球极涡中心纬向位置	0.36	通过 95% 信度显著性 t 检验
	北极涛动指数	0.38	
	北太平洋遥相关型指数	−0.37	

　　陕西省秋季降水与前期春季海温的相关系数分布如图 6.36b 所示，可以看出相关系数分布型与前冬相关系数（图 6.36a）基本一致，与黑潮区（35°N，140°—150°E 及 25°—30°N，125°—150°E）海温相关比与前冬相关有所增强，与春季黑潮区海温指数的相关系数为−0.48，通过 90% 信度显著性 t 检验，即当春季黑潮区海温距平为负（正）时，有利于秋季陕西降水偏多（少）。与春季 Nino A 区（25°—35°N，130°—150°E）海温指数呈显著负相关，即当前期春季 Nino A 区海温偏低（高）时，秋季陕西省降水偏多（少）。此外，陕西省秋季降水还与前期春季南方涛动指数呈显著正相关，当春季南方涛动指数为正（负）异常时，有利于秋季降水偏多（少）。2021 年春季，赤道中东太平洋处于冷海温位相，西北太平洋黑潮区和 Nino A 区为正海温异常

（图 6.36b），不利于陕西省秋季降水偏多，而 2021 年春季南方涛动指数为正异常，有利于秋季陕西省降水偏多。

由陕西省秋季平均气温与前冬海表温度的相关系数分布（图 6.36g）可知，陕西省秋季平均气温与前冬印度洋海温、西太平洋海温均呈显著的正相关，秋季平均气温与前冬 Nino B 区海温距平（EQ－10°N，50°－90°E）呈显著正相关，相关系数 0.47，与印度洋全区海温一致模、印度洋暖池面积指数、印度洋暖池强度指数均呈显著正相关，相关系数分别为 0.45、0.44 和 0.47，表明前冬印度洋海表温度偏高（低），有利于次年秋季陕西省平均气温偏高（低）。此外，秋季陕西省平均气温与前冬西太平洋暖池强度指数呈显著正相关，当前冬西太平洋暖池强度偏强（弱）时，有利于次年陕西省秋季平均气温偏高（低）。2020 年冬季西太平洋海温偏高，印度洋海温偏高（图 6.36a），均预示陕西省秋季平均气温偏高。

陕西省秋季平均气温与春季西太平洋海温的相关较前冬有所减弱，与春季印度洋海温的正相关有所增强，2021 年春季印度洋海温持续偏高，有利于秋季陕西平均气温偏高。

秋季平均气温与夏季印度洋、夏季西太平洋和西北太平洋、大西洋海温均存在较强相关，其中正相关大值区位于大西洋，秋季平均气温与前期夏季西半球暖池指数相关系数达 0.6，即当夏季大西洋（7°－27°N，110°－50°W）区域海温偏高（低）时，有利于陕西省秋季平均气温偏高（低）。同时夏季热带南大西洋海温指数与陕西省秋季平均气温的相关系数为 0.52，热带北大西洋海温指数与陕西省秋季平均气温的相关系数为 0.48，均通过 95％信度显著性 t 检验。此外，夏季印度洋海温与陕西省秋季平均气温仍具有较高相关，秋季平均气温与夏季 Nino B 区（EQ－10°N，50°－90°E）海温距平呈显著正相关，相关系数 0.36，与印度洋全区海温一致模、印度洋暖池面积指数、印度洋暖池强度指数均呈显著正相关，相关系数分别为 0.41、0.41 和 0.44，表明夏季印度洋海表温度偏高（低），有利于秋季陕西省平均气温偏高（低）。同时，陕西省秋季平均气温与夏季西太平洋海温呈显著正相关，其与西太平洋暖池强度指数相关系数为 0.44，与 Nino A 区（25°－35°N，130°－150°E）海温距平相关系数为 0.37，表明当夏季西太平洋海温偏高（低）时，陕西省秋季平均气温偏高（低）。秋季平均气温还与西北太平洋黑潮区海温有显著正相关，当前期夏季黑潮区海温偏高（低）时，陕西省秋季平均气温偏高（低）。由 2021 年夏季海温监测情况（图 6.36c）可见，印度洋、西太平洋、西北太平洋、大西洋高相关区域海温呈偏高状态，均支持 2021 年秋季陕西省平均气温较常年同期偏高。

前冬以来的外强迫海温状态及演变均支持 2021 年秋季陕西省降水较常年偏多，气温较常年偏高。由陕西秋季降水与同期 500 百帕位势高度场的相关系数分布（图 6.37a）可以看出，当地中海及里海地区秋季 500 百帕位势高度场偏低（高），长江以北地区位势高度偏高（低）时，有利于陕西省秋季降水偏多（少），在东亚沿海日本海-华北-中国南海由北向南形成"－ ＋ －"的相关系数分布，表明秋季降水与北太平洋遥相关有较好的对应关系，秋季北太平洋遥相关型指数与陕西降水的相关系数为－0.37，通过 95％信度显著性 t 检验。此外，陕西省秋季降水与北极涛动指数呈显著正相关关系，相关系数为 0.38，即当秋季北极涛动指数为正位相，对应陕西秋季降水偏多，反之亦然。陕西省秋季降水与北半球极涡中心纬向位置呈显著正相关，相关系数为 0.36，通过 95％信度显著性 t 检验，表明秋季北半球极涡中心位置偏东（西），越有利于陕西省秋季降水偏多（少）。

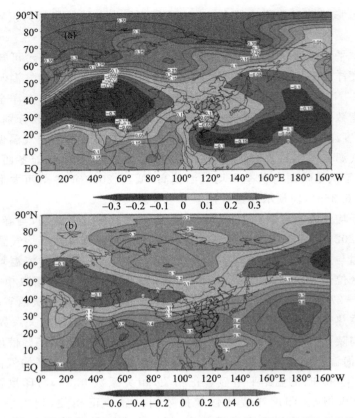

图 6.37 （a）秋季降水与同期 500 百帕位势高度场的相关系数分布和
（b）秋季气温与同期 500 百帕位势高度场的关系系数分布

　　由陕西秋季气温与同期 500 百帕位势高度场的相关系数分布（图 6.37b）可以看出，陕西省秋季气温与中国大部分地区、西北太平洋地区 500 百帕位势高度场呈显著正相关，相关系数的大值区位于西北太平洋和青藏高原，秋季平均气温与同期环流指数的相关系数（表 6.7）表明，秋季平均气温与西藏高原指数呈显著正相关，与西藏高原-1 指数和西藏高原-2 指数的相关系数分别为 0.66 和 0.71，即当高原指数偏强（弱）时，陕西省秋季平均气温偏高（低）。秋季陕西平均气温与同期西太副高强度、面积和位置均有紧密联系，其与西太副高面积、强度、脊线位置、北界位置指数的相关系数分别为 0.45、0.44、0.45 和 0.4，表明当秋季西太副高偏强（弱）、面积偏大（小）、位置偏北（南）时，陕西省秋季平均气温偏高（低）。此外，陕西省秋季平均气温与北半球极涡强度指数呈显著负相关，当北半球极涡偏强（弱）时，秋季平均气温偏低（高）。

表 6.7　陕西省秋季平均气温与前冬海温指数、夏季海温指数、同期环流指数的
相关系数（通过 95% 显著性检验）

前冬海温指数	相关系数	前冬海温指数	相关系数
Nino B 区海温距平	0.47	热带印度洋全区一致海温	0.45
印度洋暖池面积指数	0.44	西太平洋暖池强度指数	0.35
印度洋暖池强度指数	0.47	大西洋多年代际振荡指数	0.47
夏季海温指数	相关系数	同期环流指数	相关系数
Nino B 区海温距平	0.36	西太副高面积指数	0.45

续表

前冬海温指数	相关系数	前冬海温指数	相关系数
印度洋暖池面积指数	0.41	西太副高强度指数	0.44
印度洋暖池强度指数	0.44	西太副高脊线位置指数	0.45
热带印度洋全区一致海温	0.41	西太副高北界位置指数	0.4
西太平洋暖池强度指数	0.44	北半球极涡强度指数	−0.38
大西洋多年代际振荡指数	0.6	西藏高原—1 指数	0.66
热带南大西洋海温指数	0.52	西藏高原—2 指数	0.71
黑潮区海温指数	0.39	北太平洋—北美遥相关型指数	0.37
西半球暖池指数	0.6	东大西洋遥相关型指数	0.52
NINO A 区海温距平	0.37	太平洋转换型指数	0.52
热带北大西洋海温指数	0.48	850 hPa 西太平洋信风指数	0.37

对 1981 年以来秋季降水偏多年、偏少年对应的 500 百帕位势高度距平场分别进行合成分析发现(图 6.38),陕西省秋季降水偏多年(1983 年、2003 年、2011 年、2014 年、2015 年和 2019 年),500 百帕位势高度场主要呈"两脊一槽"分布,中国和西北太平洋大部分地区为位势高度正距平。降水偏少年(1991 年、1993 年、1997 年、1998 年、2018 年和 2020 年),欧-亚-鄂霍次克海-白令海峡-北美位势高度距平呈"＋ － ＋ － ＋"的波列形分布,华北、东北及白令海峡位势高度为负距平。

对 1981 年以来秋季气温偏高年、偏低年对应 500 百帕位势高度距平场分别进行合成分析(图 6.39)发现,秋季气温偏高年(1998 年、1999 年、2006 年、2010 年、2014 年、2015 年、2016 年)环流场主要呈北高南低分布,中国及西北太平洋为位势高度正距平,西西伯利亚地区为负距平,表明西太平洋副高偏强、西伯利亚高压偏弱有利于秋季平均气温偏高,反之偏低。秋季气温偏低年(1991 年、1992 年、1993 年、1994 年、2000 年、2004 年和 2012 年)500 百帕环流距平场自西向东呈"＋ － ＋ － ＋"的波列形分布,与降水偏少年环流合成分布型相似,但正距平中心位置偏西。中国大部分地区为位势高度负距平,东北及日本海地区为位势高度正距平。

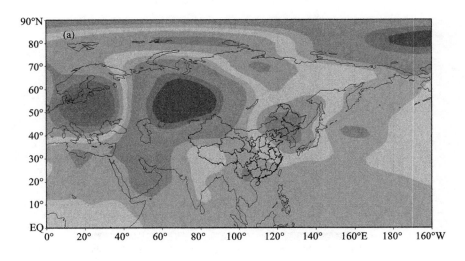

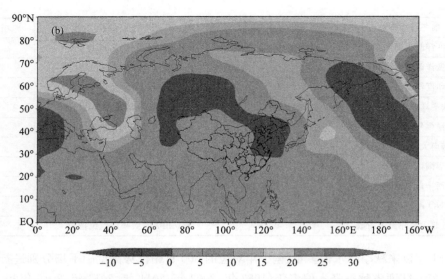

图 6.38　秋季降水(a)偏多年、(b)偏少年同期 500 百帕位势高度距平场合成

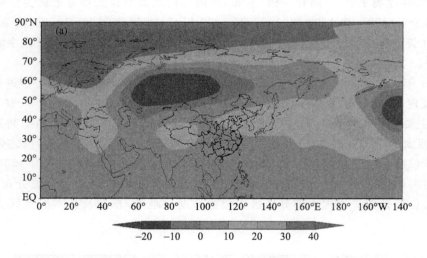

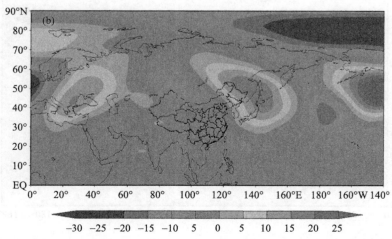

图 6.39　秋季(a)平均气温偏高年、(b)平均气温偏低年同期 500 百帕位势高度距平场合成

　　通过相关分析和合成分析,对影响陕西省秋季降水、气温的主要外强迫海温信号、同期大气环流因子和降水偏多、偏少,气温偏高、偏低年环流场的配置有了初步认识,接下来利用国内外气候模式预测结果结合统计关系,进一步预测陕西省 2021 年秋季降水与气温趋势。

　　在使用模式结果之前,首先对模式以往预测水平进行检验评估。图 6.40 所示为近 3 年国内外月、季气候模式 8 月起报的秋季环流距平场及观测实况,由图 6 可以看出,CFS 和 BCC 对近 3 年秋季环流场的预测结果与观测较为接近,基本能够预测出环流距平的主要异常中心及分布特征。

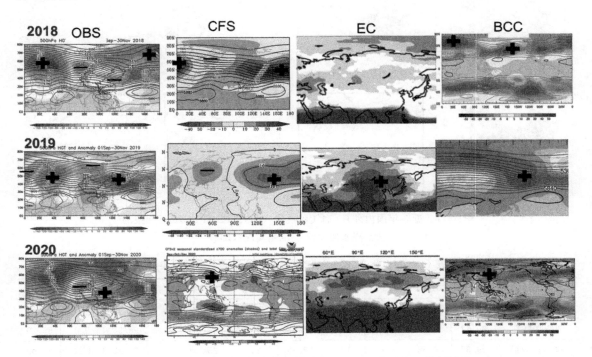

图 6.40　近 3 年国内外月季气候模式(BCC、CFS 和 EC)8 月起报的
秋季环流距平场及观测实况(OBS)

　　图 6.41 为近 3 年国内外月、季气候模式 8 月起报的秋季降水距平场及观测实况,可以看出 CFS 能够基本预测出 2018 年和 2019 年秋季中国东部地区自北向南的"＋ － ＋"降水距平三级子分布,BCC 基本能够预测 2020 年秋季中国东部地区自北向南的"＋ － ＋"降水距平分布,但对陕西省降水距平预测效果欠佳。

　　对近 10 年 BCC、EC、CFS 和 TCC 月、季模式对陕西省秋季降水预测进行 PS 检验,结果(表 6.8)显示,各模式对秋季降水预测的 PS 评分为 0～100 分,10 年平均的 PS 评分在44.69～55.29,其中 EC 模式对陕西省秋季降水的预测与其他模式相比整体较好,但其预测效果较不稳定,在 10 年中,仅 4 年 PS 评分达到 72 分考核标准,CFS 的 PS 分数较为稳定,但取得高分的年份少。

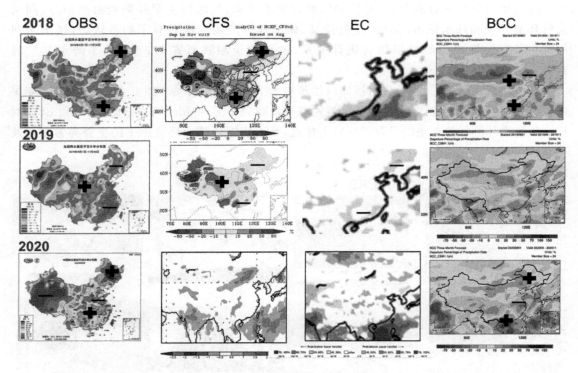

图 6.41　近 3 年国内外月、季气候模式（BCC、CFS 和 EC）8 月起报的
秋季降水距平场及观测实况（OBS）

表 6.8　近 10 年国内外月、季气候模式对陕西秋季降水预测结果的 PS 评分

预测方法	2011 年	2012 年	2013 年	2014 年	2015 年	2016 年	2017 年	2018 年	2019 年	2020 年	平均
TCC 原数据	72.32	87.38	78.26	0	17.00	76.00	9.0	95	2.0	9.9	44.69
EC 原数据	99.32	39.66	29.09	100	88.28	28.3	—	5	98.96	9.0	55.29
BCC 原数据	99.32	39.66	29.09	100	88.46	25	25	14	75.25	15.0	51.09
CFS 原数据	24.88	34.74	80.35	57.4	81.95	21	49	58	86.14	24.75	51.82

　　陕西省智能网格气候预测系统基于统计和人工智能方法对模式预测输出结果进行订正，并通过动态检验方法向预报员推荐最优模式与方法的组合预测结果，从而提高客观化预测水平和准确率。表 6.9 为上述国内外各月、季模式近 10 年基于不同订正方法得到的预测结果的平均 PS 评分，可以看出模式基于最优订正方法的降水距平预测结果 PS 评分在 52.96～64.28 分，较原模式 PS 评分有所提高，提高率在 2.2%～26.2%，其中 BCC 模式基于决策树方法的订正结果较原模式提高率最高，基于主成分分析订正后的 EC 模式预测结果对陕西秋季降水预测效果最优。

表 6.9　基于统计和人工智能方法对近 10 年陕西秋季降水预测订正后的平均 PS 评分

模式名称	决策树	最优子集	匹配域投影技术	拟合误差	主成分分析	非参数百分位	K-Means	朴素贝叶斯	支持向量机	原数据	最优方法	提高率
EC	51.27	56.44	51.35	46.98	64.28	43.25	50.32	58.92	49.99	55.29	64.28	16.3
BCC	58.36	53.42	52.78	56.05	45.97	48.35	52.50	54.10	55.01	46.25	58.36	26.2

续表

模式名称	决策树	最优子集	匹配域投影技术	拟合误差	主成分分析	非参数百分位	K-Means	朴素贝叶斯	支持向量机	原数据	最优方法	提高率
TCC	58.76	43.78	58.45	53.25	50.15	54.73	53.48	55.47	52.88	51.14	58.76	14.9
CFSV	51.82	31.06	45.14	44.16	39.18	49.25	52.96	41.70	43.75	51.82	52.96	2.2

图 6.42 为近 3 年国内外月、季气候模式 8 月起报的秋季平均气温距平场及观测实况,可以看出模式对偏暖的趋势模拟较好,对偏冷的趋势预测欠佳,就全国秋季气温趋势预测而言,BCC 相对而言效果最佳,能够基本预测出全国气温距平分布型,但就陕西省秋季气候趋势预测而言,CFS 对陕西省秋季平均气温趋势模拟效果最优。

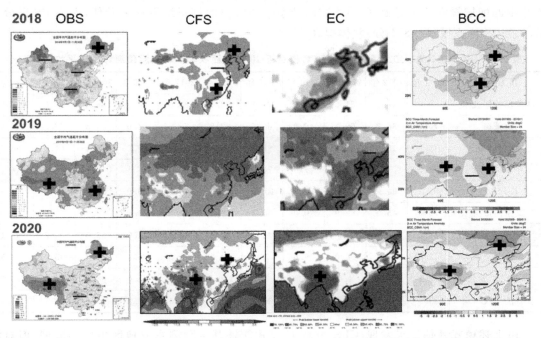

图 6.42　近 3 年国内外月、季气候模式(BCC、CFS 和 EC)8 月起报的秋季降水距平场及观测实况(OBS)

对近 10 年 BCC、EC、CFS 和 TCC 月、季模式预测的陕西省秋季平均气温进行 PS 检验,检验结果(表 6.10)显示,各模式对秋季平均气温的预测 PS 评分为 0～100 分,10 年平均的 PS 评分在 48.1～84.2,其中 TCC 模式对陕西省秋季平均气温的预测与其他模式相比整体较优,仅在 2018 年对秋季平均气温预测的 PS 评分低于 72 分(中国气象局评分要求),其余年份得分均在 76 分级以上。表现次优的模式为 CFS,近 10 年秋季平均气温 PS 平均得分为 78.6 分,仅 2012 和 2018 年秋季平均气温预测 PS 评分低于 72 分,其余年份均高于 79 分。BCC 模式对陕西省秋季平均气温预测的 PS 评分最低,在 10 年中,仅 5 年 PS 评分达到 72 分的考核标准,10 年平均 PS 评分为 48.1 分。

表 6.10　近 10 年国内外月、季气候模式对陕西秋季平均气温预测结果的 PS 评分

预测方法	2011 年	2012 年	2013 年	2014 年	2015 年	2016 年	2017 年	2018 年	2019 年	2020 年	平均
TCC 原数据	87.0	81.0	96.0	99.1	100.0	100.0	88.0	28.0	87.0	76.0	84.2
EC 原数据	87.0	9.0	96.3	99.0	100.0	100.0	—	28.0	87.0	83.0	76.6

续表

预测方法	2011 年	2012 年	2013 年	2014 年	2015 年	2016 年	2017 年	2018 年	2019 年	2020 年	平均
BCC 原数据	12.0	89.0	4.0	1.0	0.0	100.0	88.0	28.0	87.0	72.0	48.1
CFS 原数据	87.0	36.0	96.0	99.0	100.0	85.0	88.0	28.0	88.4	79.0	78.6

表 6.11 为基于统计和人工智能方法对 BCC 模式近 10 年秋季平均气温预测订正后的平均 PS 评分,可以看出,BCC 模式基于各订正方法的秋季平均气温距平预测平均 PS 评分为 38.1~67.3 分,多方法订正后等权平均的 PS 得分为 35.8~67 分,不同方法的历年最优订正 PS 评分为 76.3~100 分,其中基于 K-Means 方法订正后的 BCC 模式对 2015 年秋季平均气温的预测 PS 得分为 100 分,但其订正效果不稳定,在 10 年中有 4 年未达到 72 分考核标准,在各方法中匹配域投影技术对 BCC 模式陕西秋季平均气温的订正结果整体最佳,平均 PS 得分为 67.3 分,相比原模式(48.1 分)整体提高 39.9%。

表 6.11　基于统计和人工智能方法对 BCC 模式近 10 年陕西秋季平均气温预测订正后平均 PS 评分

预测方法	2011 年	2012 年	2013 年	2014 年	2015 年	2016 年	2017 年	2018 年	2019 年	2020 年	平均
匹配域投影技术	61.4	43.0	51.0	61.0	77.1	93.1	88.0	28.0	86.0	84.0	67.3
决策树	76.5	38.2	69.1	40.0	60.5	22.8	75.7	54.0	51.5	36.0	52.4
拟合误差	75.3	18.0	63.4	46.0	88.6	80.0	88.4	28.0	86.1	81.0	65.5
朴素贝叶斯	74.8	31.1	56.9	67.9	76.3	7.0	32.0	57.1	19.0	19.0	44.1
K-Means	85.2	54.0	27.0	89.3	100.0	5.0	88.8	29.0	89.1	82.0	64.9
支持向量机	70.0	45.0	62.9	70.0	85.7	69.6	42.0	44.0	69.0	62.0	62.0
最优子集	17.0	72.3	4.0	2.0	0.0	2.0	88.0	28.0	83.0	84.8	38.1
主成分分析	13.0	77.0	68.0	59.6	0.0	97.0	12.0	26.0	17.0	35.0	40.5
非参数百分位	12.1	90.3	4.0	1.0	0.0	100.0	88.0	28.0	88.4	84.0	49.6
多方法等权平均	53.9	52.1	45.1	48.5	54.3	52.9	67.0	35.8	65.5	63.1	53.8

由上述模式评估结果发现,CFS 和 BCC 模式能够基本预测东亚地区主要环流型,但对陕西秋季降水预测效果欠佳,对温度的预测效果优于降水,基于陕西省智能网格气候预测系统最优推荐的订正方法和模式组合对秋季降水和平均气温的预测均有较大提高。

图 6.43 为国内外各模式 8 月起报的秋季 500 百帕位势高度及距平场,由图可见,模式预测的秋季东亚环流主要呈纬向型分布,中国为位势高度正距平控制,东亚槽偏弱,有利于气温偏高,BCC 和 CFSV2 模式预测 500 百帕环流场距平在欧亚中高纬度整体呈"两脊一槽"形势,与秋季降水偏多年(图 6.38)、气温偏高年(图 6.40)环流合成图相似。

西北太平洋地区 500 百帕位势高度场(图 6.43)、海平面气压场(图 6.44)均为正异常,支持西太平洋副高偏强、面积偏大,秋季西太平洋副高对赤道中东太平洋海温演变的响应分析(表 6.12)显示,2021 年秋季西太平洋副高偏北的可能性大,模式对环流指数的预测与统计分析一致((彩)图 6.45),表现为西太平洋副高偏强、面积偏大、位置偏北、偏西,印缅槽偏强,北极涛动指数为正位相,环流分布型及指数的预测结果均预示陕西省 2021 年秋季降水偏多、气温偏高。

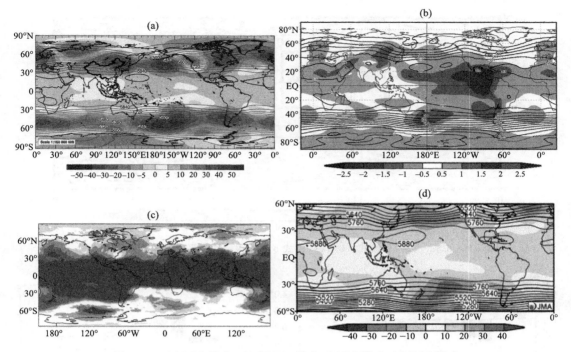

图 6.43　(a)BCC 模式、(b)CFSV2 模式、(c)EC 模式、(d)TCC 模式
对秋季 500 百帕位势高度场的预测

表 6.12　秋季西太平洋副高脊线位置对赤道中东太平洋海温状态的响应

秋季为拉尼娜年	脊线指数距平			秋季为中性偏冷	脊线指数距平		
	9 月	10 月	11 月		9 月	10 月	11 月
1984	−0.6	−0.5	0.6	1985	2	0.8	−2.2
1988	0.5	0.5	−1	1989	−0.4	−0.1	−0.8
1999	2.5	0.6	−1	1996	−3.8	−1.2	2
2000	−5	2	1.4	2008	1	−0.1	−0.4
2007	2.9	1.5	1.1	2013	1.3	1.4	−1.6
2011	−2.8	1	0.2				

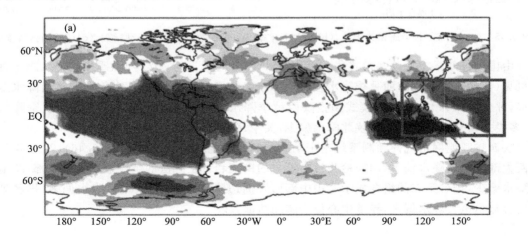

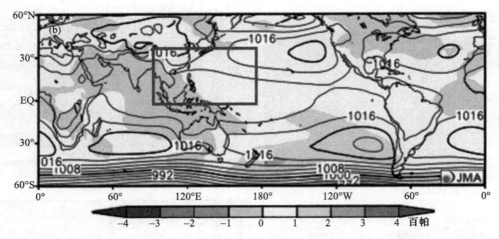

图 6.44　(a)EC 模式、(b)TCC 模式 8 月起报秋季海平面气压场和距平

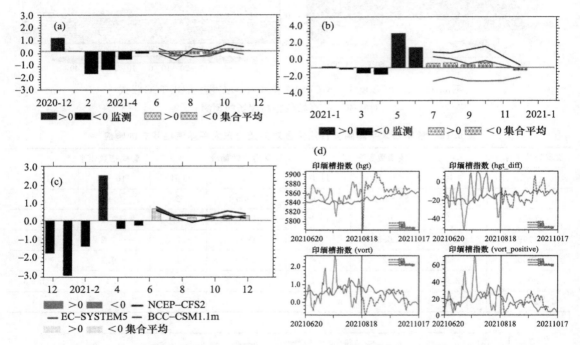

图 6.45　(a)太平洋-北美遥相关指数、(b)西太平洋副高强度指数、(c)北极涛动指数、(d)印缅槽指数预测

　　由国内外气候模式及多模式集合平均 CMME 8 月起报的 2021 年秋季中国降水距平百分率可见(图略),对以往陕西秋季降水预测效果较好的 EC 模式预报 2021 年秋季陕西降水全省偏多,评估效果次优的 CFS 模式预报陕西秋季降水偏多,而 BCC 模式预测陕西秋季降水偏少,多模式集合平均结果显示陕北降水偏少,关中、陕南降水偏多。

　　陕西省智能网格气候预测系统基于动态检验的最优推荐结果显示(图 6.46),2021 年秋季陕西大部分地区降水偏多,同期检验排名第一的模式和订正方法的组合显示关中东部、陕南南部降水偏少,排名第二的组合显示关中中部西安周边降水偏少,其余地区降水偏多,排名第三的组合显示全省降水偏多,异常中心位于陕北西部。

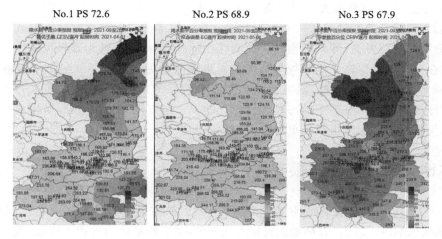

图 6.46　陕西省智能网格气候预测系统基于最优模式与方法排名前三组合
预报的陕西省秋季降水距平百分率

由国内外气候模式及多模式集合平均 CMME 8 月起报的 2021 年秋季气温距平可知(图略),国内外气候模式均预报秋季陕西大部分地区平均气温接近常年到偏高,陕西省智能网格气候预测系统智能推荐结果显示秋季陕西大部分地区平均气温偏高(图 6.47)。

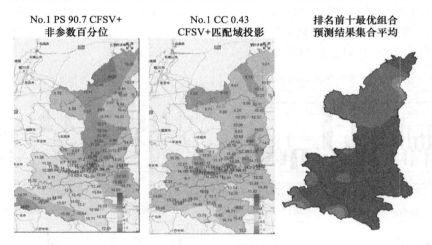

图 6.47　陕西省智能网格气候预测系统基于最优模式与方法对历史同期的 PS 和 ACC 动态
检验推荐的排名第一及排名前十组合集合平均的陕西省秋季气温距平

综合统计、各模式对环流、要素的预测及智能网格气候预测系统的客观订正结果,预测 2021 年秋季全省降水偏多 0～2 成,气温除陕南东南部略偏低,其余地区接近常年到偏高。预测结果与实况吻合度高,为十四运赛事期间的气候预测提供了参考。

总结秋季气候趋势预测经验,前期通过统计发现,陕西秋季降水处于年代际正位相,秋季降水距平主要呈全省一致型模态,前冬赤道中东太平洋海温偏低、西太平洋海温偏高、同期欧亚中、高纬度地区 500 百帕位势高度距平场呈两脊一槽分布、副高偏强偏北、印缅槽活跃有利于陕西省秋季降水偏多;陕西秋季平均气温处于年代际正位相,主要呈全省一致型模态,前冬和印度洋海温、西太平洋海温与次年秋季陕西平均气温呈显著正相关,夏季正相关更加紧密,且夏季大西洋海温与陕西秋季平均气温呈显著正相关,夏季西半球暖池指数与陕西秋季平均气温相关系数达 0.6,同期西太平洋副高和西藏高原指数与陕西省秋季气温有紧密相关,当副高偏强、偏北、西藏高原指数偏强时有利于陕西秋季气温偏高。对降水与气温的统计分析能够对模式预测结果进行补充,特别是当模式预测存在较大差异时,能够为预报员提供更多的参考信息,同时在重大活动保障中能够较早地提供初步预测意见。国内外气候模式能够基本预测出秋季东亚地区的主要环流型,对陕西秋季气温有较好的预测,但对秋季降水的预测能力欠佳,陕西智能网格预测系统基于动态检验推荐优选模式与订正方法的组合,对模式预测结果有较大改善,为重大活动保障提供了更加精细和准确的服务。

6.3　本地特色气候事件预测技术

9 月 15—27 日十四运会期间,陕西陕北南部、关中、陕南正处于华西秋雨时段。华西秋雨是中国华西地区秋季(9—11 月)连阴雨的特殊天气现象,主要影响陕西省渭水流域、汉水流域以及川东、川南东部等地区,在其监测区域的 373 个站中包含陕西省黄陵以南的 77 个国家级气象站,秋季频繁南下的冷空气与暖湿空气在该地区相遇,使锋面活动加剧而产生较长时间的阴雨天气。

采取迭进式预测思路对陕西地区华西秋雨(下文简称陕西秋雨)进行预测。首先统计陕西秋雨的气候特征,图 6.48 给出陕西秋雨历年开始日期、结束日期、秋雨量和秋雨长度距平,可以发现,陕西秋雨开始日期平均为 9 月 10 日,年际波动较大,1961—2020 年开始于 8 月下旬、9 月、10 月的年份分别占 35%、52%、12%。开始日期整体无明显变化趋势,但年代际变化特征明显,在 20 世纪 80 年代中期之前以偏早为主(占 72%),80 年代后期至 90 年代以偏晚为主(占 73.3%),而 2000 年以后以偏早为主(68.75%)。

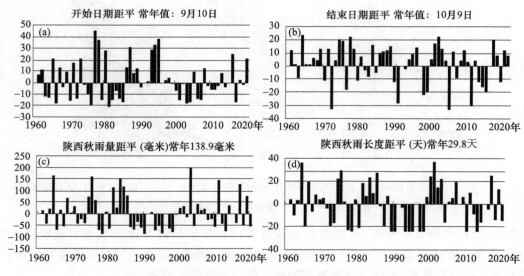

图 6.48　陕西秋雨历年(a)开始日期距平(负值为早、正值为晚)、
(b)结束日期距平、(c)秋雨量距平、(d)秋雨长度距平

结束日期平均在 10 月 9 日,最早结束于 9 月 6 日(1972 年、2004 年),最晚结束于 11 月 1 日(1964 年、1977 年和 2001 年),75% 的年份结束于 10 月,从长期变化趋势看,秋淋结束时间趋于提前。

陕西秋雨期秋雨量距平和秋雨期长度无显著变化趋势,主要存在年际变化。多雨期集中于

8月27日至9月14日、9月20日至10月4日和10月10—20日这3个时段,但年代际变化较大。其中,1961—1975年陕西秋雨有2个显著多雨时段(8月29日至9月14日和9月21日至10月5日),1976—1985年有3个显著时段(8月21日至9月12日、9月21日至10月5日和10月10—20日),1986—2000年多雨期显著偏少,且分布零散,2001—2010年有2个显著时段(8月25日至9月6日和9月23日至10月6日),2010年以后集中在9月4—22日(图6.49a)。

图6.49b为陕西秋雨强度指数变化,可以看出陕西秋雨强度主要呈波动减弱趋势,且年代际变化特征明显,其中20世纪60—80年代前期秋雨以偏强为主,之后至90年代末强度偏弱,2000年以后由偏强逐渐转为略偏弱。1961—2020年陕西秋雨偏强年28年(占比46.7%),偏弱年26年(占比43.3%),正常年3年(1963年、1992年、2008年,占比5%),无秋雨年3年(1991年、1996年、2015年,占比5%)。

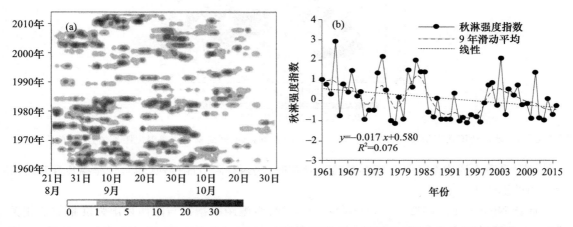

图6.49　(a)陕西秋雨期间日降水量变化(单位:毫米)和(b)陕西秋雨强度指数的年际变化

对比秋淋强度与开始时间发现,陕西秋雨偏早的年份,强度也往往偏强,而偏晚的年份,强度往往偏弱,两者相关系数为−0.56(通过0.01显著性水平t检验)。秋雨偏早时,开始时间一般在8月下旬或9月初,此时对流层高层西风急流轴在40°N附近徘徊,陕西秋雨区位于急流轴南侧的高空辐散区,且西太平洋副热带高压南撤,其脊线位于27°N附近,西伸脊点在110°E以西,对流层低层青藏高原东侧的西南气流和副高外围的东南气流为陕西秋雨区输送大量水汽,陕西秋雨区维持高温高湿,对流上升活跃,秋雨区始终保持低层辐合、高层辐散的环流形势,利于出现长时间的阴雨天气,常伴有暴雨、大暴雨。由于雨日多、雨量大,从而造成秋淋偏强。

将陕西秋雨强度指数回归到前期春季、夏季及同期秋季海温异常场显示(图6.50),海温异常主要表现在赤道中东太平洋、热带和副热带印度洋及北太平洋中部夏威夷群岛附近3个关键区域。陕西秋雨偏强(弱)年,春季中东太平洋和赤道印度洋为显著负(正)异常,北太平洋中部夏威夷群岛附近为显著正(负)异常;夏季,赤道中东太平洋显著负(正)异常区维持,且一直持续至秋季,而北太平洋中部夏威夷群岛附近正(负)异常区和赤道印度洋显著负(正)异常区范围缩小,副热带南印度洋出现显著负(正)异常区,可见,赤道中东太平洋海表温度变化与陕西秋雨存在密切关系。

统计赤道中东太平洋海温季节演变特征与陕西秋雨的对应关系发现,在春、夏季厄尔尼诺事件影响的21年中,陕西秋雨偏弱或显著偏弱有12年,正常为4年,偏强有3年,在拉尼娜事件影响的15年中,陕西秋雨偏强或显著偏强的年份有10年,正常有2年,偏弱仅3年。由此

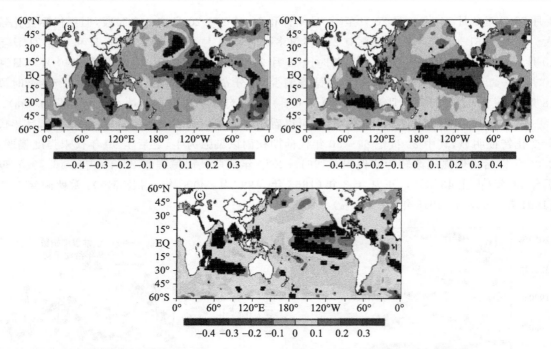

图 6.50 陕西秋雨强度指数回归的前期(a)春季、(b)夏季和(c)同期秋季海表温度距平场分布(单位:℃)

可见,春、夏季赤道中东太平洋海温负(正)异常时,陕西秋雨可能偏强(弱),且海温负异常对陕西秋雨的影响更为显著。

计算 Nino 3.4 区(5°S—5°N,170°W—120°W)海温距平指数与陕西秋雨强度指数的相关系数,发现两者存在显著的负相关,相关系数为−0.34(通过 0.05 的显著水平 t 检验)。图 6.51a 为 Nino 3.4 区海温指数与陕西秋雨强度指数的时间变化,发现 Nino 3.4 区海温指数呈微弱增大趋势,且存在年代际尺度变化,与陕西秋雨强度指数的年代际变化表现出反位相特征。从两者的时滞相关分析(图 6.51b)可见,Nino 3.4 区海温指数与陕西秋雨强度指数的相关关系有较长的持续性,在陕西秋雨发生前 4 个月,二者的负相关系数均在−0.32 以下,且通过 0.05 显著水平 t 检验,在陕西秋雨发生后 3 个月,Nino 3.4 区海温指数与陕西秋雨强度之间的负相关仍显著。由此可见,Nino 3.4 区海表温度持续异常是陕西秋雨异常的先兆信号,对预测陕西秋雨强度有指示意义。

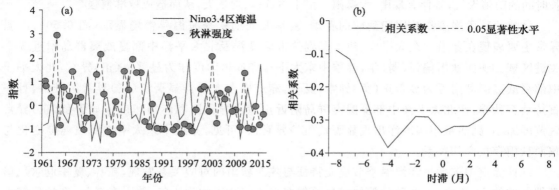

图 6.51 (a)Nino 3.4 区海温指数与陕西秋雨强度指数的年变化和
(b)Nino 3.4 区海温指数与陕西秋雨强度指数的时滞相关分析

将陕西秋雨强度指数回归到大气环流场,由(彩)图 6.52a 秋雨强度指数回归的 200 百帕纬向风场看出,在东亚地区 40°N 附近为正距平带,华北到东北地区为一明显的正距平中心,陕西处于正距平中心右侧。这表明高空西风急流偏强,且稳定于 40°N 附近,急流中心位于华北地区,陕西中南部处于急流南侧的高空辐散区,有利于陕西中南部降水的产生。

500 百帕高度距平回归场((彩)图 6.52b)上,欧亚中、高纬度上空呈现"＋ － ＋"的异常分布形势,乌拉尔山和西伯利亚上空为明显的正距平,巴尔喀什湖至贝加尔湖以及中国西部地区为明显负距平,中国东部沿海为正距平,这种异常环流形势有利于冷空气不断从西路或西北路入侵中国中西部地区;低纬度地区从印度半岛到菲律宾一带为负距平,表明印缅槽偏强,而中国东南沿海为正距平,西太平洋副热带高压偏强,且西伸至长江中下游地区,有利于副高西南侧的暖湿气流输送至中国西部地区。

700 百帕矢量风距平场((彩)图 6.52c)上,华东沿海至日本岛附近为反气旋式环流,其西南侧云贵高原上空为强盛的西南风,携带着大量暖湿水汽。同时,中国西部地区上空为气旋式环流,青藏高原及以北地区的偏西风有利于北方干冷空气沿青藏高原北部向东输送,并与西南暖湿气流在高原东北侧汇合,汇合区正好对应陕西中南部的秋雨区。由此可见,中国东部沿海的反气旋式环流和青藏高原的气旋式环流的稳定维持为陕西秋雨异常提供了必要的水汽条件。

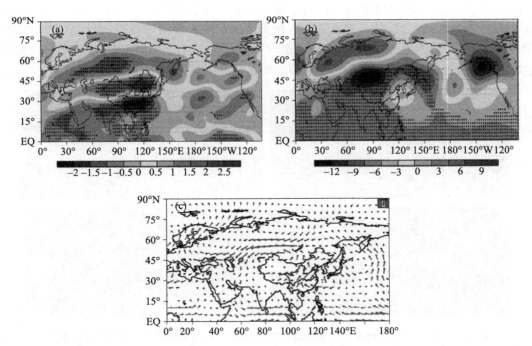

图 6.52　基于陕西秋雨(a)强度指数回归的同期 200 百帕纬向风距平场(单位:米/秒)、(b)500 百帕位势高度距平场(单位:位势米)和(c)700 百帕矢量风距平场(单位:米/秒)分布(打点区域、红色风矢区通过 0.05 的显著水平 t 检验)

基于以上统计分析,2021 年夏季赤道中东太平洋低海温发展,有利于 2021 年陕西秋雨开始时间偏早、强度偏强,从 2021 年中国雨季开始时间的监测(表 6.13)分析看,前期雨季呈偏晚特征,后期雨季偏早,同时从 8 月模式起报的秋季环流场(图 6.41)及指数距平(图 6.43)可见,印缅槽偏强、副高偏强偏西,欧亚中高纬度整体呈两脊一槽形,有利于 2021 年陕西秋雨开始时间偏早、强度偏强。

表6.13　2021年雨季开始时间监测

雨季	2021开始日	历史常年	与历史开始日比
华南前汛	4月26日	4月5日	晚20天
南海夏季风	5月第6候	5月第5候	晚1候
西南雨季	6月5日	5月26日	晚10天
江南入梅	6月9日	6月8日	晚1天
长江入梅	6月10日	6月14日	早4天
东北雨季	6月10日	6月25日	早15天
江淮入梅	6月13日	6月21日	早8天
华北雨季	7月12日	7月18日	早6天

进入8月后,陕西省智能网格气候预测系统华西秋雨模块基于DERF2.0逐日数据、CFS逐日数据、中国、欧洲、英国、美国次季节—季节模式预测数据,在利用智能预测方法和动态检验相结合的智能推荐订正基础上,对陕西秋雨的开始时间及在延伸期尺度的多雨期进行预测。陕西省智能网格气候预测系统预测提前19天(8月11日起报)持续预测陕西秋雨8月下旬开始,提前15天(8月15日)持续预测陕西秋雨于8月第6候开始。图6.53为基于DERF2.0逐日数据及最优方法8月13日起报的陕西秋雨开始日期和多雨期预报,预报结果显示,2021年陕西秋雨于8月30日开始,第一个多雨期时段为8月30日至9月6日,预测结果与实况吻合,为十四运会气候预测和服务提供了强有力的科学支撑。

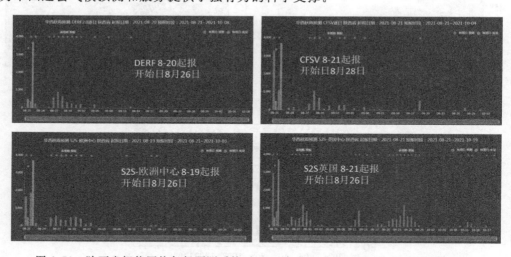

图6.53　陕西省智能网格气候预测系统对2021年华西秋雨开始时间及多雨期的预测

总结2021年华西秋雨预测经验,首先是采用迭进式预测思路,提前进行华西秋雨特征分析与统计,开展智能网格气候预测系统技术研发改进订正算法,在2021年度预测中,根据统计分析基础结合模式对海温的预测情况,给出初步预测意见,并实时监测环流系统及雨季演变特征,进入延伸期时段基于智能网格气候预测系统华西秋雨预测结果提供逐日滚动更新的精准预测。

第7章　陕西省智能网格预测系统

7.1　系统介绍

陕西省智能网格气候预测系统是以十四运会和残特奥会为契机研发的,集成了多年气候预测业务服务经验和科学研究成果,于 2020 年业务化运行,目前是陕西省气候中心核心业务平台之一。

智能网格气候预测系统建设的初衷是深化业务、扩展气候分析资料与方法,同时大力拓展人工智能算法技术在气候预测业务中的应用。运用大数据可视化技术,使用各类可视化统计分析图表,构建可视化首页,提升系统数据价值挖掘能力与决策辅助能力。同时,对数据、分析方法、展示效果等进行全面的升级和优化,系统建成后有效地提升了业务人员的工作效率和业务范围,AI(人工智能)算法的应用也进一步完善和提升了系统的技术水平和科研应用价值。

陕西省智能网格预测系统业务化运行时间为十四运会开始的前 1 年,在业务化的同时,也为十四运会气候预测专项保障提供了智能化工具。该系统在十四运会全流程气候预测专项保障工作中确实起到了关键作用,使气候预测产品更加灵活、客观,定量化和智能化水平有效提升。

7.1.1　系统业务流程

系统实现 NetCDF、GRIB、二进制等多种格式存储的国家气候中心第二代气候系统(BCC_CSM)、国家气候中心第二代动力延伸预测模式业务系统(DERF2.0)、美国国家环境预报中心气候预测系统(CFSV2)、国家气象信息中心次季节—季节模式预测产品(S2S)等模式资料以及美国国家环境预测中心(NCEP)全球海洋、大气等再分析资料的自动下载、存储。通过标准化的接口调用相关算法程序和数据、图文文件等。经计算后输出标准化的数据。并经由相关的模板页面生成的相应的产品展示于 Web 端。

气候预测业务应用数据量庞大,系统采用分布式文件存储(MongoDB 数据库存储)常用计算过程数据、结果数据,也采用了微服务框架 Spring cloud 分布式服务等诸多手段,来提高气候预测系统兼容性和高扩展性,在多台服务器硬件的环境下实现高性能、高可用方案。

基于数据库技术,实现再分析资料和多模式对产品的时空扩展,智能化实现滚动的不同时、空尺度的气候预测,再对上述气候大数据通过常规统计分析以及机器学习等释用技术,实现客观定量预测。利用预测效果评估,不断优化预测方法和评估释用结果,得到不同条件下的最优预测产品(图 7.1)。

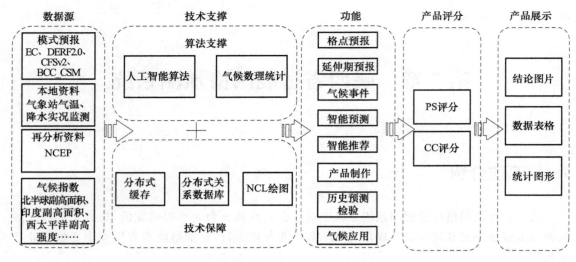

图 7.1　系统总体业务流程

7.1.2　系统主要功能

系统主要实现 10 个方面的功能：基础数据、格点预测、智能预测方法、智能推荐、延伸期天气过程预测、本地特色气候事件预测、全流程预测检验、气候应用、产品制作、后台管理等。

（1）基础数据。实现对观测资料的常规气象要素、气候指数、再分析资料以要素、时间尺度、时段为查询条件的查询和数据下载。实现对 CFSV、BCC、EC、S2S 等气候模式预测数据的不同要素数据监控，包括起报时间、最新资料入库时间、资料到达情况。

（2）格点预测。能够实现格点预测与精细化预报的智能网格查询展示功能。格点预测：根据模式资料进行区域（全省、陕北、关中、陕南、渭河流域、汉江流域）、起报日期（日、候、旬、月、季）、预报时段预测平均气温、降水、位势高度、海平面气压、气压场气温色斑图、格点数值。精细化预报：根据模式资料及算法实现起报日期、预报时段预测平均气温、降水、风速的色斑图、格点数值。

（3）智能预测方法。通过 6 种统计方法＋5 种人工智能算法，建立本地化、特色化的智能气候预测体系，包括日、候、旬、月、季的气温、降水客观化预测。统计方法有：最优子集、拟合误差、客观气候指数、匹配域投影、非参数百分位映射、多模式优势因子法。机器算法有：朴素贝叶斯、决策树、主成分分析、改进的支持向量机、K-Means。

（4）智能推荐模块。实现以日、候、旬、月、季预报时段为条件查询平均气温、降水，根据智能预测方法（支持向量机、朴素贝叶斯、决策树、主成分分析、K-Means、最优子集、匹配与投影技术、非参数百分位、拟合误差）得出同期、近期的 PS 评分、CC 评分的正序或者倒序色斑图，并且支持实时检验。

（5）延伸期过程预测。根据模式资料及算法实现起报日期预测平均气温、最高气温、最低气温、降水、位势高度、海平面气压的折线图、统计及分布情况饼状图。

（6）本地特色化气候事件预测。在延伸期预测的时间尺度，实现华西秋雨的起止日期、综合强度预测柱状图及统计；实现首场透雨预测和实况的开始日期及透雨等级；实现初夏汛雨预测和实况的汛雨开始日、结束日、汛期长度、雨季降水量、雨季降水量标准化值、雨季综合强度；实现全省、区域的大雨过程及暴雨过程预测；实现春、夏季伏旱持续时间预测和实况柱形图及统计;实现汛期旱涝急转指数预测和实况色斑图及统计。

(7)全流程预测检验。实现 ACC 评分、TCC 邮票图、PS 评分、报文评分、延伸期过程检验的 ZS/CS 评分。

(8)气候应用。实现环境气象预测、气候异常、合成分析、过程相似的气候应用功能。环境气象预测:实现延伸期尺度大气自净能力指数(ASI)折线图、陕西省大气自净能力分布图、汾渭平原大气自净能力分布图。

(9)产品制作。实现报文制作与文字预测产品编辑制作的功能。报文制作:实现延伸期强降温、强降水及高温报文、月报文、季报文的制作、编辑、下载、删除。文字预测产品编辑制作:实现延伸期预报产品、月预报产品、季预报产品、年度预报产品的制作、编辑、下载、删除。

(10)后台管理。实现用户管理(新增用户、编辑用户、禁用/启用用户)、权限管理(新增角色、查看角色、编辑角色)、阈值管理(阈值修改保存)、公告管理(公告发布、查询、查看、撤回、删除)、排班管理(值班计划编制、查询,排班计划编制、查询)的后台管理功能。

7.1.3 系统主要特点

(1)系统开发采用 B/S 架构,用户通过浏览器进行访问。实现对相关的数据查询、下载,支持调用各子系统相应的气候产品,并进行产品展示、制作等。可通过界面提供的交互工具进行自定义数据选取,控制选项包括模式数据类别、时间、空间等。再依据调用的算法工具生成用户需求的产品。

(2)数据库智能化程度高,稳定可靠,响应速度快,满足业务需求。数据库采用关系型数据库与非关系型数据库进行互补的数据存储方式。传统后台、基本业务等数据采用 Mysql 数据库。灵活、类型复杂的业务数据采用 MongoDB 数据库。

(3)多时空尺度、多要素预测。空间尺度上,系统适用于省级、市(县)级、流域、区域;时间尺度上,系统实现逐日滚动未来 11~45 天,逐月滚动未来 12 个月的气候预测;多要素体现在,除基本气温和降水的预测外,实现雨日、高温日、暴雨开始日、本地特色气候事件起始日以及重要天气过程预报等。

(4)多算法、多模型预测。系统使用多种统计、机器学习等客观算法,针对不同时间尺度智能化使用不同的算法建立预测模型,进行预测。

(5)图表展示智能化。系统网格预测产品均可自动匹配图形区域,实现最大 5 千米的网格缩放,满足精细化预测产品的需求。调用 ECHAR 插件绘制的多功能图、表,包括折线图、柱状图、饼图、数据表格等。

(6)预测产品人性化。系统报文制作与文字预测产品编辑制作的交互功能,兼顾了业务需求、服务需求,更加客观、智能,操作简单快捷,极大地提高了工作效率。

7.2 系统操作界面简介

7.2.1 操作界面

在浏览器中输入系统网址,跳转至陕西省智能网格气候预测系统登录页面(图 7.2)。

图 7.2　陕西省智能网格气候预测系统登录页面

登录后,在页面左方通过点击导航列表链接的形式切换模块浏览页面(图 7.3),主要有基础数据、智能推荐、智能预测方法、格点预测、延伸期过程预测、气候事件、气候应用、预测检验、产品制作、后台管理模块。

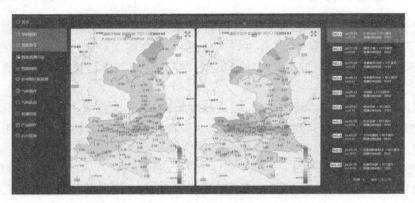

图 7.3　系统主页面

通过点击【首页】进入陕西省智能网格气候预测系统可视化首页(图 7.4),展示未来 40 天预报、未来一个月降水(气温)预测图、海温图等主要业务数据。点击"陕西省智能网格气候预测系统"以及周围热区进入业务系统主界面。

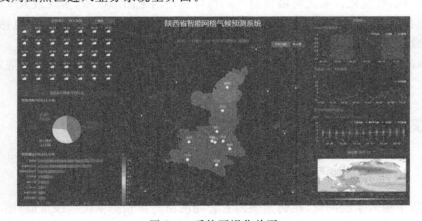

图 7.4　系统可视化首页

7.2.2　系统功能菜单

打开系统主页面(图 7.5),从左到右分为功能模块选择区,图形展示区及参数设置区。

系统共有 11 个模块(功能),包括可视化首页、基础数据、智能预测方法、智能网格、延伸期过程预测、气候事件、气候应用、预测检验、产品制作及后台管理。页面中部图形展示区,为各模块参数设置后结果的展示。页面左部参数设置区,根据各模块具体内容来设置相应的参数,满足用户的需求。

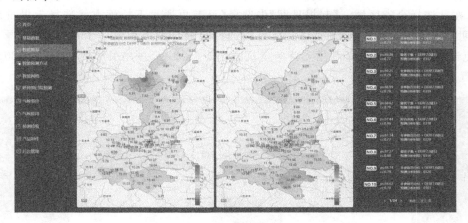

图 7.5　系统页面预览

7.3　系统客观化预测工具

7.3.1　智能预测方法

7.3.1.1　支持向量机

(1)功能概述

基于多种模式预测产品及历史观测数据,结合支持向量机算法,通过分类机制对数值模式回算资料和历史气象站监测数据进行训练。训练结果将得到基于气候数值模式的支持向量机预测模型,可基于数值模式和该支持向量机预测模型对陕西本地降水、气温进行定量预报,实时自动检验支持向量机预测模型的预报结果。

该功能模块允许用户选择的内容包括:使用的模式类型、预测要素类型、预测区域(全省、陕北、关中、陕南、渭河流域和汉江流域)、任意预测起报日期、任意预测时段、展示方式(色斑图、格点图)、地图样式(行政地图、地形图)等。

(2)算法说明

支持向量机是与学习算法有关的监督学习模型,可以分析数据、识别模型,用于各种分类和回归分析。除了进行线性分类,还可以使用技巧将其输入隐含映射到高维特征空间中,并有效地进行非线性分类。在特征空间里面用某条线或某块面将训练数据集分成两类,而依据的原则就是间隔最大化,这里的间隔最大化是指特征空间里面距离分离线或面最近的点到这条线或面的间隔(距离)最大。

（3）使用操作

用户操作区包括：模式选择、要素类型、区域选择、起报日期、预测时段、展示方式、实时检验、显示十地（市）、地图样式 9 个设置选项功能。允许在操作区针对 9 项参数进行设置，图形展示区内展示结果。

例如：预测 2021 年 10 月陕西全省气温（图 7.6）。

【模式选择】选择使用的模式产品，在此选择 CFSV 模式产品。【要素类型】可通过下拉框选择预报对象，在此选择平均气温。【区域选择】可以选择全省、陕北、关中、陕南、渭河流域、汉江流域，在此选择全省区域。【起报日期】先选择【月】，再通过下拉框方式选择起报日期（模式起报日期）。【预报时段】可以通过下拉框可以选择起报日期以后的 7 个月，在此选择 2021 年 1 月。点击【预测】按钮，就是利用支持向量机方法进行预测，并在图形展示区展示 2021 年 10 月全省气温预测的结果。

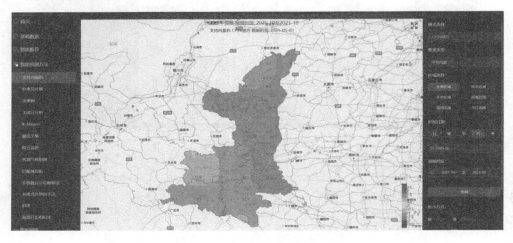

图 7.6　智能预测方法界面

7.3.1.2　朴素贝叶斯

（1）功能概述

建立以多种数值模式预报产品作为数据，以陕西本地气象站历史监测资料作为类的数据分类的训练模型。并通过朴素贝叶斯算法进行数据分类处理，得到基于数值模式的朴素贝叶斯预测模型，可定量预测陕西本地的降水和气温，实时对朴素贝叶斯预测模型的结果进行检验评估。

该功能模块允许用户选择的内容包括：使用的模式类型、预测要素类型、预测区域（全省、陕北、关中、陕南、渭河流域和汉江流域）、任意预测起报日期、任意预测时段、展示方式（色斑图、格点图）、地图样式（行政地图、地形图）等。

（2）算法说明

朴素贝叶斯法是基于贝叶斯定理与特征条件独立假设的分类方法。在众多的分类模型中，应用最为广泛的两种分类模型是决策树和朴素贝叶斯。朴素贝叶斯法是基于贝叶斯定理与特征条件独立假设的分类方法。朴素贝叶斯分类时贝叶斯分类中最常见的分类法，也是经典的一种机器学习算法。特征条件独立假设是贝叶斯分类的基础，即假定该样本中的每个特征与其他特征之间都不相关，每个特征都是各自独立存在的。再引入贝叶斯定理，贝叶斯理论是根据一个已经发生事件的概率,来计算另一个事件发生概率。朴素贝叶斯法的解决问题思路是即对于给出的待分类项,求解在此项出现条件下各类别出现的概率,出现最大概率的待分类项确定为此类别。在拥有海量信息的当今时代,利用朴素贝叶斯法处理问题即直接又高效,因此应用领域也非常广泛。

(3)使用操作

操作步骤同 7.3.1.1 节中(3)(图 7.6)。

7.3.1.3　决策树

(1)功能概述

决策树模型的分类机制是对数值模式回算资料和历史气象站观测数据进行训练,并在两者之间建立映射关系。训练结果将得到基于气候数值模式的决策树预报模型,可基于数值模式和该决策树预报模型对陕西本地气象要素进行定量预报,并实时自动检验决策树模型的预报结果。

该功能模块允许用户选择的内容包括:使用的模式类型、预测要素类型、预测区域(全省、陕北、关中、陕南、渭河流域和汉江流域)、任意预测起报日期、任意预测时段、展示方式(色斑图、格点图)、地图样式(行政地图、地形图)等。

(2)算法说明

决策树(Decision Tree)是在已知各种情况发生概率的基础上,通过构造决策树来求取净现值的期望值大于或等于 0 的概率,评价项目风险,判断其可行性的决策分析方法,是直观运用概率分析的一种图解法。由于这种决策分支画成图形很像一棵树的枝干,故称决策树。在机器学习中,决策树是一个预测模型,它代表的是对象属性与对象值之间的一种映射关系。根据系统的凌乱程度,使用算法 ID3、C4.5 和 C5.0 生成树算法使用熵。这一度量是基于信息学理论中熵的概念。

决策树是一种树形结构,其中每个内部节点表示一个属性上的测试,每个分支代表一个测试输出,每个叶节点代表一种类别。决策树是一种十分常用的分类方法,属于监督学习的一种。

(3)使用操作

操作步骤同 7.3.1.1 节中(3)(图 7.6)。

7.3.1.4　主成分分析

(1)功能概述

主成分分析是一种气象上的常用算法,其主要目的是从多元事物中提取主要影响因素,并利用这些主要影响因素来揭露事物变化的本质。将数值模式预报产品作为自变量,陕西本地气象站气象要素作为预报对象,通过提取数值模式预报产品中众多要素的主成分信息,形成基于数值模式的主成分分析预测模型,可定量预测陕西本地的降水和气温,并实时对主成分分析预测模型的预测结果进行检验评估。

该功能模块允许用户选择的内容包括:使用的模式类型、预测要素类型、预测区域(全省、陕北、关中、陕南、渭河流域和汉江流域)、任意预测起报日期、任意预测时段、展示方式(色斑图、格点图)、地图样式(行政地图、地形图)等。

(2)算法说明

主成分分析(PCA)是一种掌握事物主要矛盾的统计分析方法,它可以从多元事物中解析出主要影响因素,揭示事物的本质,简化复杂的问题。计算主成分的目的是将高维数据投影到较低维空间。给定 n 个变量的 m 个观察值,形成一个 $n×m$ 的数据矩阵,n 通常比较大。如果事物的主要方面刚好体现在几个主要变量上，我们只需要将这几个变量分离出来，进行重点分析。但通常情况下，并不能直接找出这样的关键变量。这时可以用原有变量的线性组合来表示事物的主要方面，PCA 就是这样一种分析方法。

PCA 主要用于数据降维，对于一系列例子的特征组成的多维向量，多维向量里的某些元素本身没有区分性，比如某个元素在所有的例子中都为 1，或者与 1 差距不大，那么这个元素本身就没有区分性，用它做特征来区分贡献会非常小。所以需要找那些变化大的元素，即方差大的那些维，并去除掉那些变化不大的维，从而使特征留下的都是"精品"，而且计算量也变小了。对于一个 k 维的特征来说，相当于它的每一维特征与其他维都是正交的，那么我们可以改变这些维的坐标系，从而使这个特征在某些维上方差大，而在某些维上方差很小。为了求得一个 k 维特征的投影矩阵，这个投影矩阵可以将特征从高维降到低维。投影矩阵也可以叫作变换矩阵。新的低维特征必须每个维都正交，特征向量都是正交的。通过求样本矩阵的协方差矩阵，然后再求出协方差矩阵的特征向量，这些特征向量就可以用来构成投影矩阵。特征向量的选择取决于协方差矩阵的特征值的大小。

（3）使用操作

操作步骤同 7.3.1.1 节中（3）（图 7.6）。

7.3.1.5　K—均值聚类

（1）功能概述

通过 K-均值聚类（K-Means）算法对陕西气象站点数据分类处理，同时对多种数值模式的预测产品进行分类订正，得到基于数值模式的 K-Means 预测模型，可定量预测陕西本地的降水和气温。系统实时对 K-Means 预测模型的预测结果进行检验评估。

该功能模块允许用户选择的内容包括：使用的模式类型、预测要素类型、预测区域（全省、陕北、关中、陕南、渭河流域和汉江流域）、任意预测起报日期、任意预测时段、展示方式（色斑图、格点图）、地图样式（行政地图、地形图）等。

（2）算法说明

K-Means 算法是硬聚类算法，是典型的基于原型的目标函数聚类方法的代表，它是数据点到原型的某种距离作为优化的目标函数，利用函数求极值的方法得到迭代运算的调整规则。K-Means 算法以欧式距离作为相似度测度，它是求对应某一初始聚类中心向量 V 的最优分类，使得评价指标 J 最小。算法采用误差平方和准则函数作为聚类准则函数。其代价函数是：

$$J(c,\mu) = \sum_{i=1}^{k} \| X^{(i)} - \mu_{c^{(i)}} \|^2$$

式中，$\mu_{c^{(i)}}$ 表示第 i 个聚类的均值，$X^{(i)}$ 表示需要比较的相似因子。代价函数越小，对所有类所得到的误差平方和，即可验证分为 k 类时，各聚类是否最优。

（3）使用操作

操作步骤同 7.3.1.1 节中（3）（图 7.6）。

7.3.1.6　最优子集回归

（1）功能概述

最优子集回归算法，是利用相关关系进行一次因子挑选，剔除部分影响因子较小的预报因子，缩减因子个数，提升运算速度和准确度。对数值模式预报产品和陕西本地降水、气温利用最优子集回归建立统计关系,形成以数值模式预报产品为预报因子的最优子集回归预测模型。并通过数值模式预报产品对陕西本地气象要素进行滚动预报和实时检验。

该功能模块允许用户选择的内容包括:使用的模式类型、预测要素类型、预测区域(全省、陕北、关中、陕南、渭河流域和汉江流域)、任意预测起报日期、任意预测时段、展示方式(色斑图、格点图)、地图样式(行政地图、地形图)等。

(2)算法说明

从 0 号模型开始,这个模型只有截距项而没有任何自变量。然后用不同的特征组合进行拟合,从中分别挑选出一个最好的模型(RSS 最小或 R2 最大),也就是包含 1 个特征的模型 M1,包含 2 个特征的模型 M2,直至包含 p 个特征的模型 Mp。然后从这总共 $p+1$ 个模型中根据交叉验证误差选出其中最好的模型。这个最好模型所配置的特征就是筛选出的特征。

(3)使用操作

操作步骤同 7.3.1.1 节中(3)(图 7.6)。

7.3.1.7 拟合误差算法

(1)功能概述

基于数值模式预报产品和陕西本地降水、气温的关系,利用拟合误差算法建立数值模式和本地气象要素的拟合曲线,形成以数值模式预报产品为预报因子的拟合误差预测模型,并通过模式预报产品对陕西本地气象要素进行滚动预报和检验。

该功能模块允许用户选择的内容包括:使用的模式类型、预测要素类型、预测区域(全省、陕北、关中、陕南、渭河流域和汉江流域)、任意预测起报日期、任意预测时段、展示方式(色斑图、格点图)、地图样式(行政地图、地形图)等。

(2)算法说明

利用气候模式产品中预报年份前 30 年的资料作为历史资料,针对每个站点,把历年同期的降水量按方差分析周期排列,把 30 年的时间序列按顺序进行年的周期排列,并计算出每一列的平均值,用来作为相应周期的拟合误差序列。用该序列循序外推,就是拟合预报值。拟合预报与实测值之间的误差,称为拟合误差。拟合误差越小,这个周期序列越能反映预测月份降水量的历年变化情况.

(3)使用操作

操作步骤同 7.3.1.1 节中(3)(图 7.6)。

7.3.1.8 客观气候指数

(1) 功能概述

基于多种模式预测产品,建立影响本地气候的客观气候指数。客观气候指数有:西太平洋副热带高压强度指数、西太平洋副热带高压面积指数、西太平洋副热带高压西伸脊点指数、西太平洋副热带高压脊线位置指数、西太平洋副热带高压脊点指数、印缅槽强度指数、青藏高原指数1、青藏高原指数 2、东亚槽位置指数、东亚槽强度指数;

该功能模块允许用户选择的内容包括:使用的模式类型、预报指数、任意预测起报日期等。

(2)算法说明

基于多种模式预测产品,结合各种指数算法,对各指数日、月时间尺度进行预测。

(3)使用操作

在左侧功能区点击【客观气候指数】,进入页面。右侧【模式选择】通过下拉框选择模式产品,包括日、月模式预测产品,在此选择 DERF2.0 逐日预测产品。【指数选择】通过下拉框选择预测指数,在此选择西太平洋副高强度指数。【起报日期】选择模式起报时间 2021-6-25。图形展示区展示预测的西太副高指数 6 月 26 日—8 月 12 日逐日变化曲线及中位数,下方为 5 月 26 日—6 月 25 日的西太副高指数实况变化曲线(图 7.7)。

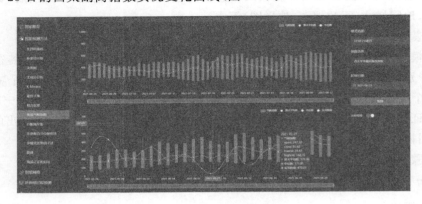

图 7.7　客观气候指数页面

7.3.1.9　匹配域投影技术

（1）功能概述

利用相关系数方法计算陕西本地气象站气象要素与数值模式回算资料中大尺度环流场的高相关区域。并将此类大尺度环流场的高相关区作为陕西本地气象要素的预报因子,构建预报模型。并依据这些预报因子对陕西本地降水、气温进行预报,并实时对预测结果进行检验。

该功能模块允许用户选择的内容包括:使用的模式类型、预测要素类型、预测区域(全省、陕北、关中、陕南、渭河流域和汉江流域)、任意预测起报日期、任意预测时段、展示方式(色斑图、格点图)、地图样式(行政地图、地形图)等。

（2）算法说明

匹配域投影技术假设局地降水与大尺度环流场有很好的统计关系,降水可以通过一个转换函数将匹配域信息反演出来。假定预报变量 $Y(t)$ 是局地观测降水,$X(i,j,t)$ 是模式输出的同一时间在格点 (i,j) 上的大尺度变量,即预报因子,则

$$Y(t) = \alpha X_p(t) + \beta \tag{7.1}$$

式中,$X_p(t)$ 为预报因子在一个优化窗口上的投影。此优化窗口是指预报因子在某一个区域上与目标站点降水在回报期的相关系数绝对值之和达到最大值的区域。

$$X_p(t) = \sum_{i,j} R(i,j) X(i,j,t) \tag{7.2}$$

式中,$R(i,j)$ 为回报期的相关系数,可以用式(7.3)计算得到

$$R(i,j) = \frac{\frac{1}{n} \sum_{i,j} [Y(t) - Y_m][X(i,j,t) - X_m(i,j)]}{\sigma_x(i,j)\, \sigma_y} \tag{7.3}$$

式中,n 是回报期的年数,下标 m 是变量在回报期的平均值,σ 是方差。

对于匹配域投影降尺度方法,选择合适的优化窗口非常重要,设定一个活动窗口。通过这一方法,可以捕捉局地降水与大尺度环流场的相关关系,并可以通过预测方程将大尺度环流场的信息转化为局地的降水。由于选择的是最优窗口和预报因子,因此对于不同的站点,对应的最优窗口和预报因子是不同的。

（3）使用操作

操作步骤同 7.3.1.1 节中（3）（图 7.6）。

7.3.1.10　非参数百分位映射法

（1）功能概述

利用非参数百分位映射法对多模式预测产品中的温度、降水预报进行概率订正，并将订正后的平均气温、降水等客观预测产品进行检验评估。

该功能模块允许用户选择的内容包括：使用的模式类型、预测要素类型、预测区域（全省、陕北、关中、陕南、渭河流域和汉江流域）、任意预测起报日期、任意预测时段、展示方式（色斑图、格点图）、地图样式（行政地图、地形图）等。

（2）算法说明

该方法是基于模式给出的要素确定性预报，通过模式回算资料得到该要素确定性预报在模式概率密度分布中的百分位值，并将百分位值投影到观测资料的概率密度分布中，从而得到模式预报的概率订正值。采用非参数百分位映射法对模式预报平均温度、降水进行概率订正，并对订正后的气温、降水客观预测产品进行实时检验评估。传统的误差订正是对模式单一预报值（均值）的订正，概率误差订正考虑了模式预报概率密度分布与观测实况概率密度分布的偏差，因此，非参数百分位映射法的预报结果包含了相对模式气候态的偏移（距平）和极端性（概率）两方面的信息。

（3）使用操作

操作步骤同 7.3.1.1 节中（3）（图 7.6）。

7.3.1.11　多模式优势因子提取法

（1）功能概述

将模式预报数据与陕西本地各站点、格点的降水和气温进行组合分析，通过提取各模式中与陕西本地站点、格点降水和气温相关较高的气象要素（如 500 百帕位势高度场），并据此建立针对本地降水、气温预测的最优因子组合预测模型，对陕西本地的降水和气温进行预测，并实时检验检测结果。

该功能模块允许用户选择的内容包括：使用的模式类型、预测要素类型、预测区域（全省、陕北、关中、陕南、渭河流域和汉江流域）、任意预测起报日期、任意预测时段、展示方式（色斑图、格点图）、地图样式（行政地图、地形图）等。

（2）算法说明

该方法是利用历史观测数据建立气象要素与最优环流因子的关系，构建气象要素的预测模型。基于多种模式预测的环流场，提取最优环流因子，利用构建的滚动预测模型进行气象要素的预测。

（3）使用操作

操作步骤同 7.3.1.1 节中（3）（图 7.6）。

7.3.2　智能推荐

（1）功能概述

智能推荐功能是将 AI 和数理统计算法（最优子集、拟合误差、客观气候指数、匹配域投影、非参数百分位映射、多模式优势因子法、朴素贝叶斯、决策树、主成分分析法、支持向量机、

K-Means)处理后的模式预报数据通过 PS 和 CC 评分检验,以评分降序方式展示排名列表。并对评分较高的算法和数据进行统计。

该功能模块允许用户选择的内容包括:使用的模式类型、预测要素类型、预测算法、预测时间尺度、任意预测时段、排序方式、检验方式(同期、近期)、算法＋数据的评分及排序。

(2)算法说明

对所有模式直接解读结果、统计-动力降尺度解释应用结果及机器学习释用结果进行预测效果评估,结合预测检验和本地化天气、气候特点通过再次大数据分析与机器学习等技术进行提炼,发现预测与不同模式、不同释用方法的规律,精准捕捉各模式各要素不同站点不同时次前期预报误差,应用统计方法计算各模式的预报偏差,去除模式偏差,形成纠偏后的多模式预报结果。通过动态评估这些多模式预报数据,不断优化和订正机器学习的释用方法以及常规解释应用的方法,并从多模式多方法的预测结果中接近实时地调整预测结果,继而得到智能最优预测结果。

(3)使用操作

用户操作区包括:要素选择、时间尺度、预报时段、模式选择、预测算法、排列方式、正序/倒序、同期/近期。

例如:选择预测 2021 年 10 月陕西省月降水情况。用户点击【智能推荐】功能,进入页面。在【要素选择】中通过下拉框选择降水,【时间尺度】中选择月,【预报时段】通过下拉框选择 2021—10。下一行中,【模式选择】有国内外多种模式可以选择,在此通过下拉框选择全部。【预测算法】中有 12 种算法可以选择,在此通过下拉框选择全部,即所有的算法均参与智能推荐的运算。【排列方式】选择 PS 评分,月-季尺度预测建议选择 PS 评分,候、旬尺度预测建议选择 CC 评分。【同期/近期】中,根据每次预测的情况选择同期或者近期,在此我们选择同期的组合进行排序。最后点击【搜索】,绘图区域即可出现智能推荐的预测结果。右侧为不同组合推荐结果的排序情况,可以点击任意一个组合,图形区便会展示不同组合的预测结果,默认展示排名前 10(图 7.8)。

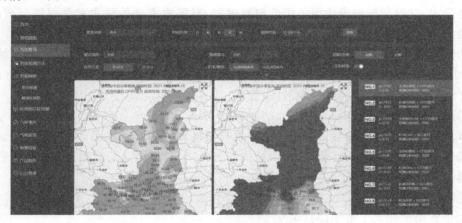

图 7.8 智能推荐功能界面

将页面往下拖动,出现图 7.9。左边展示预测 2021 年 10 月陕西省月降水中各类算法达到 70 分及以上的分布情况以及各类气候模式数据达到 70 分及以上的分布情况。右侧给出智能推荐前 10 名中正距平概率合成结果。图中显示,根据智能推荐结果,2021 年 10 月全省大部分地区降水偏多的概率在 60% 以上,即全省降水偏多的概率较大。

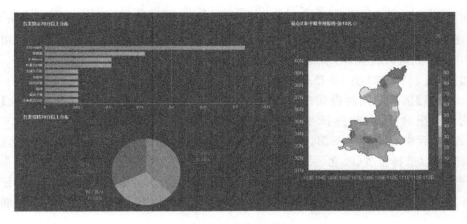

图 7.9　智能推荐功能界面

7.3.3　智能网格预测

（1）功能概述

该功能分为格点预测与精细化格点两部分。格点预测主要用于不同模式产品、不同要素进行的原始预测产品的展示，未结合释用技术。精细化网格主要是 DERF2.0 和 CFSv2 的逐日预报产品，经过智能推荐后选择最优的、分辨率为 5 千米×5 千米的产品展示。

（2）使用操作

格点预测页面用户操作区包括：模式选择、要素类型、区域选择、高度、起报日期、预测时段、展示方式、实时检验、显示＋地（市）、地图样式 10 个设置选项功能（图 7.10）。允许在用于操作区针对 10 项参数进行设置，图形展示区内展示结果。

例如：预测 2021 年 1 月下旬陕西全省气温（图 7.10）。

【模式选择】选择使用的模式产品，在此选择 CFSV 逐日模式产品。【要素类型】可通过下拉框选择预报对象，包括平均气温、降水、位势高度、海平面气压、高空气温，在此选择平均气温。【区域选择】可以选择全省、陕北、关中、陕南、渭河流域、汉江流域，在此选择全省。【高度】可以选择 500、700、850 hPa 等高度。【起报日期】选择旬，具体日期选 2021-1-1。【预报时段】在此选择 2021 年 1 月下旬。点击【预测】按钮，图形展示区左侧为 2021 年 1 月下旬全省气温预测图，右侧为 2021 年 1 月下旬全省气温实况空间分布。

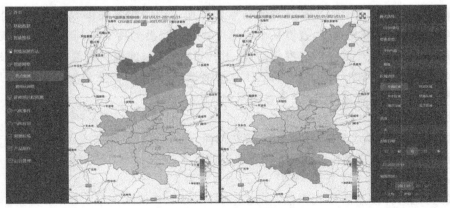

图 7.10　智能网格-格点预测页面

精细化网格页面用户操作区包括:模式选择、要素类型、起报日期、预测时段、展示方式、区域选择、显示＋地(市)、地图样式、下载选项 10 个设置选项功能(图 7.11)。允许在用于操作区针对 10 项参数进行设置,图形展示区内展示结果。

例如:预测 2021 年 1 月 20 日—2 月 11 日陕西全省气温。

【模式选择】选择使用的模式产品,在此选择 CFSV 逐日模式产品。【要素类型】可通过下拉框选择预报对象,在此选择平均气温。【起报日期】选择旬,具体日期选 2020-12-24。【展示方式】有两种地图和邮票图,邮票图为预报时段内逐日预报空间分布,在此选择地图。【区域选择】可以选择全省、陕北、关中、陕南、渭河流域、汉江流域,在此选择全省。点击【预测】按钮,图形展示区上半部分为预测空间分布,下半部分为预报时段日期,其日期可以任意选择单日或者某一段时间。在此选择 2021 年 1 月 20 日—2 月 11 日,图形展示区为该时间段全省气温预测。

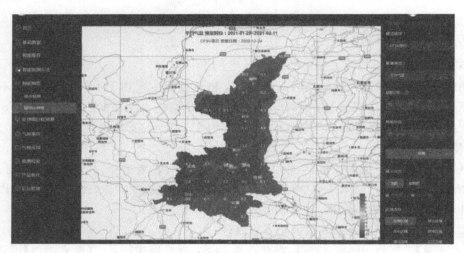

图 7.11 智能网格-精细化网格页面

7.3.4 延伸期过程预测

(1)功能概述

基于多种模式预测产品及历史观测数据,结合多种预测算法,对延伸期时段最高、最低、平均气温、降水等要素进行预测,支持全省各站点延伸期过程预测并提供数据下载功能。另外,根据所选经纬度、日期等复选框,查看某个经纬度或时间尺度的冷空气、高温过程情况。

该功能模块允许用户选择的内容包括:使用的模式类型、预测要素类型(最高、最低、平均气温、降水、位势高度、高空气温、海平面气压)、预测选择的算法、任意预测起报日期、展示方式(多日统计、多日剖面)、地区选择(全省各国家站)等。

(2)使用操作

用户操作区包括:模式选择、要素类型、算法选择、起报日期、展示方式、地区选择 6 个设置选项功能(图 7.12)。允许在操作区针对 6 项参数进行设置,图形展示区内展示结果。

例如:预测 2021 年 3 月 1 日—4 月 15 日全省气温。

【模式选择】选择使用的模式产品,在此选择 DERF2.0 模式产品。【要素类型】可通过下拉框选择预报对象,在此选择平均气温。【算法选择】通过下拉框选择支持向量机算法。【起报日期】通过下拉框方式选择起报时间 2021 年 3 月 1 日。【地区选择】可以通过下拉框选择或者搜索站点。点击【预测】按钮,图形展示区就是延伸期预测曲线。点击【下载选项】下载预测平均气温的数据。也可以在图 7.13 中直接查看预测的气温。

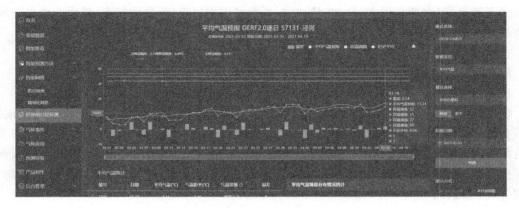

图 7.12　延伸期过程预测

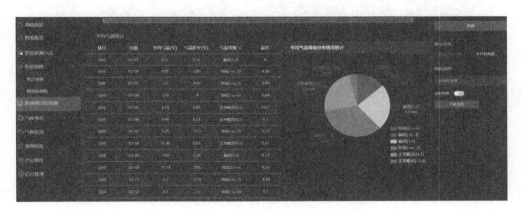

图 7.13　延伸期过程预测

7.3.5　华西秋雨预测

(1)功能概述

基于多种模式预测产品及历史观测数据,结合华西秋雨算法,通过订正方法对延伸期内华西秋雨起、止日期进行预测。

该功能模块允许用户选择的内容包括:使用的模式类型、预测起报日期、预测时段。

(2)算法说明

根据中国气象局预报与网络司气预函〔2015〕2 号文件,确定陕西省华西秋雨监测区,分布在关中、陕南站点数共 77 个。秋雨日定义:自 8 月 21 日起,若某日监测区域内≥50％的台站日降雨量≥0.1 毫米,则为该区域的一个秋雨日,否则为一个非秋雨日。多雨期定义:自 8 月 21 日起,若监测区域内连续出现 5 个秋雨日(第 2～4 天中可有一个非秋雨日),则多雨期开始,其第一个秋雨日为该多雨期开始日。此后若连续出现 5 个非秋雨日(第 2～4 天中可有一个秋雨日),则该多雨期结束,并将第一个非秋雨日定为该多雨期结束日。在华西秋雨期内,可以出现一个或多个多雨期。华西秋雨开始日定义:自 8 月 21 日起,若监测区域内的第一个多雨期出现,则该区域华西秋雨开始,并将第一个多雨期的开始日定为该区域华西秋雨开始日。华西秋雨结束日定义:11月1日至20日,监测区域内若连续出现10个非秋雨日(第2～9天中可有两个秋雨日),则秋雨结束,最后1个多雨期的结束日为该区域的华西秋雨结束日。②若条件①不满足,监测持续到11月30日,直至再无多雨期出现,则秋雨结束,最后一个多雨期的结束日为该区域的华西秋雨结束日。

（3）使用操作

用户操作区包括:模式选择、起报日期、预测时段。

例如:预测2020年陕西华西秋雨情况。

【模式选择】下拉框选择使用的模式产品,在此选择DERF2.0模式产品。【起报日期】通过下拉框方式选择起报时间(模式起报日期)。【预报时段】可以通过下拉框可以选择起报日期以后的时段,在此选择2020年9月2日。点击【预测】按钮,图形展示区展示华西秋雨预测结果。包括预测的秋雨开始日、结束日。同时,还展示常年秋雨起、止日期以及实况出现的起、止日期等(图7.14)。

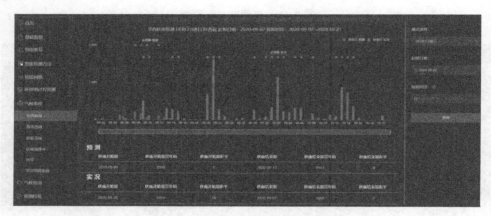

图7.14　华西秋雨预测页面

7.3.6　大气污染潜势预测

（1）功能概述

基于多种模式预测产品,结合大气自净能力指数算法,通过订正方法,对延伸期内陕西省、汾渭平原的大气自净能力进行预测。

该功能模块允许用户选择的内容包括:数据来源、预测起报日期、预测时段。

（2）算法说明

气象内网:国家气候中心研发的延伸期-月尺度大气污染潜势气候预测系统,由月动力延伸预测模式系统DERF2.0提供初始场,驱动中尺度模式进行降尺度并输出大气边界层气象要素场,驱动城市大气污染数值预报系统CAPPS进行大气自净能力预测,展示汾渭平原大气自净情况。

气候中心:基于DERF2.0的预报场,结合大气自净能力指数的计算公式分别计算陕西省、汾渭平原大气自净能力指数。

（3）使用操作

用户操作区包括:模式选择、要素类型、区域选择、起报日期、预测时段、展示方式、实时检验、显示＋地(市)、地图样式9个设置选项功能。允许在操作区针对9项参数进行设置,图形展示区内展示结果。

例如:预测2021年1月1—31日大气自净能力。

【数据来源】选择展示国家气候中心(根据提供的计算方法)和气象内网(国家气候中心内网上提供的大气潜势预报数据),在此选择国家气候中心。【资料类型】使用的模式产品,在此选择DERF2.0模式产品。【起报日期】通过下拉框方式选择起报时间(模式起报日期)。【预报时段】可以通过下拉框可以选择起报日期以后的延伸期时段,在此选择2021年1月1—31日。点击【预测】按钮,在图形展示区展示陕西省和汾渭平原的大气自净能力指数曲线(图7.15)。往下拖动页面(图7.16),展示陕西省、汾渭平原大气自净能力分布。

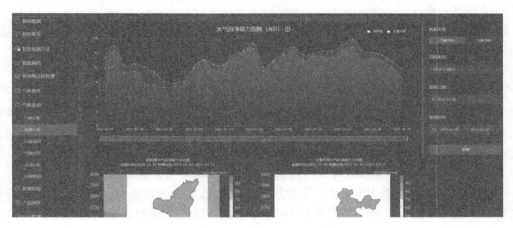

图7.15　大气自净能力页面

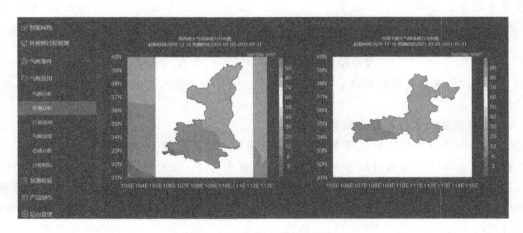

图7.16　大气自净能力页面

7.3.7　全流程预测检验

(1)功能概述

基于多种模式预测产品及历史观测数据,结合多种检验评分办法对不同要素、任意时间尺度、不同方法、不同模式产品及方法与模式产品组合的全流程检验评估。

该功能模块允许用户选择的内容包括:检验的区域(全省、陕北、关中、陕南)、预测要素类型、任意统计时间尺度、任意检验时段、分为方法对比和资料对比、模式选择、预测方法的选择等。

(2)检验方法说明

a. 距平相关系数(ACC)。用下式表示:

$$ACC_j = \frac{\sum_{i=1}^{M} \Delta x_{i,j} \Delta y_{i,j}}{\sqrt{\sum_{j=1}^{M} \Delta x_{i,j}^2} \sqrt{\sum_{j=1}^{M} \Delta y_{i,j}^2}}$$

式中,j 代表预测日期,i 代表第 i 时刻,$\Delta x_{i,j}$ 和 $\Delta y_{i,j}$ 分别表示在第 i 个时刻上 j 时的预测与观测异常值,M 是时间序列总数。ACC 的范围为 -1 到 1,ACC 越大,则表明模式的预测结果与观测的模态越一致。

b. 距平符号一致率评分(TCC)。主要是以预测和实测的距平符号是否一致为判断依据,采用逐站法进行评判,当预测和实测距平百分率符号一致时认为该站预测正确,公式为:

$$TCC = 100 \times N/M$$

式中,N 为预测正确的站数,M 为实际参加评估的站数。评分方法:逐站判定预测是否正确,假定 A 为预测(距平/距平百分率),B 为实测(距平/距平百分率),当 $A \times B > 0$ 时,判定该站预测正确;当 $A \times B < 0$ 时,判定该站预测错误;当 $A \times B = 0$ 时,若 $A = 0$ 且 $B > 0$ 时,判定该站预测正确;若 $B = 0$ 且 $A > 0$ 时,判定该站预测正确;若 $A = B = 0$ 时,判定该站预测正确;若 $A = 0$ 且 $B < 0$ 时,判定该站预测错误;若 $B = 0$ 且 $A < 0$ 时,判定该站预测错误。

c. 短期气候预测业务 PS 评分。逐站判定预报的趋势是否正确,统计出趋势预测正确的总站数 N_0;逐站判定一级异常预报是否正确,统计出一级异常预测正确的总站数 N_1;逐站判定二级异常预报是否正确,统计出二级异常预测正确的总站数 N_2;没有预报二级异常而实况出现降水距平百分率 $\geq 100\%$ 或等于 -100%、气温距平 ≥ 3 ℃ 或 ≤ -3 ℃ 的站数(称为漏报站,记为 M)。

$$PS = \frac{a \times N_0 + b \times N_1 + c \times N_2}{(N - N_0) + a \times N_0 + b \times N_1 + c \times N_2 + M} \times 100$$

式中 a、b 和 c 分别为气候趋势项、一级异常项和二级异常项的权重系数,本办法分别取 $a = 2$,$b = 2$,$c = 4$。

d. 延伸期强降水过程预测检验评分办法

C_s 检验评分方法是针对强降水过程预测正确、空报、漏报的天数进行评分。

过程降水条件指预测强降水过程中的每日降水量 P_i 都大于或等于强降水阈值 P_t,即 $P_i \geq P_t$。预测正确日数是指满足降水过程条件(即 $P_i \geq P_t$)的降水日包含在降水过程预测时段内的日数(容许偏差 1 日)。空报日数指过程预测时段内未出现满足降水条件等级的日数。漏报日数指未包含在过程预测时段内(偏差 2 日及以上)的满足降水条件等级的日数。

对应降水过程等级的单站 C_s 评分公式为:

$C_s = $(预测正确日数)/(预测正确日数+空报日数+漏报日数)

若:预测正确日数+空报日数+漏报日数=0,也就是说实况没有出现强降水过程,也没有预测该站有强降水过程,则该站不作记分处理。

区域预测 $C_s = $ 区域内各考核站 C_s 的平均值。

③使用操作

用户操作区包括:区域选择、要素类型、统计时间尺度、检验时段、对比类型、模式选择、预测方法选择、数据下载等。

例如(图 7.17):检验 2020 年 1 月—12 月逐月 PS 评分

点击左侧菜单中【预测检验】,在下拉菜单中选择【PS】。在页面右侧菜单中的【区域选择】,通过下拉框选择全省。【要素类型】通过下拉框选择降水。【统计时间尺度】选择逐月。【检验时段】选择 2020-01-2020-12。【对比类型】可以选择方法对比或资料对比。选择方法对比时,【模式选择】下拉框只能选择一种模式数据,【预测方法选择】可以选择多种预测方法,然后点击【检验】。选择资料对比时,【预测方法选择】通过下拉框选择一种预测方法,【模式选择】可以选择多种模式预测数据进行检验。在此我们选择方法对比,模式资料用 CFSV 逐月,预测方法选择决策树、拟合误差、非参数百分位、朴素贝叶斯、原数据。中间图形展示区中,柱状图为多种预测算法的 PS 评分,柱状图下方的表格为对应的检验数据。

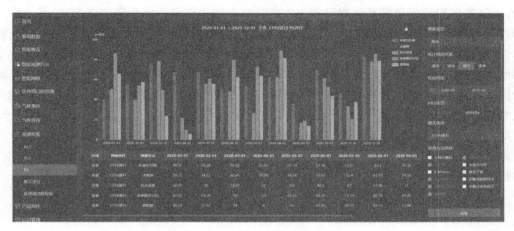

图 7.17　预测产品检验页面

第8章 十四运会气候预测技术总结

陕西省气候中心 2019 年开始部署气候预测保障服务和预测技术研发工作,组织开展 11～45 天延伸期精细化网格预报技术研发,预报效果检验和十四运会活动气候预测保障演练。先后编写《十四运气象保障服务可研报告》《十四运会及残特奥会气象保障服务实施方案》《十四运气象保障预报预警系统建设实施方案》和《十四运气候预测会商实施方案》等方案。优化华西秋雨预测技术研发,提前半年关注秋季及 9 月气候趋势预测,提前 100 天开始逐周更新十四运会开幕式期间《气候服务专题预测材料》,进入 9 月后实现产品的逐日更新,共完成专题预测服务产品 16 期,为地(市)局提供圣火采集、点火仪式、火炬传递、测试赛、正式赛、开幕式期间决策任务单、延伸期预测等气候预测决策服务材料 20 余份。2021 年与国家气候中心、国家气象中心视频会商 2 次(8 月 19 日、9 月 3 日),电话网络会商 20 余次,指导地(市)气象局十四运期间延伸期会商 10 余次。在保障任务结束后,及时组织完成气候预测保障服务复盘和预测技术复盘工作。最终实现了对十四运会开幕式当天、9 月气象要素及华西秋雨开始日期、强度的精准滚动预测。

8.1 气候预测技术总结

8.1.1 推进多模式产品的检验及本地化应用

开展基于统计方法和机器学习算法的多模式产品订正技术,实现国内外气候模式产品的本地化应用;对国内外月季模式、季节-次季节模式产品在陕西省月尺度、旬尺度和候尺度的气候预测技巧开展检验评估,为重点保障任务中气候预测业务提供技术保障。

8.1.2 深入开展预测技术研发

8.1.2.1 开展延伸期过程预测技术研发

为十四运会气象保障预报、预警系统提供延伸期(11～45 天)逐日网格预报产品。深入开展多源模式集成技术和人工智能预测技术研发,优化机器学习算法,持续推进陕西省智能网格气候预测系统延伸期过程模块建设,完善次季节预报业务,初步建立次季节—季节要素的确定性网格预报和重要天气过程预报,实现次季节预测产品逐日滚动更新,形成延伸期(11～45 天)水平分辨率 5 千米×5 千米平均气温、最高气温、最低气温、降水等气象要素逐日网格预报产品,并集成于十四运气象保障预报、预警专项系统,为十四运期间的延伸期过程和趋势预测提供了有力的技术支撑。

8.1.2.2 月到季尺度气候趋势预测技术

相对于延伸期(11～45 天),月—季预测时间尺度较长,开展技术研发的时间也较长,均融合了本地化物理概念模型。因此,我们在进行月—季尺度气候趋势预测时是在了解本时段气候特征的基础上,结合外强迫因子、环流影响因子、模式对环流预测结果及模式产品释用后的预测结果(以秋季降水预测为例,如图 8.1),进行主观与客观的融合预测。

同时,开展了基于多种模式预测产品,融合机器学习算法的月预测技术,形成月尺度水平分辨率 10 千米×10 千米的气温、降水预测产品,实现季预测产品逐月滚动更新。

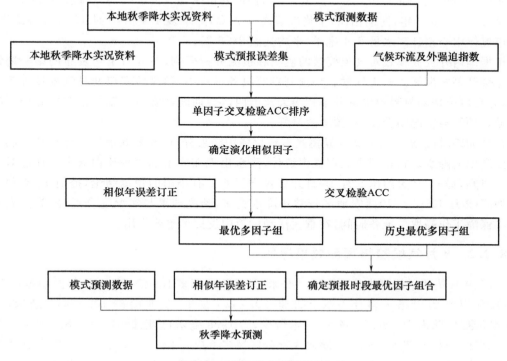

图 8.1　秋季降水预测流程

8.1.2.3　强化重要气候事件机理研究和科研成果应用转化

实现 2021 年陕西秋雨的准确滚动预测。在季节到年际尺度上,开展陕西秋雨年际预测关键因子研究,发现陕西秋雨偏强年 500 百帕欧亚中高纬度上空呈现"＋－＋"的异常环流特征,西太平洋副热带高压和印缅槽偏强;前期春、夏季赤道中东太平洋低(高)海温发展有利于陕西秋雨偏强(弱),Nino3.4 区海温异常是陕西秋雨强弱的年际预测信号,对陕西秋雨强度预测有较好的指示意义。将上述科研成果应用于气候预测业务中,年初给出 2021 年陕西秋雨开始较常年偏早,强度偏强的预测意见,结合国内外季模式对海温、环流的监测与预测,3 月陕西省气候中心经内部会商研判,维持 2021 年陕西秋雨偏早强度偏强的意见。在延伸期尺度上,8 月基于次季节—季节模式预测数据,利用智能预测方法和动态检验相结合的智能推荐订正基础上,对陕西秋雨的开始日期及在延伸期尺度的多雨期进行预测,基于模式预测逐日数据及最优方法 8 月 13 日起报的陕西秋雨开始日期和多雨期预报,预报结果显示,2021 年陕西秋雨于 8 月 30 日开始,第一个多雨期时段为 8 月 30 日至 9 月 6 日,预测结果与实况吻合。

8.2 预测效果评估

8.2.1 十四运开幕式期间气候趋势与过程预测效果评估

实况:十四运会期间(2021年9月15—27日)西安市平均气温20.3℃,降水量201.9 mm,与常年(1981—2010年)同期相比,平均气温高0.9℃,降水多4.4倍;9月15日开幕式当天,西安市奥体中心累计降水量8.4毫米,平均气温24.5℃。

根据国内外气候模式对气象要素的监测和预测分析研判,在6月下旬发布的第一期针对十四运会开幕式期间西安市气候趋势预测专题服务材料中,预测西安市9月气温接近常年到偏高,并在后续预测材料中维持开幕式当天及十四运会期间西安市气温接近常年到偏高的预测意见。预测与实况吻合度高,预测效果好。

在延伸期时段,8月初根据气候模式本地化释用结果分析,开幕式前后环流形势有利于西安地区产生弱降水。根据历史数据概率统计,降水出现在晚上的概率比白天大。通过对过程的追踪研判,提前13天给出9月15日开幕式当天西安有小雨的预测结论,提前11天预测十四运期间(9月15—27日)西安地区较常年降水偏多,预测结果与实况吻合度高,为重大活动的各项保障工作赢取了准备时间,在重大活动保障中发挥了重要作用。

8.2.2 9月气候趋势预测效果评估

实况:9月陕西平均降水量为287.7毫米,较常年同期多1.9倍,较2020年同期多4.6倍,为1961年以来历史第一多年。陕北北部20~120毫米,陕北南部100~411毫米,关中249~435毫米,陕南156~759毫米;神木最少,为19.8毫米,镇巴最多,为758.5毫米。与常年同期相比,榆林北部少1~6成,陕北大部分区域多2成~3倍,关中多1~4倍,陕南大部分区域多6成~3倍。9月月平均气温19.7℃,较常年同期高1.5℃,是2000年以来历史第三高。平均气温:陕北16~20℃,关中15~22℃,陕南19~24℃,华山最低,14.6℃,安康最高,23.5℃。与常年同期相比:全省大部分地区偏高1~2℃,其中陕北北部、宝鸡局地、陕南局地偏高2~3℃。

3月底进行9月降水预测,经综合分析会商研判:预计9月除陕南东南部降水偏少,全省其余地区降水偏多1~3成。后期,经逐月滚动订正,环流形式也较早期有调整,雨带略向南调整。在8月底正式发布9月预测产品时,根据统计诊断、外强迫因子的演变、模式对环流及降水的预测及本地化的检验和订正,综合分析研判:预计2021年9月除陕北北部降水偏少,陕南南部偏多2~3成外,陕西省其余地区降水偏多1~2成。9月陕西省关中、陕南平均气温较常年同期高0~1℃,陕北南部高1~2℃,陕北北部高2℃以上。

从3月开始逐月滚动更新对9月的气候趋势预测,均预测出全省大部分地区气温偏高,降水偏多的背景,基本预测准确。在8月底发布9月气温、降水预测产品,其与实况的PS业务评分分别为89和78分。

8.2.3 秋季气候趋势预测效果评估

实况:秋季全省平均降水量435.7毫米,较常年同期(171.7毫米)多1.5倍,是1961年以来同期历史最高值。其中陕北87.6~577.1毫米,关中368.7~655.3毫米,陕南238.4~

928.4毫米。与常年同期比较:除榆林北部多1~8成外,其余大部分地区均多1倍以上,其中陕北南部大部分区域和关中北部局部地区偏多2~3倍。平均气温12.5℃,较常年同期高0.5℃。其中陕北7.9~11.9℃,关中7.5~14.8℃,陕南11.7~16.6℃。与常年同期比较,大部分地区高0~2℃。

3月底进行9月和10月降水预测,经综合分析会商研判:预计9—10月除关中、陕南东部降水偏少,全省其余地区降水偏多1~3成。后期,经逐月滚动订正,环流形式也较早期有调整,雨带略向南调整。在8月底正式发布秋季预测产品时,根据统计诊断、外强迫因子的演变、模式对环流及降水的预测及本地化的检验和订正,综合分析研判:预计2021年秋季降水,陕北北部80~120毫米,陕北南部、关中大部分区域120~210毫米,陕南210~420毫米。与常年同期相比,陕北、关中大部分区域、陕南西部偏多0~1成,陕南东部偏多0~2成。秋季平均气温,陕北8~11℃,关中及陕南12~16℃,与常年同期相比,陕北、关中、陕南中西部偏高0~1℃,陕南东南部偏低0~1℃。

从3月开始逐月滚动更新对秋季的气候趋势预测,均预测出全省大部分地区气温偏高,只有陕南局地气温偏低,降水大部分地区偏多的背景,预测基本准确。在8月底发布秋季气温、降水预测产品,其与实况的PS业务评分分别为85和82.7分。

8.2.4　华西秋雨(陕西区)预测效果评估

2021年初基于前期对陕西地区华西秋雨预测研究成果及各家气候模式对海表温度演变的监测预测,给出"2021年陕西秋雨开始较常年偏早,强度偏强的预测意见"。通过追踪国内外气候模式对海温、环流的监测预测,3月陕西省气候中心内部会商研判,维持2021年陕西秋雨偏早强度偏强的预测意见。在延伸期时段,陕西省智能网格气候预测系统华西秋雨预测模块提前19天(8月11日起报)持续稳定预测陕西秋雨将于8月下旬开始,与常年同期比较开始时间偏早;提前15天(8月15日起报)持续预测陕西秋雨于8月第6候开始。结合陕西省智能网格系统本地化释用的月预测和延伸期预测研判,在8月19日与国家气候中心专题预测会商中给出"预计2021年陕西地区秋雨于8月第6候开始,与常年同期比较开始时间偏早,强度偏强"的预测意见,与实况(8月30日陕西秋雨开始,于10月21日结束,强度偏强)高度吻合,为十四运期间重要气候事件的预测提供了强有力的技术支持。

附　录

附录 1　陕西各赛区 1991—2020 气象要素逐月气候标准值

站点	月份	平均气温/℃	最高气温/℃	最低气温/℃	平均气压/百帕	日照时数/小时	降水/毫米	平均湿度/%	平均风速/(米/秒)
西安	1 月	0.4	4.9	−3.1	978.8	109.7	5.5	58	2.12
	2 月	4.1	9.2	0.3	974.9	116.6	9.0	59	2.52
	3 月	10.8	16.6	6.1	970.8	175.4	18.5	53	2.71
	4 月	16.8	23.0	11.6	966.3	199.9	35.4	56	2.57
	5 月	21.5	27.6	16.4	962.6	204.1	58.7	57	2.58
	6 月	26.0	32.1	21.0	957.8	203.1	64.6	57	2.58
	7 月	27.5	32.8	23.4	956.7	201.1	84.9	67	2.78
	8 月	26.0	30.9	22.2	960.2	181.8	90.9	71	2.66
	9 月	20.8	25.4	17.3	966.9	132.2	97.3	74	2.30
	10 月	15.0	19.7	11.5	973.0	119.3	52.5	73	2.08
	11 月	8.3	12.9	4.8	975.7	122.1	21.9	69	2.16
	12 月	2.2	6.8	−1.5	979.1	133.8	2.9	57	2.17
榆林	1 月	−8.0	−0.6	−14.2	891.0	194.4	2.8	52	2.32
	2 月	−2.9	4.4	−9.1	888.8	190.3	4.2	46	2.68
	3 月	4.2	11.3	−2.0	886.5	227.6	9.4	40	2.95
	4 月	11.7	19.1	4.8	883.9	247.1	21.6	38	3.12
	5 月	17.6	24.5	10.7	882.1	283.6	31.5	40	3.07
	6 月	22.1	28.7	15.6	879.0	271.4	42.8	48	2.84
	7 月	23.8	29.9	18.2	878.3	251.4	97.3	60	2.72
	8 月	21.6	27.5	16.6	881.6	234.8	123.5	66	2.59
	9 月	16.3	22.6	11.2	886.3	211.2	60.6	66	2.44
	10 月	9.5	16.3	3.9	890.2	221.0	26.0	59	2.53
	11 月	1.5	8.3	−3.8	890.7	196.1	11.4	55	2.52
	12 月	−5.9	1.0	−11.5	892.1	187.6	2.3	52	2.53
延安	1 月	−4.9	2.3	−10.3	914.2	196.5	3.2	54	1.66
	2 月	−0.2	7.3	−5.8	911.3	188.2	5.3	51	1.85
	3 月	5.8	13.3	−0.1	908.8	218.8	14.6	49	2.01

站点	月份	平均气温/℃	最高气温/℃	最低气温/℃	平均气压/百帕	日照时数/小时	降水/毫米	平均湿度/%	平均风速/（米/秒）
延安	4 月	13.1	21.1	6.3	905.6	242.5	25.6	44	2.05
	5 月	18.2	25.8	11.3	903.5	262.6	41.0	49	1.93
	6 月	22.3	29.7	15.7	900.0	251.6	64.1	56	1.81
	7 月	24.0	30.5	18.8	899.1	231.0	100.6	67	1.64
	8 月	22.2	28.4	17.5	902.7	213.7	110.0	72	1.53
	9 月	17.0	23.7	12.3	907.8	176.0	69.1	72	1.53
	10 月	10.5	18.1	5.2	912.3	190.8	38.4	68	1.55
	11 月	3.4	11.1	−1.8	913.5	191.3	14.7	60	1.70
	12 月	−2.9	4.3	−7.8	915.2	192.3	2.4	54	1.60
	1 月	−2.8	3.3	−6.8	911.3	182.5	6.8	57	2.18
	2 月	0.9	7.1	−3.4	909.0	163.7	9.7	57	2.28
	3 月	6.4	12.9	1.6	906.4	196.8	18.0	56	2.53
铜川	4 月	12.6	19.4	7.0	903.6	220.2	35.0	58	2.57
	5 月	17.3	24.0	11.4	901.5	237.9	50.2	60	2.43
	6 月	21.7	28.3	15.8	898.1	229.9	73.3	62	2.31
	7 月	23.5	29.2	18.7	897.1	213.2	115.1	74	2.10
	8 月	22.0	27.4	17.8	900.3	205.1	103.3	78	1.95
	9 月	17.1	22.6	13.1	905.4	164.9	92.5	78	1.91
	10 月	11.1	17.0	7.0	909.9	170.3	48.3	75	2.13
	11 月	4.6	10.6	0.5	911.0	171.7	18.4	67	2.26
	12 月	−1.2	4.9	−5.2	912.6	185.7	5.0	58	2.28
	1 月	0.6	5.6	−2.8	954.1	116.2	7.1	58	1.15
	2 月	4.1	9.5	0.3	951.1	114.2	10.3	59	1.34
	3 月	9.5	15.2	5.1	947.6	147.4	24.4	58	1.41
宝鸡	4 月	15.6	21.9	10.5	943.8	177.2	40.9	58	1.51
	5 月	20.1	26.4	14.9	941.0	190.7	62.8	59	1.50
	6 月	24.4	30.8	19.3	936.5	187.3	80.1	60	1.43
	7 月	26.3	31.9	22.0	935.1	187.5	104.0	66	1.50
	8 月	24.6	29.6	20.9	938.7	155.8	111.4	72	1.39
	9 月	19.5	24.3	16.2	944.8	118.6	117.5	76	1.15
	10 月	13.7	18.8	10.3	950.5	123.2	56.7	74	0.98
	11 月	7.4	12.7	3.8	952.7	122.9	18.2	69	1.05
	12 月	1.9	7.0	−1.5	955.3	123.3	4.6	61	1.13

站点	月份	平均气温/℃	最高气温/℃	最低气温/℃	平均气压/百帕	日照时数/小时	降水/毫米	平均湿度/%	平均风速/（米/秒）
咸阳	1 月	−0.8	4.7	−5.1	970.7	134.4	6.2	64	1.69
	2 月	3.1	9.1	−1.6	967.4	132.0	8.8	63	1.92
	3 月	8.8	15.1	3.4	963.5	169.8	22.1	62	2.15
	4 月	14.8	21.5	8.6	959.3	194.4	34.6	66	2.14
	5 月	19.7	26.4	13.4	956.0	211.3	49.8	65	2.06
	6 月	25.0	31.5	18.8	951.4	211.0	60.5	61	2.07
	7 月	26.9	32.5	22.1	949.9	223.2	82.8	69	2.19
	8 月	25.0	30.2	20.9	953.6	200.8	84.6	75	2.02
	9 月	19.9	25.1	15.9	960.0	143.1	89.4	78	1.74
	10 月	13.5	19.1	9.2	966.1	138.0	54.0	78	1.55
	11 月	6.4	12.3	1.9	968.7	135.5	21.9	74	1.66
	12 月	0.6	6.3	−3.7	971.7	141.0	4.5	66	1.75
渭南	1 月	−0.1	5.3	−4.3	985.1	130.8	5.4	64	1.18
	2 月	3.9	9.9	−0.8	981.3	129.3	10.1	63	1.41
	3 月	9.5	16.0	4.1	977.4	167.8	21.9	62	1.52
	4 月	15.8	22.7	9.7	972.7	194.8	42.9	64	1.52
	5 月	20.9	27.7	14.5	969.1	217.5	55.3	64	1.43
	6 月	25.9	32.5	19.5	964.3	218.0	56.4	61	1.40
	7 月	27.4	33.2	22.3	962.8	228.5	82.8	72	1.45
	8 月	25.3	30.9	20.8	966.8	203.7	82.0	78	1.33
	9 月	20.4	26.1	16.0	973.3	146.3	96.2	80	1.14
	10 月	14.5	20.3	10.0	979.6	138.6	54.5	77	1.03
	11 月	7.3	12.9	2.9	982.7	126.7	25.9	74	1.10
	12 月	1.4	6.6	−2.8	986.0	128.8	5.1	67	1.17
汉中	1 月	3.2	7.5	0.2	964.7	74.4	6.3	77	0.99
	2 月	6.1	10.7	2.8	962.0	78.3	11.2	74	1.10
	3 月	10.8	16.1	6.9	958.7	120.7	28.2	71	1.17
	4 月	16.4	22.3	11.9	955.0	155.0	53.9	72	1.23
	5 月	20.4	26.1	16.1	952.2	169.4	87.4	72	1.25
	6 月	24.1	29.0	20.1	948.1	170.2	99.5	75	1.20
	7 月	26.3	30.9	22.5	946.4	191.7	144.3	78	1.25
	8 月	25.7	30.6	22.0	949.3	188.2	118.2	78	1.26
	9 月	20.8	25.0	17.8	955.6	108.9	141.1	83	1.15
	10 月	15.3	19.3	12.7	961.6	87.6	77.1	86	0.97
	11 月	9.3	13.4	6.6	963.7	72.5	33.1	86	0.89
	12 月	4.2	8.2	1.5	966.2	74.8	7.9	81	0.90

续表

站点	月份	平均气温/℃	最高气温/℃	最低气温/℃	平均气压/百帕	日照时数/小时	降水/毫米	平均湿度/%	平均风速/（米/秒）
安康	1 月	3.9	8.6	0.5	991.3	97.3	5.7	70	1.17
	2 月	6.8	12.1	3.0	988.4	101.1	10.5	65	1.31
	3 月	11.4	17.5	6.9	984.6	141.8	29.2	66	1.4
	4 月	16.9	23.5	11.9	980.1	167.3	51.9	70	1.36
	5 月	20.9	27.1	16.4	976.8	175.3	94.9	72	1.36
	6 月	24.9	30.7	20.6	972.1	183.4	126.6	73	1.33
	7 月	27.4	33.0	23.4	970.2	213.9	138.4	75	1.41
	8 月	26.7	32.3	22.8	973.5	203.3	126.4	75	1.43
	9 月	21.9	26.9	18.7	980.3	127.9	121.9	79	1.29
	10 月	16.3	20.8	13.5	986.7	97.7	79.5	82	1.13
	11 月	10.3	14.7	7.4	989.5	84.1	26.7	81	1.07
	12 月	5.1	9.6	2.1	992.5	89.1	6.4	75	1.12
商洛	1 月	0.6	6.4	−3.7	937.5	150.0	8.3	56	2.21
	2 月	3.6	9.7	−0.9	935.2	135.1	12.9	58	2.43
	3 月	8.5	15.2	3.3	932.3	162.8	28.0	58	2.50
	4 月	14.3	21.5	8.5	929.0	190.9	43.9	59	2.50
	5 月	18.4	25.4	12.6	926.5	199.7	69.6	64	2.24
	6 月	22.5	29.3	17.0	922.7	200.3	79.2	67	2.01
	7 月	24.6	30.6	20.3	921.4	200.5	123.2	75	2.03
	8 月	23.4	29.1	19.4	924.7	191.3	106.3	77	1.80
	9 月	18.6	24.2	14.7	930.4	143.6	107.8	78	1.66
	10 月	13.2	19.2	8.9	935.3	144.8	58.8	74	1.70
	11 月	7.4	13.6	3.0	936.8	144.2	25.5	66	2.01
	12 月	2.2	8.0	−2.1	938.7	155.2	6.2	58	2.33
杨凌	1 月	−0.6	4.9	−4.5	965.0	136.8	7.1	62	1.50
	2 月	3.0	8.6	−1.1	961.5	126.3	10.4	64	1.61
	3 月	9.5	15.8	4.5	957.8	180.7	24.5	61	1.78
	4 月	15.1	21.7	9.6	953.8	180.9	46.4	65	1.82
	5 月	19.5	26.1	14.0	950.6	197.2	66.9	66	1.76
	6 月	24.4	30.7	18.8	946.0	192.1	75.3	64	1.78
	7 月	26.4	31.9	21.7	944.8	200.6	94.6	71	1.77
	8 月	24.6	29.8	20.6	948.2	162.6	114.9	77	1.49
	9 月	19.4	24.4	15.9	954.4	109.6	131.8	83	1.36
	10 月	13.8	19.0	10.1	960.2	107.4	53.3	79	1.38
	11 月	7.0	12.3	3.2	962.7	121.7	22.1	74	1.47
	12 月	1.1	6.9	−3.0	965.5	162.6	2.9	62	1.63

备注:杨凌为 2008 年—2020 年的年平均值

附录 2　各项体育赛事气象条件风险评估分级及指标

项目	比赛场馆	影响要素	等级	降雨/毫米		风/(米/秒)		气温/℃	能见度/千米	其他
				1小时雨量	3小时雨量	平均风速	阵风风速			
1 皮划艇	杨凌水上运动基地	风向、风速、雷电、能见度、降雨、雾	适宜	0	0	3~11	<20.0	/	>10	
			基本适宜	0.1~10	0.1~20				1.2—10	
			不适宜	>10	>20	<3或>11	>20	>35	<1.2	
2 赛艇	杨凌水上运动基地	风向、风速、雷电、能见度、降雨、水温、雾	适宜	0	0	<2.5	0~8	/	/	
			基本适宜	0.1~10	0.1~20	2.5~8	8~12		/	侧风速>6米/秒
			不适宜	>10	>20	>8	>12.0	>35	<1.5	
3 沙滩排球	大荔沙苑沙滩排球场地	沙地温度,雷电、高温、湿度、大风、降雨	适宜	0	0	0~5	/	<30	/	
			基本适宜	0.1~5	0.1~10	5~8	/	30~35		
			不适宜	>5	>10	>8	/	>35	<0.1	
4 射击(射箭)	长安常宁生态体育训练比赛基地	雷电、降雨、高温、大雾、大风	适宜	0	0	0	0~7	13~16	/	
			基本适宜	0.1~3	0.1~5	0~7	7~11	16~35		
			不适宜	>5	>5	>7	>11	>35	<0.1	
5 山地(公路)自行车	商洛自行车公路赛,黄陵国家森林公园山地自行车场地	雷电、降雨、气温、湿度、风、高温	适宜	0	0	0~5	0~8	15~20	/	
			基本适宜	0.1~3	0.1~5	5~8	8~11	20~32		
			不适宜	>3	>5	>8	>11	>32	<1	
6 曲棍球	西安体育学院新校区典棍球场	雷电、降雨、气温、湿度、风、场地积水、大雾	适宜	0	0	0~5	0~8	15~22	/	
			基本适宜	0.1~1	0.1~2	5~8	8~11	22~35		
			不适宜	>1	>2	>8	>11	>35	<0.1	
7 棒球	西安体育学院新校区棒球场	雷电、降雨、高温、湿度、风、大雾、强日照	适宜	0	0	0~5	0~8	/	/	
			基本适宜	0.1~1	0.1~2	5~8	8~11		
			不适宜	>1	>2	>8	>11	>35	<0.1	
8 现代五项	陕西省体育训练中心	雷电、降雨、湿度、大风、高温	适宜	0	0	0~5	0~8	20~23	/	wbgt*<25
			基本适宜	0.1~5	0.1~10	5~8	8~11	23~32	/	wbgt:25~30
			不适宜	>5	>10	>8	>11	>32	<0.2	wbgt>30
9 游泳(铁人三项)	汉中铁人三项场地	雷电、高温、暴雨、强风	适宜	0	0	0~5	0~8	/	/	水温24~28℃
			基本适宜	0.1~10	0.1~20	5~8	8~11	/		水温12~24℃或28~32℃
			不适宜	>10	>20	>8	>11	/	<0.2	水温>32℃或<12℃
10 橄榄球	西安体育学院新校区橄榄球场	雷电、降雨、气温、湿度、大风、强日照	适宜	0	0	0~5	0~8	/	/	
			基本适宜	0.1~10	0.1~15	5~8	8~11		
			不适宜	>10	>15	>8	>11	>35	<0.2	

项目		比赛场馆	影响要素	等级	降雨/毫米		风/(米/秒)		气温/℃	能见度/千米	其他
					1小时雨量	3小时雨量	平均风速	阵风风速			
11	垒球	西安体育学院新校区垒球场	雷电、降雨、高温、湿度、大风、强日照	适宜	0	0	0~5	0~8	/	/	
				基本适宜	0.1~1	0.1~2	5~8	8~14			
				不适宜	>1	>2	>8	>14	>38	<0.1	
12	高尔夫球	西安亚建高尔夫球场	雷电、大风、降雨、高温	适宜	0	0	0~5	0~8	/	/	
				基本适宜	0.1~1	0.1~2	5~8	8~11			
				不适宜	>1	>2	>8	>11	>33	<0.3	
13	BMS小轮车	西咸新区小轮车场地	雷电、降雨、气温、湿度、大风、土质场地松懈	适宜	0	0	0~5	0~8	/	/	
				基本适宜	0.1~1	0.1~2	5~8	8~11			
				不适宜	>1	>2	>8	>11	>35	<0.1	
14	皮划艇（静水）	陕西省水上运动管理中心（杨凌）	风向、风速、雷电、能见度、降雨、水温、海浪	适宜	0	0	0~2.5	0~20	/	/	
				基本适宜	0.1~10	0.1~20	2.5~8	/			
				不适宜	>10	>20	>8	>20	>35	<1.2	
15	田径	西安奥体中心体育场	雷电、降雨、高温、湿度、大风、地面积水	适宜	0	0	0~2	0~4	15~22	/	
				基本适宜	0.1~3	0.1~5	2~4	4~8	22~32		
				不适宜	>3	>5	>4	>8	>32	<1	
16	足球	西安、咸阳、渭南、宝鸡体育场	雷电、降雨、气温、湿度、风	适宜	0	0	0~5	0~7	18~20	/	
				基本适宜	0.1~10	0.1~20	5~8	8~11	20~35		
				不适宜	>10	>20	>8	>11	>35	<0.2	
17	马拉松（竞走）	咸阳市马拉松场地	雷电、暴雨、高温、高湿、大风	适宜	0~1	0~2	0~5	0~8	12~15	/	
				基本适宜	1~5	2~10	5~8	8~11	15~35		
				不适宜	>5	>10	>8	>11	>35	<1	
18	网球	杨凌网球中心	降雨、高温	适宜	0	0	0~5	0~8	13~22	/	
				基本适宜	0.1~1	0.1~2	5~8	8~11	22~35		
				不适宜	>1	>2	>8	>11	>35	<0.1	

* 注:wgbt是湿球黑球温度,是综合评价人体接触作业环境热负荷的一个基本参量,单位为℃。

附录3　近68年西安9月1日—10月31日出现各类强度降雨天气的日数和概率

日期	暴雨/天	大雨/天	中雨/天	小雨/天	雨日/天	雨日概率/%	大雨以上概率/%	最大日降雨量/毫米
9月1日	3	3	4	11	21	30.88	8.82	59.3
9月2日	0	1	4	21	26	38.24	1.47	27.7
9月3日	0	0	3	29	32	47.06	0	15.2
9月4日	0	6	10	22	38	55.88	8.82	41.6
9月5日	1	3	8	11	23	33.82	5.88	51.1
9月6日	0	5	4	16	25	36.76	7.35	46.5
9月7日	0	3	6	27	36	52.94	4.41	34.8

续表

日期	暴雨/天	大雨/天	中雨/天	小雨/天	雨日/天	雨日概率/%	大雨以上概率/%	最大日降雨量/毫米
9 月 8 日	2	2	6	20	30	44.12	5.88	92.5
9 月 9 日	1	2	10	16	29	42.65	4.41	54.1
9 月 10 日	0	1	6	26	33	48.53	1.47	32.1
9 月 11 日	0	1	3	22	26	38.24	1.47	49.4
9 月 12 日	0	0	4	20	25	36.76	1.47	32.8
9 月 13 日	0	5	8	13	26	38.24	7.35	36.7
9 月 14 日	0	4	2	20	26	38.24	5.88	35.1
9 月 15 日	1	1	3	20	25	36.76	2.94	63.8
9 月 16 日	1	0	9	22	32	47.06	1.47	57.0
9 月 17 日	0	2	2	24	28	41.18	2.94	49.3
9 月 18 日	0	2	4	20	26	38.24	2.94	44.8
9 月 19 日	1	2	8	18	29	42.65	4.41	66.3
9 月 20 日	0	1	5	22	28	41.18	1.47	31.2
9 月 21 日	0	1	7	20	28	41.18	1.47	28.5
9 月 22 日	0	3	3	17	23	33.82	4.41	35.8
9 月 23 日	0	1	4	17	22	32.35	1.47	29.1
9 月 24 日	0	0	6	23	29	42.65	0	24.9
9 月 25 日	0	1	4	24	29	42.65	1.47	25.9
9 月 26 日	0	1	5	19	25	36.76	1.47	29.7
9 月 27 日	0	4	4	27	35	51.47	5.88	37.4
9 月 28 日	0	1	4	24	29	42.65	1.47	25.7
9 月 29 日	0	1	3	22	26	38.24	1.47	37.8
9 月 30 日	0	1	6	18	25	36.76	1.47	34.5
10 月 1 日	0	1	8	16	25	36.76	1.47	42.9
10 月 2 日	0	2	6	19	27	39.71	2.94	32.1
10 月 3 日	1	2	6	21	30	44.12	4.41	57.0
10 月 4 日	1	1	7	16	25	36.76	2.94	55.1
10 月 5 日	0	2	2	20	24	35.29	2.94	31.3
10 月 6 日	0	0	7	18	25	36.76	0	20.0
10 月 7 日	0	1	1	13	15	22.06	1.47	33.4
10 月 8 日	0	0	1	18	19	27.94	0	14.9

日期	暴雨/天	大雨/天	中雨/天	小雨/天	雨日/天	雨日概率/%	大雨以上概率/%	最大日降雨量/毫米
10月9日	0	1	5	20	26	38.24	1.47	25.5
10月10日	0	2	6	20	28	41.18	2.94	32.1
10月11日	0	1	9	15	25	36.76	1.47	31.3
10月12日	0	3	4	28	35	51.47	4.41	28.1
10月13日	0	1	4	20	25	36.76	1.47	27.2
10月14日	0	0	3	12	15	22.06	0	19.5
10月15日	0	0	2	17	19	27.94	0	24.3
10月16日	0	1	5	20	26	38.24	1.47	34.5
10月17日	0	0	6	14	20	29.41	0	23.6
10月18日	0	0	1	18	19	27.94	0	18.3
10月19日	0	1	4	19	24	35.29	1.47	26.2
10月20日	0	1	1	17	19	27.94	1.47	31.4
10月21日	0	0	4	23	27	39.71	0	16.8
10月22日	0	0	2	20	22	32.35	0	18.4
10月23日	0	0	3	16	19	27.94	0	18.5
10月24日	0	1	5	14	20	29.41	1.47	27.8
10月25日	0	0	1	19	20	29.41	0	15.2
10月26日	0	1	2	16	19	27.94	1.47	47.1
10月27日	0	0	4	20	24	35.29	0	22.1
10月28日	0	0	2	19	21	30.88	0	11.2
10月29日	0	0	1	14	15	22.06	0	13.1
10月30日	0	0	1	18	19	27.94	0	15.5
10月31日	0	1	3	22	26	38.24	1.47	42.0

附录4　近68年西安9月1日—10月31日气温及出现高温天气日数及概率

日期	平均气温/℃	平均最高气温/℃	平均最低气温/℃	高温日数/天	高温概率/%	极端高温/℃
9月1日	23.20	28.74	19.01	3	4.41	38.5
9月2日	22.87	28.32	18.89	3	4.41	36.8
9月3日	22.32	27.30	18.74	1	1.47	36.8
9月4日	21.74	26.51	18.22	1	1.47	35.0
9月5日	21.81	26.97	17.98	2	2.94	38.2
9月6日	22.05	27.36	18.05	2	2.94	36.6
9月7日	21.19	26.39	17.48	0	0	34.9

日期	平均气温/℃	平均最高气温/℃	平均最低气温/℃	高温日数/天	高温概率/%	极端高温/℃
9月8日	21.17	26.37	17.14	2	2.94	36.5
9月9日	20.75	25.46	17.11	2	2.94	36.5
9月10日	20.85	25.79	17.31	0	0	34.7
9月11日	20.81	25.93	16.96	0	0	33.1
9月12日	20.63	25.86	17.01	0	0	32.4
9月13日	19.89	25.10	16.2	0	0	34.6
9月14日	20.24	25.56	16.31	1	1.47	35.0
9月15日	20.10	25.40	16.02	1	1.47	35.4
9月16日	20.07	25.29	16.22	1	1.47	35.6
9月17日	20.04	25.42	16.09	1	1.47	35.2
9月18日	19.66	24.86	15.93	0	0	34.7
9月19日	18.98	24.46	15.13	0	0	33.4
9月20日	19.08	24.40	15.05	0	0	34.6
9月21日	19.14	24.89	14.89	0	0	33.6
9月22日	19.31	24.74	15.24	0	0	32.2
9月23日	18.83	24.44	14.71	0	0	31.6
9月24日	18.68	24.33	14.72	0	0	32.2
9月25日	18.43	23.76	14.36	0	0	31.8
9月26日	18.20	23.41	14.36	0	0	32.6
9月27日	17.52	22.71	13.96	0	0	30.8
9月28日	17.16	22.41	13.26	0	0	32.2
9月29日	17.19	22.63	13.13	0	0	32.5
9月30日	17.66	23.18	13.46	0	0	33.1
10月1日	17.52	22.93	13.57	0	0	33.7
10月2日	16.90	22.25	12.96	0	0	31.3
10月3日	16.27	21.58	12.54	0	0	31.8
10月4日	16.01	21.02	12.25	0	0	30.5
10月5日	15.80	21.14	12.05	0	0	29.1
10月6日	16.00	21.11	12.09	0	0	30.0
10月7日	16.34	22.14	12.34	0	0	30.9
10月8日	16.04	21.67	11.82	0	0	31.6
10月9日	15.66	20.79	11.99	0	0	32.0
10月10日	15.51	20.86	11.72	0	0	31.9

续表

日期	平均气温/℃	平均最高气温/℃	平均最低气温/℃	高温日数/天	高温概率/%	极端高温/℃
10月11日	15.01	20.32	11.09	0	0	30.5
10月12日	14.68	19.87	11.07	0	0	33.5
10月13日	14.99	20.19	11.18	0	0	29.5
10月14日	14.80	20.39	10.75	0	0	29.5
10月15日	14.49	19.62	10.55	0	0	29.0
10月16日	14.16	19.58	10.49	0	0	33.0
10月17日	13.97	19.62	9.60	0	0	26.4
10月18日	13.98	19.37	9.70	0	0	26.6
10月19日	13.75	19.00	10.06	0	0	27.4
10月20日	13.51	18.95	9.35	0	0	28.4
10月21日	13.46	18.87	9.52	0	0	29.0
10月22日	13.04	18.47	9.10	0	0	26.9
10月23日	12.66	18.26	8.66	0	0	26.4
10月24日	12.23	18.03	7.95	0	0	26.3
10月25日	12.15	17.66	8.25	0	0	26.0
10月26日	11.70	17.49	7.46	0	0	24.8
10月27日	11.38	17.24	7.06	0	0	27.1
10月28日	11.53	17.21	7.47	0	0	27.8
10月29日	11.51	17.56	6.94	0	0	24.5
10月30日	11.34	17.04	7.18	0	0	24.9
10月31日	10.95	16.75	6.89	0	0	25.5

附录5　近68年西安9月1日—10月31日出现各类不利天气的概率

日期	五级及以上风出现概率/%	极大风速/（米/秒）	七级及以上大风出现概率/%	雷暴出现概率/%	闪电出现概率/%	霾出现概率/%	雾出现概率/%	轻雾出现概率/%	扬沙出现概率/%	浮尘出现概率/%
9月1日	20.59	16.5	1.47	5.88	4.41	19.12	2.94	54.41	0	0
9月2日	22.06	15.1	0	2.94	1.47	17.65	8.82	52.94	1.47	0
9月3日	16.18	13.1	0	2.94	1.47	16.18	4.41	64.71	0	0
9月4日	16.18	11.3	2.94	5.88	0	10.29	4.41	52.94	0	1.47
9月5日	19.12	15.7	0	1.47	1.47	14.71	8.82	66.18	0	2.94
9月6日	17.65	18.5	2.94	1.47	0	11.76	10.29	47.06	1.47	2.94

日期	五级及以上风出现概率/%	极大风速/（米/秒）	七级及以上大风出现概率/%	雷暴出现概率/%	闪电出现概率/%	霾出现概率/%	雾出现概率/%	轻雾出现概率/%	扬沙出现概率/%	浮尘出现概率/%
9 月 7 日	19.12	18.6	2.94	1.47	0	16.18	7.35	51.47	1.47	0
9 月 8 日	13.24	10.8	0	0	2.94	14.71	10.29	52.94	0	0
9 月 9 日	14.71	14.3	1.47	1.47	5.88	11.76	8.82	52.94	2.94	0
9 月 10 日	14.71	11.5	0	1.47	0	14.71	16.18	45.59	2.94	0
9 月 11 日	13.24	12.8	0	1.47	1.47	14.71	5.88	54.41	0	1.47
9 月 12 日	16.18	13.2	0	2.94	1.47	11.76	11.76	50	0	2.94
9 月 13 日	17.65	12.1	0	7.35	0	14.71	8.82	48.53	1.47	0
9 月 14 日	10.29	11.8	0	1.47	4.41	19.12	14.71	48.53	0	1.47
9 月 15 日	10.29	15.6	0	2.94	1.47	14.71	14.71	44.12	0	2.94
9 月 16 日	7.35	11.3	1.47	5.88	0	20.59	13.24	58.82	1.47	1.47
9 月 17 日	11.76	14.2	0	0	0	23.53	14.71	55.88	1.47	1.47
9 月 18 日	11.76	9.7	1.47	1.47	0	17.65	10.29	48.53	1.47	0
9 月 19 日	11.76	12.3	1.47	4.41	0	23.53	4.41	63.24	0	0
9 月 20 日	14.71	11.4	0	2.94	0	23.53	8.82	70.59	0	0
9 月 21 日	13.24	12.0	0	2.94	1.47	17.65	14.71	54.41	0	0
9 月 22 日	16.18	14.4	0	0	0	20.59	2.94	61.76	1.47	1.47
9 月 23 日	11.76	11.3	0	0	2.94	19.12	8.82	55.88	1.47	0
9 月 24 日	14.71	15.3	1.47	1.47	1.47	17.65	7.35	66.18	0	0
9 月 25 日	16.18	12.7	1.47	2.94	2.94	20.59	8.82	70.59	1.47	0
9 月 26 日	19.12	13.1	0	1.47	1.47	20.59	4.41	66.18	1.47	1.47
9 月 27 日	17.65	18.0	2.94	2.94	0	19.12	13.24	57.35	2.94	0
9 月 28 日	13.24	15.6	0	1.47	0	22.06	16.18	54.41	0	0
9 月 29 日	8.82	12.3	0	2.94	0	19.12	7.35	69.12	2.94	0
9 月 30 日	17.65	17.9	1.47	0	2.94	19.12	7.35	66.18	0	1.47
10 月 1 日	17.65	13.5	0	1.47	2.94	19.12	2.94	61.76	0	0
10 月 2 日	8.82	13.3	1.47	1.47	1.47	19.12	5.88	48.53	0	2.94
10 月 3 日	13.24	13.0	0	0	0	23.53	5.88	58.82	1.47	1.47
10 月 4 日	13.24	17.3	1.47	0	0	17.65	5.88	67.65	0	2.94

日期	五级及以上风出现概率/%	极大风速/(米/秒)	七级及以上大风出现概率/%	雷暴出现概率/%	闪电出现概率/%	霾出现概率/%	雾出现概率/%	轻雾出现概率/%	扬沙出现概率/%	浮尘出现概率/%
10月5日	14.71	11.9	0	0	0	20.59	14.71	57.35	1.47	1.47
10月6日	10.29	10.3	0	0	1.47	25	16.18	69.12	0	1.47
10月7日	10.29	15.7	1.47	0	1.47	23.53	11.76	66.18	1.47	0
10月8日	14.71	18.1	1.47	1.47	1.47	26.47	22.06	54.41	1.47	1.47
10月9日	7.35	12.1	0	4.41	0	25	11.76	63.24	0	0
10月10日	11.76	12.7	0	1.47	0	22.06	17.65	52.94	1.47	0
10月11日	11.76	15.0	0	0	1.47	27.94	10.29	57.35	0	1.47
10月12日	10.29	15.4	0	1.47	0	29.41	16.18	52.94	0	0
10月13日	13.24	12.7	0	2.94	0	26.47	11.76	66.18	0	1.47
10月14日	14.71	14.0	0	1.47	0	23.53	10.29	58.82	2.94	1.47
10月15日	14.71	15.3	0	0	0	33.82	13.24	57.35	1.47	1.47
10月16日	13.24	16.3	0	0	0	30.88	7.35	64.71	4.41	0
10月17日	7.35	12.7	0	1.47	0	32.35	13.24	63.24	0	0
10月18日	8.82	13.9	0	1.47	0	26.47	13.24	60.29	1.47	1.47
10月19日	8.82	14.0	0	1.47	0	33.82	11.76	58.82	0	1.47
10月20日	17.65	16.6	0	1.47	0	26.47	19.12	57.35	0	0
10月21日	16.18	13.3	0	1.47	0	19.12	10.29	69.12	1.47	2.94
10月22日	16.18	15.0	1.47	0	0	25	11.76	55.88	1.47	2.94
10月23日	16.18	13.8	0	0	0	26.47	13.24	64.71	0	2.94
10月24日	11.76	17.6	2.94	1.47	0	32.35	16.18	61.76	0	1.47
10月25日	22.06	17.0	1.47	0	0	29.41	19.12	58.82	1.47	1.47
10月26日	11.76	19.1	1.47	2.94	0	29.41	19.12	55.88	1.47	0
10月27日	11.76	15.7	0	0	0	33.82	17.65	60.29	0	2.94
10月28日	14.71	15.0	0	1.47	0	35.29	13.24	55.88	0	2.94
10月29日	7.35	10.6	0	0	0	41.18	13.24	55.88	0	1.47
10月30日	17.65	12.1	0	1.47	0	33.82	11.76	67.65	2.94	4.41
10月31日	16.18	16.5	0	1.47	0	26.47	10.29	69.12	0	1.47

附录6 十四运会开幕式滚动预测示例

附录6-1 延伸期45天以上的西安气候预测

气候服务专题预测

2021年第9期

| 陕西省气候中心 | 分析：赵灿 | 签发：李茜 | 2021年7月16日 |

十四运开幕式期间西安市气候趋势预测

一、气候背景

9月西安市多年平均气温为20.3℃；多年平均降水量为89.9毫米，约占全年总降水量的16.2%。1961以来西安市9月15日出现降水的年份共21年，其中降水过程持续时间在1～18天，过程总降水量在0.1～186.7毫米。21年中9月15日小雨15年，中雨3年，大雨2年(2014和2019年)，暴雨1年(1991年)，降水量在0.1～63.8毫米。21年中有15年处于秋雨时段，有5年处于秋雨开始之前，1991年无秋雨事件。其中，20世纪60年代、90年代中9月15日出现降水的年份最多，均为5年。

表1 1961-2020年西安市9月15日有降水年份的降水过程统计

年份	过程时段	持续时间/天	过程总降水量/毫米	9月15日降水量/毫米	9月15日降水等级	是否处于秋雨时段(秋雨强度)
1961	14–15日	2	3.9	2.8	小雨	是(偏强)
1962	14–16日	3	7.9	1.9	小雨	否
1963	14–23日	10	82.9	13.2	中雨	是(正常)
1964	12–15日	4	38.4	0.4	小雨	是(显著偏强)
1966	11–16日	6	58.8	0.3	小雨	是(显著偏强)

1/2

年份	过程时段	持续时间/天	过程总降水量/毫米	9月15日降水量/毫米	9月15日降水等级	是否处于秋雨时段（秋雨强度）
1971	14—15日	2	3.3	3.2	小雨	否
1972	15—15日	1	0.1	0.1	小雨	是（显著偏弱）
1979	11—15日	5	40.8	9.9	小雨	是（偏强）
1980	13—17日	5	44.1	6.6	小雨	否
1985	04—21日	18	106.0	21.8	中雨	是（显著偏强）
1991	14—16日	3	87.2	63.8	暴雨	否
1992	11—27日	17	104.2	6.6	小雨	是（正常）
1994	14—16日	3	11.1	7.9	小雨	否
1997	11—15日	5	61.2	0.2	小雨	是（显著偏弱）
1998	15—19日	5	28.6	0.2	小雨	是（显著偏弱）
2002	12—15日	4	28.8	0.4	小雨	是（显著偏强）
2005	15—16日	2	10.0	4.7	小雨	否
2012	15—16日	2	5.2	3.4	小雨	是（偏弱）
2014	07—17日	11	186.7	29.1	大雨	是（显著偏弱）
2018	15—20日	6	51.1	19.6	中雨	是（显著偏强）
2019	13—19日	7	132.1	28.1	大雨	是（显著偏强）

二、 预计9月西安市降水偏少、气温偏高

目前北大西洋三级子处于正位相，印度洋海温偏高，赤道中东太平洋负异常海温持续衰减。预计9月赤道中东太平洋海温处于中性状态，印度洋海温维持略偏高状态，西北太平洋副热带高压位置偏西，脊线位置正常略偏南，东亚夏季风略偏弱。

结合近期大气环流演变特征和多家动力气候模式预测结果综合分析研判，预计9月西安降水量接近常年同期或偏少，累计降水量为60～80毫米，降水以小到中雨为主，受局地气候的影响，仍有出现局地大雨及暴雨的可能，降水集中时段出现在9月中旬后期到下旬前期，概率70%。气温接近常年同期到略偏高（21～23℃），出现35℃及以上高温的概率较低。

附录 6-2 延伸期以内西安气候预测

气候服务专题预测

2021年第20期

陕西省气候中心   分析：赵灿   签发：李茜   2021年9月02日

十四运开幕式期间西安市气候趋势预测

一、9月11-20日西安市降水偏少、气温接近常年到略偏高

9月11-20日，西安总降水量偏少2～3成，平均气温接近常年同期到略偏高0～0.5℃。

二、9月11-20日西安地区主要有2次降水过程

14-15日：小雨。

18-20日：小-中雨。

三、气温、降水量预报

预计2021年9月15日西安市小雨转多云天气，平均气温21.1℃。目前陕北已入秋，关中、陕南正在开启秋季模式，陕西秋雨第一个多雨期已开始。预计9月中旬中后期西安将出现阴雨相间天气，降水以小雨为主，中-大雨的可能性低。9月11-20日西安市气温、降水具体预报如下：

1/2

日期	降水 (毫米)	平均气温 (℃)	最高气温 (℃)	最低气温 (℃)
9月11日	—	21.9	26.5	18.1
9月12日	—	21.7	26.8	18.0
9月13日	—	21.6	26.9	17.9
9月14日	2.9	21.2	25.6	17.2
9月15日	1.1	21.1	25.2	17.0
9月16日	—	20.7	25.1	17.5
9月17日	—	20.5	24.9	17.7
9月18日	5.2	20.3	24.7	16.3
9月19日	7.2	19.6	24.5	16.0
9月20日	3.8	19.4	24.2	16.2

　　由于延伸期时段气候模式调整快，延伸期尺度逐日预测难度较大，预测结果仍存在不确定性。陕西省气候中心将紧密监测气候系统的演变，做好模式对降水过程预测追踪，重点关注15日开幕式降水过程的变化，及时提供滚动预测信息。

2/2

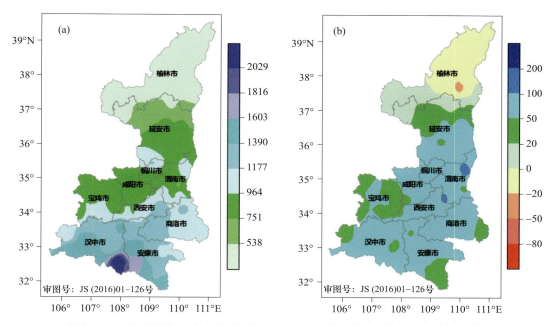

图 2.3　2021 年陕西（a）降水量（单位：毫米）及（b）降水距平百分率分布（单位：%）

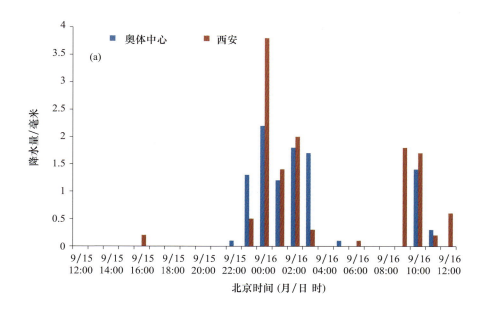

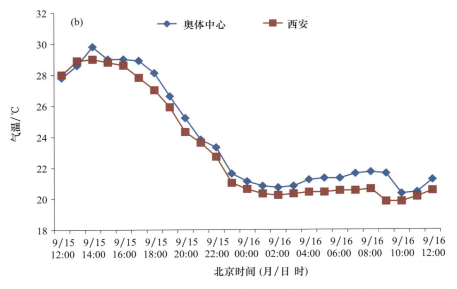

图 2.10　十四运会开幕式期间西安奥体中心站和西安降水量(a)、气温(b)逐小时演变

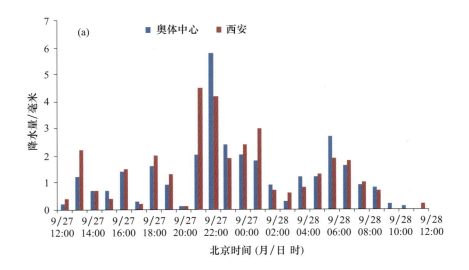

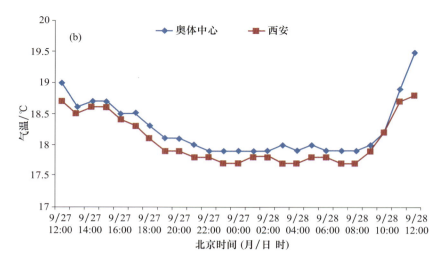

图 2.11　十四运会闭幕式期间西安奥体中心站和西安站降水量(a)、气温(b)逐小时演变

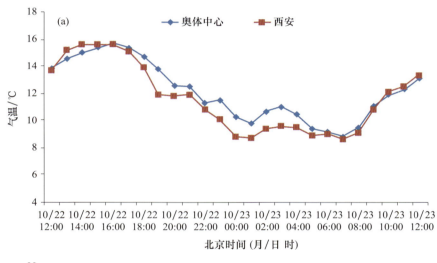

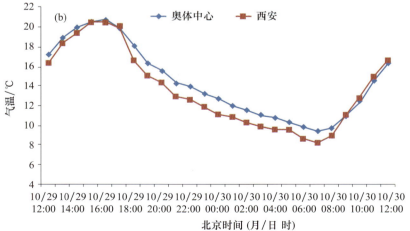

图 2.12　残特奥会开(a)、闭(b)幕式西安奥体中心站与西安站气温逐小时演变

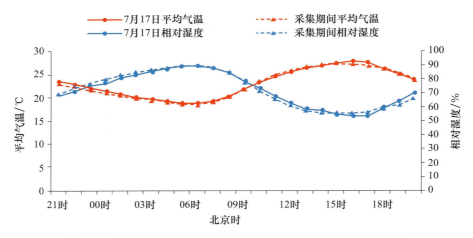

图 3.2　延安圣火采集期间和 17 日当天逐时气温和相对湿度演变

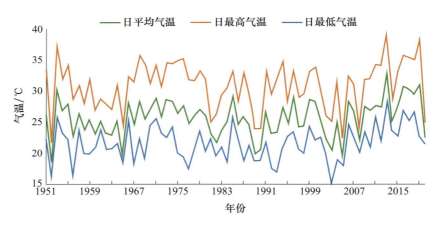

图 3.3　1951—2020 年西安 8 月 16 日气温演变

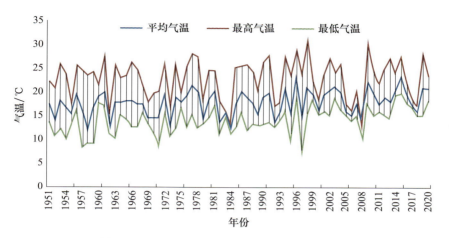

图 3.9　1951—2020 年西安 9 月 27 日气温演变

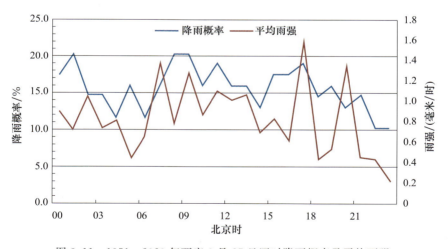

图 3.11　1951—2020 年西安 9 月 27 日逐时降雨概率及平均雨强

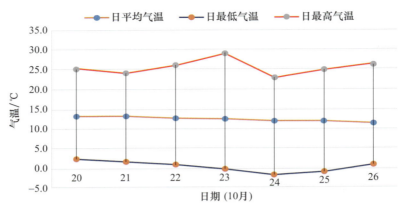

图 4.17　10 月 20—26 日平均温度、日最低温度、日最高温度

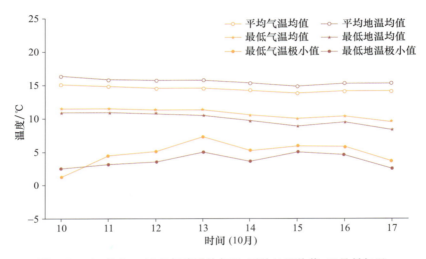

图 4.19　10 月 10—17 日杨凌平均气温、平均地温均值、日最低气温、
最低地温均值及极小值变化

图 6.2　8 月 19 日与国家气候中心、国家气象中心进行十四运会专题气候预测视频会商(左);9 月 3 日
与国家气候中心进行十四运会专题气候预测滚动会商(右)

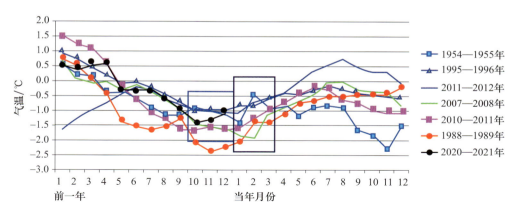

图 6.15　2020/2021 年拉尼娜事件季节演变特征及与相似个例的对比分析

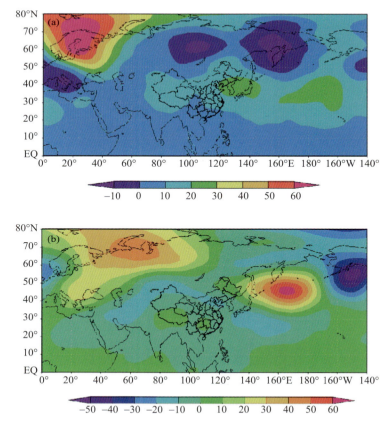

图 6.26　陕西省 9 月（a）平均气温偏高年、（b）平均气温偏低年 500 百帕位
势高度距平场合成

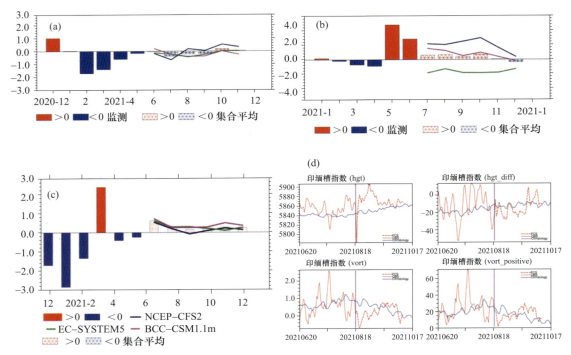

图 6.45 （a)太平洋-北美遥相关指数、(b)西太平洋副高强度指数、
(c)北极涛动指数、(d)印缅槽指数预测

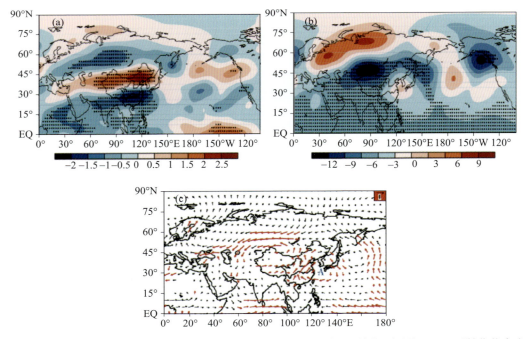

图 6.52 基于陕西秋淋强度指数回归的同期 200 百帕纬向风距平场(a,单位:米/秒)、500 百帕位势高度距
平场(b,单位:位势米)和 700 百帕矢量风距平场(c,单位:米/秒)分布(打点区域、红色风矢区通过 0.05 的
显著水平 t 检验)